山东省优质高等职业院校建设工程课程改革教材

高等职业教育水利类"十三五"系列教材

# 水利工程专业导论

主 编 杨永振 肖 汉 周长勇

主 审 杜守建 田 英

中国水利水电出版社

www.waterpub.com.cn

·北京·

# 内 容 提 要

　　本书为全国水利职业教育教学指导委员会创新发展行动建设骨干专业和山东省优质高等职业院校建设工程重点建设专业——水利工程专业、水利水电工程管理专业和水利水电建筑工程专业课程改革系列教材之一,是本着高职教育的特色,依据高等职业教育创新发展行动计划(2015—2018 年)实施方案和山东省优质高等职业院校建设方案要求进行编写的。主要内容包括水利与水利名词简介、中国水利古代成就、中国水利发展现状、中国水利前景展望和水利工程专业简介等。内容精练,通俗易懂,方便实用。

　　本书主要供高职水利工程专业、水利水电工程管理专业、水利水电建筑工程专业教学使用,也可作为其他水利类专业教学参考用书。

## 图书在版编目(CIP)数据

　　水利工程专业导论 / 杨永振,肖汉,周长勇主编
. -- 北京 : 中国水利水电出版社,2017.8
　　山东省优质高等职业院校建设工程课程改革教材　高等职业教育水利类"十三五"系列教材
　　ISBN 978-7-5170-5793-2

　　Ⅰ. ①水… Ⅱ. ①杨… ②肖… ③周… Ⅲ. ①水利工程-高等职业教育-教材 Ⅳ. ①TV

　　中国版本图书馆CIP数据核字(2017)第205179号

| 书　　名 | 山东省优质高等职业院校建设工程课程改革教材<br>高 等 职 业 教 育 水 利 类"十 三 五"系 列 教 材<br>**水利工程专业导论**<br>SHUILI GONGCHENG ZHUANYE DAOLUN |
|---|---|
| 作　　者 | 主编　杨永振　肖　汉　周长勇　主审　杜守建　田　英 |
| 出版发行 | 中国水利水电出版社<br>(北京市海淀区玉渊潭南路 1 号 D 座　100038)<br>网址:www.waterpub.com.cn<br>E-mail:sales@waterpub.com.cn<br>电话:(010) 68367658 (营销中心) |
| 经　　售 | 北京科水图书销售中心(零售)<br>电话:(010) 88383994、63202643、68545874<br>全国各地新华书店和相关出版物销售网点 |
| 排　　版 | 中国水利水电出版社微机排版中心 |
| 印　　刷 | 北京瑞斯通印务发展有限公司 |
| 规　　格 | 184mm×260mm　16 开本　11.25 印张　266 千字 |
| 版　　次 | 2017 年 8 月第 1 版　2017 年 8 月第 1 次印刷 |
| 印　　数 | 0001—2000 册 |
| 定　　价 | **29.00 元** |

# 前　言

本书是根据《国家中长期教育改革和发展规划纲要（2010—2020年）》《中共中央 国务院关于加快水利改革发展的决定》（中发〔2011〕1号）、《教育部关于推进高等职业教育改革创新引领职业教育科学发展的若干意见》（教职成〔2011〕12号）、《水利部 教育部进一步推进水利职业教育改革发展的意见》（水人事〔2013〕121号）、《国务院关于加快发展现代职业教育的决定》（国发〔2014〕19号）、《教育部关于深化职业教育教学改革全面提高人才培养质量的若干意见》（教职成〔2015〕6号）、《高等职业教育创新发展行动计划（2015—2018年）》（教职成〔2015〕9号）、《高等职业学校专业教学标准（试行）》等文件精神，在教育部高等学校高职高专水利水电工程专业教学指导委员会指导下组织编写的。

本书是为了适应高职水利院校进行水利类专业教育与学生职业发展规划的需要而编写的。《教育部关于深化职业教育教学改革全面提高人才培养质量的若干意见》（教职成〔2015〕6号）指出：发挥人文学科的独特育人优势，加强公共基础课与专业课间的相互融通和配合，注重学生文化素质、科学素养、综合职业能力和可持续发展能力培养，为学生实现更高质量就业和职业生涯更好发展奠定基础。全书内容包括水利与水利名词简介、中国水利古代成就、中国水利发展现状、中国水利前景展望和水利工程专业简介等。

本书由山东水利职业学院和日照市水务集团、日照兰德工程咨询有限公司、青岛明天建设监理有限公司承担编写工作，编写人员及编写分工如下：山东水利职业学院周长勇和日照市水务集团周程编写第一章、附录，山东水利职业学院杨永振和日照兰德工程咨询有限公司董新刚编写第二章、第五章，山东水利职业学院肖汉和青岛明天建设监理有限公司张金煜编写第三章、第四章。本书由杨永振、肖汉、周长勇任主编，并负责全书统稿；由山东水利职业学院杜守建教授、日照市水利局田英高级工程师任主审。

在本书编写和出版过程中，得到了日照市水利局、日照市水务集团、日照兰德工程咨询有限公司、青岛明天建设监理有限公司和山东水利职业学院领导的大力支持。同时，书中参考、引用和吸收了大量文献，未能一一详尽，在此一并致谢！

限于编者水平和时间关系，书中难免存在不足之处，恳请读者给予批评指正。

编　者

2017 年 3 月

# 目 录

# 第一章  水利与水利名词简介

## 第一节  水  利  概  说

纵观中国水利的漫长历史，大体经历了3个发展阶段，即以解决人类生存问题为主要目标的原始水利阶段；以建设水利工程为主要手段，保障人类社会经济发展的传统水利（工程水利）阶段；以水资源优化配置为主要手段，以水资源的可持续利用支持社会经济的可持续发展的现代水利（资源水利、可持续发展水利）阶段。

### 一、"水利"概念的演变

中国是一个历史悠久的水利大国，从远古的大禹治水到今天的可持续发展水利，已经有几千年的发展历史。"水利"一词是中国特有的一个专业名词，在欧美等英语国家中，没有与"水利"一词含义完全一致的词。他们一般使用 hydraulic engineering，或用 water conservancy，这些词，与中国的"水利"的含义只是相当或近似。

我国"水利"一词的含义和内容，是极其深刻和丰富的，它是随着社会经济、科学技术的发展而逐渐充实完善的。

"水利"一词的最初含义是指水产捕鱼之利。先秦古籍《管子·禁藏》载："渔人之入海，海深万仞，就彼逆流，乘危百里，宿夜不出者，利在水也。"秦国的相国吕不韦编的《吕氏春秋·孝行贤·长攻》（公元前240年）也谈到："舜之耕渔，其贤不肖与为天子同，其未遇时也，以其徒属掘地财，取水利，编蒲苇，结罘网，手足胼胝不居，然后免于冻馁之患。"所谓的"利在水""取水利"等，皆泛指水产捕鱼之利。

首次明确赋予"水利"一词以专业内容，并为后世所继承、发展者，为公元前91年成书的《史记·河渠书》。西汉史学家司马迁，远溯"禹抑洪水"，历数先秦前后水利建设的成就，尤其亲睹汉武帝指挥黄河瓠子堵口之艰难后，在书中写到："甚哉，水之为利害也！"指出了水有利也有害两个方面，并简练地用"水利"二字来概括兴水利、除水害的有关事业。因而，他在叙述完黄河瓠子堵塞事件之后，又写到："自是之后，用事者争言水利。"《史记·河渠书》所记载的"水利"主要包括治河（防洪）、开渠（通航）、引河（溉田）等。它是我国历史上最早的一部水利史，也是一部首次给予水利以比较确切概念的水利著作。从此，中国便沿用"水利"这一术语，并且其内容在以后漫长的时期里，也大多限定在《史记·河渠书》所列的防洪、航运和溉田3个方面。

19世纪末20世纪初，西方的近代水利学理论、科学仪器、施工机械和施工方式等逐步引入中国，引起了我国传统水利的变革。1933年，以近代水利先驱李仪祉为会长的中国水利工程学会第三届年会对于"水利"的定义曾通过一项决议，其内容是："本会为学术上之研究，水利范围应包括防洪、排水、灌溉、水力、水道、给水、污渠、港工8种工程在内（其中的'水力'指水能利用，'污渠'指城镇排水）。但为建议政府确定水行政主管机关之职责起见，应采用如下定义：水利为兴利除害事业，凡利用以生利者为兴利事业，如灌溉、航运及发展水力等工程；凡防止水为害者为除患事业，如排水、防洪、护岸等工程"（《水利》第5卷第5期，1933年11月）。显然，他们所列的"水利"的内容，比司马迁所言的要丰富得多。

新中国成立后，随着我国经济的恢复和发展，人们对于水利又有了新的、更加深入的认识。认识之一——"水利是农业的命脉"。我国自古以农立国，农业"收多收少在于肥，有收无收在于水"，在目前占全国耕地面积还不足一半的水浇地里，已生产出占全国2/3以上的粮食。认识之二——"水利是工业的命脉"。没有水，工业生产也无法进行，几乎所有的工业都需要用水来循环冷却，我国工业的迅猛发展是以提供优质、足够的水量为基础的。认识之三——"水利是城市的命脉"。水，城市兴衰的前提，城市发展的依托。我国国内生产总值超过100亿元的城市中，有2/3以上坐落在水资源丰沛的地区。

改革开放的大潮和市场经济的波涛，进一步提高了水利的社会地位，党中央、国务院已从战略高度来认识水利的极端重要性。在《中华人民共和国国民经济和社会发展2010年远景目标纲要》中明确指出："加强水利、能源、交通、通信等基础设施和基础工业建设，使之与国民经济的发展相适应……"可见，水利已成为国民经济和社会发展的命脉。1997年国务院以国发〔1997〕35号文印发了《水利产业政策》，其第二条指出："水利是国民经济的基础设施和基础产业。各级人民政府要把加强水利建设提到重要的地位，制定明确的目标，采取有力的措施，落实领导负责制。"水利的基础设施和基础产业的重要地位，决定了我国水利建设的长期性、连续性和发展的超前性。水利事业的发展应与国民经济的发展保持一定的比例。同时，它也决定了水利部门和水利责任的重大。

新中国成立以来通过对水利认识的不断深化，"水利"一词已发展成为一个包含内容非常广泛的综合性专业名词。"水利"是国民经济的基础设施和基础产业，它以自然界的水为对象，采取各种工程措施和非工程措施对地表水和地下水进行控制、调节、治导、开发、管理和保护，以减轻和免除水旱灾害，并利用水资源，满足人们生产和生活的需要。举凡从事于解决水的问题即兴水利、除水害的事业概称之为"水利事业"，包括防洪、灌溉、排水、供水、水力发电、水土保持、水运、水产、水资源保护、水利旅游、水环境、水利综合经营等。用于控制和调配自然界的地表水和地下水，以达到除害兴利目的而修建的工程称为"水利工程"。我国水利事业发展的趋势，是运用现代科学技术，加强水利工程建设与管理，充分发挥水利工程的社会效益、经济效益和环境效益。

步入21世纪，我国须由传统水利转变为现代水利，才能统筹解决出现的"水资源短缺、水灾害威胁、水生态退化"三大水问题。"现代水利"是以科学、先进的治水理念为指导，以防洪、供水、生态等多功能于一体的现代化水网为基础，以体制机制创新为动力，以先进的科学技术为支撑，以完善的法律法规制度为保障，通过构建工程和非工程措施体系，满足经济社会可持续发展的与时俱进的高级水利发展状态。2011年颁布的"一号文件"《中共中央 国务院关于加快水利改革发展的决定》指出：水利是现代农业建设不可或缺的首要条件，是经济社会发展不可替代的基础支撑，是生态环境改善不可分割的保障系统，具有很强的公益性、基础性、战略性。加快水利改革发展，不仅事关农业农村发展，而且事关经济社会发展全局；不仅关系到防洪安全、供水安全、粮食安全，而且关系到经济安全、生态安全、国家安全。要把水利工作摆上党和国家事业发展更加突出的位置，着力加快农田水利建设，推动水利实现跨越式发展。

水利是一项适应自然、利用自然、改造自然的事业，它属自然科学，必须按自然规律办事。同时，它又是一项社会性很强的事业，"水利为社会，社会办水利"，还必须按照社会经济规律办事。因此，水利不单纯地属于自然科学，而是一门跨自然科学与社会科学的综合性学科。研究这类活动及其对象的技术理论和方法的知识体系称为"水利科学"。

**二、我国水利发展阶段的划分**

关于我国水利发展阶段的划分，可谓仁者见仁，智者见智。中国水利史学创始人姚汉源从历史学角度将我国古代水利发展分为地域特点鲜明的六大时期：①水利初步发展期——夏、商、周三代（约公元前 21 世纪至公元前 256 年）；②以黄河流域为主的水利大发展期——自秦灭周至东汉献帝初平元年（公元前 255—公元 190 年），共 445 年；③向江淮流域发展期——东汉献帝初平元年至隋朝建立（公元 190—580 年），共 390 年；④北方水利盛衰起伏，南方持续发展期——隋至北宋（公元 581—1127 年），共 547 年；⑤向东南沿海及珠江流域发展期——南宋至明朝嘉靖末（公元 1127—1566 年），共 440 年；⑥全国水利从普遍开展到衰落期——明朝隆庆元年至民国末年（公元 1567—1948 年），共 382 年。

我国水利部原部长、著名水利专家汪恕诚将我国水利发展划分为原始水利阶段、古代水利阶段、当代水利阶段和现代水利阶段（开始于 21 世纪初）。有一些当代水利专家，按照中国水利发展的过程和特点，把我国水利发展划分为自然水利阶段（从原始社会到战国之前的奴隶社会）、农耕水利阶段（春秋战国之后到清代末）、工程水利阶段（民国时期至改革开放前）和资源水利阶段（改革开放至 20 世纪末）。另外，还有一些当代水利专家把我国水利发展划分为以下 4 个阶段：

1. 有机论自然观指导下的治水阶段——传统水利

传统水利是一种人水自然和谐的水利，传统水利阶段是从原始社会至清代末期，它又分为 3 个时期：①传统水利的初始期（大禹治水至秦汉）；②传统水利的成熟期（三国至唐宋）；③传统水利的总结期（元明清）。

2. 机械论自然观指导下的治水阶段——工程水利

工程水利是一种人水渐趋失和的水利，工程水利阶段是从民国时期至改革开放前。它又分为 2 个时期：①民国时期的工程水利（清代末至新中国成立前）；②新中国成立后的工程水利（新中国成立后至改革开放前）。

3. 生态论自然观指导下的治水阶段——资源水利

资源水利是一种人水渐趋和谐的水利，资源水利阶段是从改革开放至 20 世纪末期。所谓资源水利，就是从水资源的开发、利用、治理、配置、节约、保护 6 个方面系统分析，综合考虑，实现水资源的可持续利用。

4. 科学发展观指导下的治水阶段——可持续发展水利

可持续发展水利是一种人水完美和谐的水利，21 世纪的水利是可持续发展水利，要求在维护后代生存和发展的水资源基础的前提下，全面节约、有效保护、合理配置、适度开发、高效利用、科学管理水资源，做好水资源持续利用工作，支撑和保障资源与环境、经济、社会的持续发展。

# 第二节　水利名词简介

### 1. 水文学

水文学是研究地球上水的时空分布与运动规律并应用于水资源开发利用与保护的科学。水在地球表面形成水圈，与大气圈、岩石圈、生物圈紧密相连，水文学是地球科学的一部分。水资源的开发利用和防治水害都要以水文规律为根据，水文学又是水利科学的一部分。

分类作为地球科学的一部分，水文学可分为陆地水文学与海洋水文学两大部分。通常所称的水文学指陆地水文学。陆地上的水分布在各种水体中，如河流、湖泊、沼泽、冰川、积雪、地下水等。它们各有特点，因此相应建立了河流水文学、湖泊水文学、沼泽水文学、冰川水文学、雪水文学、地下水水文学等分支。对一些特殊自然条件还建有特殊的分支，如森林水文学、小岛水文学等。作为水利科学的一部分，水文学的重要内容是地面水与地下水的观测、评估与预测，并为规划与管理提供依据。因服务对象的不同，建立了工程水文学、农业水文学、城市水文学、环境水文学等应用学科。

### 2. 水电站

水电站是将水能转换为电能的综合工程设施，又称水电厂，它包括为利用水能生产电能而兴建的一系列水电站建筑物及装设的各种水电站设备。利用这些建筑物集中天然水流的落差形成水头，汇集、调节天然水流的流量，并将它输向水轮机，经水轮机与发电机的联合运转，将集中的水能转换为电能，再经变压器、开关站和输电线路等将电能输入电网。有些水电站除发电所需的建筑物外，还常有为防洪、灌溉、航运、过木、过鱼等综合利用目的服务的其他建筑物。这些建筑物的综合体称水电站枢纽或水利枢纽。

（1）水电站有各种不同的分类方法。按照水电站利用水源的性质，可分为以下3类：

1）常规水电站：利用天然河流、湖泊等水源发电。

2）抽水蓄能电站：利用电网中负荷低谷时多余的电力，将低处下水库的水抽到高处上水库存蓄，待电网负荷高峰时放水发电，尾水至下水库，从而满足电网调峰等电力负荷的需要。

3）潮汐电站：利用海潮涨落所形成的潮汐能发电。

（2）按照水电站对天然水流的利用方式和调节能力，可以分为以下两类：

1）径流式水电站：没有水库或水库库容很小，对天然水量无调节能力或调节能力很小的水电站。

2）蓄水式水电站：设有一定库容的水库，对天然水流具有不同调节能力的水电站。

（3）在水电站工程建设中，还常采用以下分类方法：

1）按水电站的开发方式，即按集中水头的手段和水电站的工程布置，可分为坝式水电站、引水式水电站和坝-引水混合式水电站3种基本类型。这是工程建设中最通用的分类方法。

2）按水电站利用水头的大小，可分为高水头、中水头和低水头水电站。世界上对水头的具体划分没有统一的规定。有的国家将水头低于 15m 作为低水头水电站，15～70m 为中水头水电站，71～250m 为高水头水电站，水头大于 250m 时为特高水头水电站。中国通常称水头大于 70m 的水电站为高水头水电站，低于 30m 的水电站为低水头水电站，30～70m 的水电站为中水头水电站。这一分类标准与水电站主要建筑物的等级划分和水轮发电机组的分类适用范围均较适应。

3）按水电站装机容量的大小，可分为大型、中型和小型水电站。世界上一般把装机容量 5000kW 以下的水电站定为小水电站，5000～10 万 kW 的水电站定为中型水电站，10 万～100 万 kW 的水电站定为大型水电站，超过 100 万 kW 的水电站定为巨型水电站。中国规定将水电站分为五等，其中：装机容量大于 75 万 kW 的水电站为一等［大（1）型水电站］，25 万～75 万 kW 的水电站为二等［大（2）型水电站］，2.5 万～25 万 kW 的水电站为三等（中型水电站），0.05 万～2.5 万 kW 的水电站为四等［小（1）型水电站］，小于 0.05 万 kW 的水电站为五等［小（2）型水电站］；但统计上常将 1.2 万 kW 以下的水电站作为小水电站。

中国已建成葛洲坝、乌江渡、白山、龙羊峡和以礼河梯级等各类常规水电站，建成了潘家口等大型抽水蓄能电站和试验性的江厦潮汐电站。

3. 水土流失

水土流失指在水力、风力、重力等外营力作用下，山丘区及风沙区水土资源和土地生产力的破坏和损失。它包括土地表层侵蚀及水的损失，也称水土损失。土地表层侵蚀指在水力、风力、冻融、重力以及其他地质营力作用下，土壤、土壤母质及其他地面组成物质如岩屑损坏、剥蚀、转运和沉积的全部过程。水土流失的形式除雨滴溅蚀、片蚀、细沟侵蚀、浅沟侵蚀、切沟侵蚀等典型的土壤侵蚀形式外，还包括山洪侵蚀、泥石流侵蚀以及滑坡等侵蚀形式。水的损失一般是指植物截留损失、地面及水面蒸发损失、植物蒸腾损失、深层渗漏损失、坡地径流损失。

在中国水土流失概念中水的损失主要指坡地径流损失。水的损失过程与土壤侵蚀过程之间，既有紧密的联系，又有一定的区别。水的损失形式中如坡地径流损失，是引起土壤水蚀的主导因素，水冲土跑、水土损失是同时发生的。但是，并非所有的坡面径流以及其他水的损失形式都会引起土壤侵蚀。因此，有些增加土壤水分储存量、抗旱保墒的水分控制措施不一定是为了控制土壤侵蚀。中国不少水土流失严重的地区如黄土高原，位于干旱、半干旱的气候条件下，大气干旱、土壤干旱与土壤侵蚀作用同样地对生态环境与农业生产造成严重危害。因此，水的保持与土壤保持具有同等重要的意义。

4. 水库

水库指用坝、堤、水闸、堰等工程，于山谷、河道或低洼地区形成的人工水域。它是用于径流调节以改变自然水资源分配过程的主要措施，对社会经济发展有重要作用。水库的建造可以追溯到公元前约 3000 年。早期的水库由于受技术水平的限制一般较小，近代水工建筑技术的发展，兴建了一批高坝，从而形成了一批巨大的水库。中国在 20 世纪 50 年代以前水库不多，规模较小，以后兴建了一大批各种类型的水库，到 1985 年为止有

83000 多座。

根据水库的位置与形态，其类型一般可分为以下几种：

（1）山谷水库，系用拦河坝横断河谷，拦截天然河道径流，抬高水位而成，绝大部分水库属于这一类型。

（2）平原水库，系在平原地区的河道、湖泊、洼淀的出口处修建闸、坝，抬高水位形成，必要时还在库周圈筑围堤，如当地水源不足还可以从邻近的河流引水入库。

此外，在干旱地区的透水地层，建筑地下截水墙，截蓄地下水或潜流而形成地下水库。

5. 径流

径流指降水经过陆地各种因素作用以后能够流出的部分。径流流经坡地、河槽，最后流出流域。对形成径流有重要作用的因素为降水、蒸发与下渗。

径流按水源划分为地面径流、地下径流与壤中流 3 种。

（1）地面径流：在地面产生并在地面流动的径流。其中在坡面上流动的称为坡面漫流，在河道中流动的称为河川径流。

（2）地下径流：水下渗到地下含水层以后通过地下水流动流入河川的径流。

（3）壤中流：在土壤中流动的径流，也称表层流。表层土常含腐殖质，比较疏松，下层风化土则比较密实，更下层的基岩往往更为密实。下渗水分较容易通过上土层，较难通过下土层，因此就在这两个土层的界面上流动，形成壤中流。

6. 水利枢纽

水利枢纽指修建在同一河段或地点，共同完成以防治水灾、开发利用水资源为目标的不同类型水工建筑物的综合体。水利枢纽工程通常是水利工程体系中最重要的组成部分，一般由挡水建筑物（壅水）、泄水建筑物、进水建筑物以及必要的水电站厂房、通航、过鱼、过木等水工建筑物组成。

水利枢纽按承担任务的不同，可分为防洪枢纽、灌溉（或供水）枢纽、水力发电枢纽和航运枢纽等。多数水利枢纽承担多项任务，称为综合性水利枢纽。水利枢纽功能要选定合理的位置和最优的布置方案。水利枢纽工程的位置一般通过河流流域规划或地区水利规划确定。具体位置须充分考虑地形、地质条件，使各个水工建筑物都能布置在安全可靠的地基上，并能满足建筑物的尺度和布置要求，以及施工的必需条件。水利枢纽工程的布置，一般通过可行性研究和初步设计确定。枢纽布置必须使各个不同功能的建筑物在位置上各得其所，在运用中相互协调，充分有效地完成所承担的任务；各个水工建筑物单独使用或联合使用时水流条件良好，上下游的水流和冲淤变化不影响或少影响枢纽的正常运行，总之技术上要安全可靠；在满足基本要求的前提下，要力求建筑物布置紧凑，一个建筑物要能发挥多种作用，以减少工程量和工程占地以及投资；同时要充分考虑管理运行的要求和施工便利，工期短。一个大型水利枢纽工程的总体布置是一项复杂的系统工程，需要按系统工程的分析研究方法进行论证确定。

水利枢纽常按其规模、效益和对经济、社会影响的大小进行分等，并将枢纽中的建筑物按其重要性进行分级。对级别高的建筑物，在抗洪能力、强度和稳定性、建筑材料、运行的可靠性等方面都要求高一些，反之就要求低一些，以达到既安全又经济的目的。

7. 圩垸

圩垸指沿江滨湖低地四周有圩堤围护，内有灌排系统的农业区。圩堤将农田与外水隔开，通过灌排渠系及操纵圩堤上的涵闸以调节内水和外水的进出。自流灌排有困难，则辅以提水机械，以满足圩内农田需水。这种农田水利形式在江浙太湖流域和安徽、浙江的长江流域一带称圩田或围田，明清以来则统称圩田。在湖南、湖北称作垸田。珠江和韩江三角洲称堤围（或基围）。王祯所著《农书》中记载的柜田，则是面积较小的圩垸。圩垸工程可溯源于先秦，唐中叶以来发展很快，太湖及水阳江流域的圩田，五代北宋时期已大量发展。北宋以后，沿长江向其中游湖泊地区推广。这一带因而成为全国农业中心。水阳江流域圩田规模如北宋范仲淹所描述："每一圩方数十里，如大城。中有河渠，外有门闸，旱则开闸引江水之利，涝则闭闸拒江水之害。旱涝不及，为农美利。"大圩之中，又往往包含几个至数十个小圩，农田面积至数十万亩，圩堤长至数百里。其他地区圩垸，自南宋以后也迅速发展。

圩垸无计划的过度发展，也带来新的水利问题：随着湖区面积的缩小，湖泊对洪水的调节作用下降；水道被逐步堵塞。南宋以来，太湖下游泄水不畅加剧了圩区的洪涝灾害。明清时曾多次禁筑新圩及废毁不合理的圩岸，但圩田仍是有增无减。洞庭湖区情况相似，明代有圩垸一两百处，到民国时期已增加到一千多处。自 1894—1949 年洞庭湖水面从 $5400 \mathrm{km}^2$ 缩小至 $4300 \mathrm{km}^2$，除长江和湘、资、沅、澧四水来沙的自然淤积外，人为促淤围垦也是重要原因，因而有垦湖为田和废田还湖的争议。

8. 航道

航道指在水域内供船舶及排、筏航行的线路。航道是水运的基础设施，可分为天然航道和人工航道（运河）。

航道工程：开拓航道和改善航道航行条件的工程，常包括以下几个方面。

（1）航道疏浚。

（2）航道整治，如山区航道整治、平原航道整治、河口航道整治。

（3）渠化工程及其他通航建筑物。

（4）径流调节，利用在浅滩上游建造的水库调节流量，以满足水库下游航道水深的要求。

（5）绞滩。

（6）开挖运河。

在河流上兴建航道工程时，应统筹兼顾航运与防洪、灌溉、水力发电等方面的利益，进行综合治理与开发，以谋求国民经济的最大效益。在选定航道工程措施时，应根据河流的自然特点，进行技术经济比较后确定。

9. 中国十二大水电基地

中国十二大水电基地包括金沙江、雅鲁江、大渡河、长江上游、乌江、湘西、闽浙赣、澜沧江、南盘江红水河、黄河上游、黄河中游、东北。

10. 水利工程

水利工程指用于控制和调配自然界的地表水和地下水，达到除害兴利目的而修建的工程，也称为水工程。水是人类生产和生活必不可少的宝贵资源，但其自然存在的状态并不完全符合人类的需要。只有修建水利工程，才能控制水流，防止洪涝灾害，并进行水量的调节和分配，以满足人民生活和生产对水资源的需要。

水利工程按目的或服务对象可分为：防止洪水灾害的防洪工程；防止旱、涝、渍灾，为农业生产服务的农田水利工程，或称灌溉和排水工程；将水能转化为电能的水力发电工程；改善和创建航运条件的航道和港口工程；为工业和生活用水服务，并处理和排除污水和雨水的城镇供水和排水工程；防止水土流失和水质污染，维护生态平衡的水土保持工程和环境水利工程；保护和增进渔业生产的渔业水利工程；围海造田，满足工农业生产或交通运输需要的海涂围垦工程等。一项水利工程同时为防洪、灌溉、发电、航运等多种目标服务的，称为综合利用水利工程。

水利工程不同于其他工程的特点如下：

（1）有很强的系统性和综合性。单项水利工程是同一流域、同一地区内各项水利工程的有机组成部分，这些工程既相辅相成，又相互制约；单项水利工程自身往往是综合性的，各服务目标之间既紧密联系，又相互矛盾。水利工程和国民经济的其他部门也是紧密相关的。规划设计水利工程必须从全局出发，系统地、综合地进行分析研究，才能得到最为经济合理的优化方案。

（2）对环境有很大影响。水利工程不仅通过其建设任务对所在地区的经济和社会发生影响，而且对江河、湖泊以及附近地区的自然面貌、生态环境、自然景观，甚至对区域气候，都将产生不同程度的影响。这种影响有利有弊，规划设计时必须对这种影响进行充分估计，努力发挥水利工程的积极作用，消除其消极影响。

（3）工作条件复杂。水利工程中各种水工建筑物都是在难以确切把握的气象、水文、地质等自然条件下进行施工和运行的，它们又多承受水的推力、浮力、渗透力、冲刷力等的作用，工作条件较其他建筑物更为复杂。

（4）水利工程的效益具有随机性，根据每年水文状况不同而效益不同，农田水利工程还与气象条件的变化有密切联系。

（5）水利工程一般规模大，技术复杂，工期较长，投资多，兴建时必须按照基本建设程序和有关标准进行。

# 第二章 中国水利古代成就

## 第一节 理 论 成 果

纵观中国古代发展史，水利在国计民生中发挥了重大作用，取得了辉煌的成就。

### 一、江河堤防

我国古代，防洪一直是水利事业中的经常性的急迫的重大任务，其方式有筑堤、分流和滞洪等。在漫长的历史中，虽然强调分流的人较多，但筑堤仍是主要的防洪手段，这有其必然的道理。

传说中的大禹治水之前就有共工、鲧筑堤之说，据文字记载，战国时黄河下游两岸即有了系统堤防。原始的黄河自然是没有堤防的，河边有了人群聚落，为防止汛期河水的泛溢，就出现了堤防。人越来越多，堤防就越修越多，成了系列。于是多沙的河水不越出堤外，泥沙就在河槽中落淤。年复一年，河底渐高，堤防则不得不逐年加高，于是形成了地上河。本来是兴利的堤防，此时则孕育着更大的危险，因为地上河的决口的危害程度远非平地泛溢可比。所以西汉贾让提出"治河三策"：上策是不要堤防，恢复河流的自然状态；中策是做多条分支渠道把河水分引到更宽广的区域进行灌溉，使之不至成灾，所谓"聚则为害，散则为利"；下策则是继续修堤，逐年加高，无有止境。2000多年前，我们的祖先对人与河的关系就有这样的排序，说明已经认识到人与自然和谐相处的道理。但是以后的实践却是采用了下策，东汉初的王景治河在两岸修筑了自今郑州以下直至海口的更为坚实的堤防。这是因为社会稳定了，人口增多了，不可能让河水自然游荡。此后一百多年，三国、两晋、南北朝时期，黄河下游经历了近400年的无休止的战乱，人口大量伤亡、流动，较多地迁往长江以南，这里的人口只剩下几百万，人们的居住也不稳定，没人修筑堤防，是黄河史上极特殊的时段。北魏地理学家郦道元所著的《水经注》中，较为详细地描述了当时的黄河下游情况。那时黄河下游有许多分支，流向海河流域和淮河流域，这些分支联系着大大小小许多湖泊、沼泽；城镇聚落只记载着昔日的繁华，还有近近远远的战争痕迹。黄河的洪水可以在广大的黄淮海平原自由地流淌泛溢。少有泛滥的记载，更无改道记载。直到隋唐统一以后，特别是唐代，社会稳定，人口迅速增长，人与河的关系，逐渐开始重复秦汉所经历的情况，黄河堤防重新提到十分重要的地位。明代治河专家潘季驯把堤防由消极对洪水的防御提升为积极治理多沙河流的工具，他提出"以堤束水，以水攻沙"的治理思想，即以堤防收缩河流的过水断面，加大河水的流速，用以冲刷河底泥沙，从而解决地上河的问题。其道理是科学的，是近两千年来工程实践的总结。他主张遥堤防御洪水，缕堤靠近河床束水刷沙，格堤拦截顺堤水流，月堤防险等，使堤防成为一个治水体系。自此之后，潘季驯的思想被多数人所推崇。但是，由于自然河流条件的复杂，解决多沙河流的防洪问题仍然任重道远。魏晋南北朝时，长江、汉水、赣江等流域都出现了堤防。其后海河流域也有众多堤防出现。堤防工程的建设对促进生产力、人类社会发展产生了积极的促进作用。

### 二、灌溉排水

据考古发现，我国的水稻栽培历史，可以上推至公元前 1 万年。在有文字记载的历史上，我们祖先修筑的不同规模、不同特点的灌溉排水工程不可胜数，在经济、技术和文化史上留下光辉的印记。其中，许多灌溉排水工程至今仍在发挥着重要作用。

### 三、水库湖泊

在我国古代水利成就中，水库建设是一项重要内容。古典名著《水经注》记载了大量水库工程；其后的水库工程数量，不可胜数。由于建筑材料和技术条件的限制，水库大坝的高度都不高，但坝长和蓄水面积却相当可观。

### 四、运河通航

作为古代主要交通工具，古人首先利用天然河道通航，春秋时已有大规模船队在江河中行驶。为摆脱天然河道的局限，必须开凿运河，连接大江大河的运河，就成为长途大宗运输的干线，是国计民生的动脉。

### 五、古代城市水利

我国城市的出现，即与井相联系，有"井市"一词产生。有井才有市，有市才有城，所以城市与水利关系重大，没有水利，即无城市。

（一）早期的城市水利理论

春秋战国时，已出现临淄（今山东临淄城北）、邯郸（今河北邯郸西南）、郢都（今湖北江陵北）、吴（今江苏苏州）、咸阳（今陕西咸阳东）等繁华城市，形成了较系统的建城理论，其中关于城市水利理论占有重要地位。《管子》一书对此有较详细叙述，主要内容为：选择城市的位置要高低适度，既便于取水，又便于防洪，随有利的地形条件和水利条件而建，不必拘泥于一定的模式；城不仅要建在肥沃的土地上，还应当便于布置水利工程，既注意供水，又注意排污，有利于改善环境；在选择好的地址上，要建城墙，墙外建郭，郭外还有土坎，地高则挖沟引水和排水，地低则做堤防挡水；城市的防洪、饮水、排水是十分重要的事情，最高统治者都要过问。这些理论一直为古代城市水利建设所遵循。

（二）古代城市水利的基本内容

居民用水、手工业用水、防火和航运是古代城市供水的主要方面。城市自河湖取水和打井是主要的取水方式。在水源不便的地方建城，需要做专门的引水工程送水入城。例如，三国时雁门郡治广武城（今山西代县西南）、唐代枋州中部县（今陕西黄陵县）、袁州宜春城都建有数里长的专门的供水渠道和相应的建筑物。

古代征战攻守，城占有极重要的地位。为巩固城防，城市要筑坚固的城墙，同时深挖较宽的护城河，也叫池或濠，在敌人进攻时，使池和濠成为相互依托的两道防线。护城河中的水来自上游的河湖、溪流或泉水，大多数有专门的引水工程。也有的护城河是天然的或人工的河湖。护城河下尾要有渠道排泄入江河。为控制蓄泄，还要建相应的建筑物。护城河和城墙体系是城市最有效的防洪工程。当洪水泛滥时，城墙是坚固的挡水堤防，护城河就成为导水排水的通道。在黄淮海平原，有很多城市在一般的城墙和护城河之外又筑一道防洪堤，实际也是一道土城，堤外同样有沟渠环绕，使城市成为双重防洪体系。

古代不少水利工程兼有城市供水和农田灌溉的双重作用。其中，有的城市供水工程兼有农田灌溉效益，有的大型灌溉工程兼有城市供水作用，有的城市运河也用于农田季节性灌溉。这种灌溉工程多属于为城市生活服务范围。也有的城市水域用于种植菱荷茭蒲，养殖鱼鳖虾蟹，兼收副业之利。

历史上，随着城市的发展，自然环境逐渐恶化，以水来改造和美化城市环境作为对策，用水利工程引水入城，或借用自然水体加以修整，装饰城市环境，曾得到广泛的采用。中国六大古都西安、洛阳、开封、杭州、南京和北京都修建了大量的水利工程来改善城市环境，不少中小城市也修建了相应的工程。

（三）古代城市水利的理论和实践体现了人与水的和谐关系

城市是人与自然相处最密切的地方，我国许多古城延续时间很长，繁衍了历代优秀人才，积累了丰厚的文化。苏州城，诞生在 2600 年以前，其人居与水网的骨架没有大的变化，据记载，隋代曾短暂移动，因新址不如原址而迁回，就是证明。至今我国的许多文化名城，都包含着丰富的古代城市水利内容。

# 第二节 典 型 工 程

## 一、都江堰

都江堰（见图 2-1），位于四川省都江堰市（原灌县）境内、岷江上的大型引水枢纽工程，也是现有世界上历史最长的无坝引水工程。始建于秦昭王末年（约公元前 256—前 251 年），由秦蜀守李冰主持兴建。是全世界迄今为止，年代最久、唯一留存、以无坝引水为特征的宏大水利工程。属全国重点文物保护单位。工程以灌溉为主，兼有防洪、水运、城市供水等多种效益。成都平原因此富庶，自古有"天府之国"美称。都江堰始名于宋代，宋以前称都安堰、湔堰或犍尾堰。

图 2-1 都江堰全景

都江堰水利工程（见图 2-2）由鱼嘴分水堤、飞沙堰溢洪道、宝瓶口引水口三大主体工程和百丈堤、人字堤等附属工程构成。科学地解决了江水自动分流、自动排沙、控制进水流量等问题，消除了水患，使川西平原成为"水旱从人"的"天府之国"。两千多年来，一直发挥着防洪灌溉作用。截至 1998 年，都江堰灌溉范围已达 40 余县，灌溉面积达到 66.87 万 hm²。

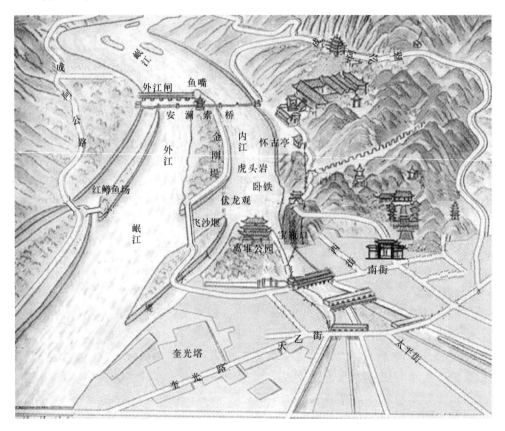

图 2-2　都江堰的工程结构

古代都江堰以竹笼、木桩和卵石为主要建筑材料。以竹编笼内填卵石，用来建造鱼嘴、飞沙堰、内外金刚堤和人字堤等工程。每年岁修需更换竹笼一万多条。为了减少每年岁修工程量，历代水工和劳动人民不断谋求工程结构的改造，尤以鱼嘴为重点。元代曾以石料修砌鱼嘴，并在其顶端铸铁龟；明代修砌鱼嘴，前置铁牛分水；清代复用砌石鱼嘴。这些工程均因基础不稳，未能持久。1936 年改以竹笼为基础，前端与两侧护以木桩，其上修筑砌石鱼嘴，工程延续时间较长，直至 1974 年修外江闸时改建成钢筋混凝土结构。

都江堰水利工程充分利用当地西北高、东南低的地理条件，根据江河出山口处特殊的地形、水脉、水势，乘势利导，无坝引水，自流灌溉，使堤防、分水、泄洪、排沙、控流相互依存，共为体系，保证了防洪、灌溉、水运和社会用水综合效益的充分发挥。其最伟大之处是建堰两千多年来经久不衰，而且发挥着愈来愈大的效益。都江堰的创建，以不破坏自然资源，充分利用自然资源为人类服务为前提，变害为利，使人、地、水三者高度协调统一。都江堰水利工程成为世界最佳水资源利用的典范。

1. 都江堰名称由来

秦蜀郡太守李冰建堰初期，都江堰称为"湔堋"，这是因为都江堰旁的玉垒山，秦汉以前称"湔山"，而那时都江堰周围的主要居住民族是氐羌人，他们把堰称作"堋"，都江堰就称"湔堋"。

三国蜀汉时期，都江堰地区设置都安县，因县得名，都江堰称"都安堰"。同时，又称"金堤"，这是突出鱼嘴分水堤的作用，用堤代堰作名称。

唐代，都江堰改称为"楗尾堰"。因为当时用以筑堤的材料和办法，主要是"破竹为笼，圆径三尺，以石实中，累而壅水"，即用竹笼装石，称为"楗尾"。

直到宋代，在宋史中，才第一次提到都江堰："永康军岁治都江堰，笼石蛇决江遏水，以灌数郡田。"

所谓都江，《蜀水考》说："府河，一名成都江，有二源，即郫江，流江也。"流江是检江的另一种称呼，成都平原上的府河即郫江，南河即检江，它们的上游，就是都江堰内江分流的柏条河和走马河。《括地志》说："都江即成都江。"从宋代开始，把整个都江堰水利系统工程概括起来，称都江堰，才较为准确地代表了整个水利工程系统，这个名称一直沿用至今。

2. 都江堰的修建过程

岷江是长江上游的一条较大的支流，发源于四川北部高山地区。每当春夏山洪暴发的时候，江水奔腾而下，从灌县进入成都平原，由于河道狭窄，古时常常引发洪灾，洪水一退，又是沙石千里。而灌县岷江东岸的玉垒山又阻碍江水东流，造成东旱西涝。

秦昭襄王五十一年（公元前256年），秦国蜀郡太守李冰，吸取前人的治水经验，率领当地人民，主持修建了著名的都江堰水利工程。都江堰的整体规划是将岷江水流分成两条，其中一条水流引入成都平原，这样既可以分洪减灾，又可以引水灌田、变害为利。主体工程包括鱼嘴分水堤、飞沙堰溢洪道和宝瓶口进水口。

首先，李冰邀集了许多有治水经验的农民，对地形和水情作了实地勘察，决心凿穿玉垒山引水。由于当时还未发明火药，李冰便以火烧石，使岩石爆裂，终于在玉垒山凿出了一个宽20m、高40m、长80m的山口。因其形状酷似瓶口，故取名"宝瓶口"，把开凿玉垒山分离的石堆叫"离堆"。

安澜索桥又名"安澜桥""夫妻桥"，建于宋代以前，位于都江堰鱼嘴堤之上，被誉为"中国古代五大桥梁"之一，是都江堰最具特征的景观。索桥以木排石墩承托，用粗竹缆横挂江面，上铺木板为桥面，两旁以竹索为栏，全长约500m。明末（17世纪）毁于战火。现在的桥为钢索混凝土桩。

宝瓶口引水工程完成后，虽然起到了分流和灌溉的作用，但因江东地势较高，江水难以流入宝瓶口，李冰又率领大众在离玉垒山不远的岷江上游和江心筑分水堰，用装满卵石的大竹笼放在江心堆成一个形如鱼嘴的狭长小岛。鱼嘴把汹涌的岷江分隔成外江和内江，外江排洪，内江通过宝瓶口流入成都平原。

为了进一步起到分洪和减灾的作用，在分水堰与离堆之间，又修建了一条长200m的溢洪道流入外江，以保证内江无灾害，溢洪道前修有弯道，江水形成环流，江水超过堰顶时洪水中夹带的泥石便流入到外江，这样便不会淤塞内江和宝瓶口水道，故取名"飞沙堰"。

为了观测和控制内江水量，李冰又雕刻了三个石桩人像，放于水中，以"枯水不淹足，洪水不过肩"来确定水位。还凿制石马置于江心，以此作为每年最小水量时淘滩的标准。

都江堰的三大部分，科学地解决了江水自动分流、自动排沙、控制进水流量等问题，消除了水患。成都平原从此沃野千里，成为"水旱从人"的天府之国。

图 2-3　郑国渠

## 二、郑国渠

郑国渠（见图 2-3）是最早在关中建设的大型水利工程，战国末年秦国穿凿，公元前 246 年（秦始皇元年）由韩国水工郑国主持兴建，约十年后完工。位于今天的泾阳县西北 25km 的泾河北岸。它西引泾水东注洛水，长达 300 余里（灌溉面积号称 4 万顷）。泾河从陕西北部群山中冲出，流至礼泉就进入关中平原。郑国渠充分利用了关中平原西北高、东南低的地形特点，在礼泉县东北的谷口开始修干渠，使干渠沿北面山脚向东伸展，很自然地把干渠分布在灌溉区最高地带，不仅最大限度地控制灌溉面积，而且形成了全部自流灌溉系统，可灌田四万余顷。郑国渠开凿以来，由于泥沙淤积，干渠首部逐渐填高，水流不能入渠，历代以来在谷口地方不断改变河水入渠处，但谷口以下的干渠渠道始终不变。

1. 兴建缘由

当时之所以要兴建这一工程，除上面所说的自然条件因素外，另一个因素是政治军事的需要。

战国时，我国历史朝着建立统一国家的方向发展，一些强大的诸侯国，都想以自己为中心，统一全国。兼并战争十分剧烈。关中是秦国的基地，它为了增强自己的经济力量，以便在兼并战争中立于不败之地，很需要发展关中的农田水利，以提高秦国的粮食产量。

韩国是秦国的东邻。战国末期，在秦、齐、楚、燕、赵、魏、韩七国中，当秦国国力蒸蒸日上，虎视眈眈，欲有事于东方时，首当其冲的韩国，却孱弱到不堪一击的地步，随时都有可能被秦并吞。公元前 246 年，韩桓王在走投无路的情况下，采取了一个非常拙劣的所谓"疲秦"的策略。他以著名的水利工程人员郑国为间谍，派其入秦，游说秦国在泾水和洛水（北洛水，渭水支流）间，穿凿一条大型灌溉渠道。表面上说是可以发展秦国农业，真实目的是要耗竭秦国实力。

这一年是秦王嬴政元年。本来就想发展水利的秦国，很快地采纳这一诱人的建议。并立即征集大量的人力和物力，任命郑国主持，兴建这一工程。在施工过程中，韩国"疲秦"的阴谋败露，秦王大怒，要杀郑国。郑国说："始臣为间，然渠成亦秦之利也。臣为韩延数岁之命，而为秦建万世之功"（《汉书·沟洫志》）。嬴政是位很有远见卓识的政治家，认为郑国说得很有道理，同时，秦国的水工技术还比较落后，在技术上也需要郑国，所以一如既往，仍然加以重用。经过十多年的努力，全渠完工，人称郑国渠。

2. 工程概况

郑国渠是以泾水为水源，灌溉渭水北面农田的水利工程。《史记·河渠书》《汉书·沟洫志》都说，它的渠首工程，东起中山，西到瓠口。中山、瓠口后来分别称为仲山、谷口，都在泾县西北，隔着泾水，东西向望。它是一座有坝引水工程，1985—1986 年，考古工作者秦建明等，对郑国渠渠首工程进行实地调查，经勘测和钻探，发现了当年拦截泾水的大坝残余。它东起距泾水东岸 1800m 名叫尖嘴的高坡，西迄泾水西岸 100 多米王里湾村南边的山头，全长约 2300m。其中河床上的 350m，早被洪水冲毁，已经无迹可寻，而其他残存部分，历历可见。经测定，这些残部，底宽尚有 100 多米，顶宽 1～20m 不等，残高 6m。可以想见，当年这一工程是非常宏伟的。

关于郑国渠的渠道，《史记》《汉书》都记得十分简略，《水经注·沮水注》的记载则比较详细一些。根据古书记载和今人实地考查，大体说，它位于北山南麓，在泾阳、三原、富平、蒲城、白水等县二级阶地的最高位置上，沿线与冶峪、清峪、浊峪、沮漆（今石川河）等水相交。将干渠布置在平原北缘较高的位置上，便于穿凿支渠南下，灌溉南面的大片农田。可见当时的设计是比较合理的，测量的水平也已很高了。不过泾水是著名的多沙河流，古代有"泾水一石，其泥数斗"的说法，当代实测，为 171kg/m³，郑国渠以多沙的泾水为水源，这样的比降又嫌偏小。比降小，流速慢，泥沙容易沉积，渠道易被堵塞。

渠建成后，经济、政治效益显著，《史记》《汉书》都说："渠就，用注填阏（淤）之水，溉舄卤之地四万余顷，收皆亩一钟，于是关中为沃野，无凶年，秦以富强，卒并诸侯，因名曰郑国渠。"其中一钟为六石四斗，比当时黄河中游一般亩产一石半，要高许多倍。

3. 历史功绩

郑国渠的作用不仅仅在于它发挥灌溉效益的 100 余年，而且还在于首开了引泾灌溉之先河，对后世引泾灌溉产生着深远的影响。秦以后，历代继续在这里完善其水利设施：先后历经汉代的白公渠、唐代的三白渠、宋代的丰利渠、元代的王御史渠、明代的广惠渠和通济渠、清代的龙洞渠等历代渠道。汉代有民谣："田於何所？池阳、谷口。郑国在前，白渠起后。举锸为云，决渠为雨。泾水一石，其泥数斗，且溉且粪，长我禾黍。衣食京师，亿万之口。"称颂的就是引泾工程。

1929 年陕西关中发生大旱，三年六料不收，饿殍遍野。引泾灌溉，急若燃眉。我国近代著名水利专家李仪祉先生临危受命，毅然决然地挑起在郑国渠遗址上修泾惠渠的千秋重任。在他本人的亲自主持下，此渠于 1930 年 12 月破土动工，数千民工辛劳苦干，历时近两年，终于修成了如今的泾惠渠。1932 年 6 月放水灌田，引水量 16m³/s，可灌溉 60 万亩土地。至此开始继续造福百姓。

郑国渠自秦国开凿以来，历经各个王朝的建设，先后有白渠、郑白渠、丰利渠、王御使渠、广惠渠、泾惠渠，至今造益当地。引泾渠首除历代故渠外，还有大量的碑刻文献，堪称蕴藏丰富的中国水利断代史博物馆。现已列入国家级文物保护单位。

**三、灵渠**

灵渠（见图2-4）是中国沟通长江水系和珠江水系的古运河，又名湘桂运河、陡河、兴安运河。在今广西壮族自治区兴安县境内。灵渠全长37km，建成于秦始皇三十三年（公元前214年）。由铧嘴、大小天平、南渠、北渠泄水天平和陡门组成。灵渠设计科学，建造精巧。铧嘴将湘江水三七分流，其中三分水向南流入漓江，七分水向北汇入湘江。

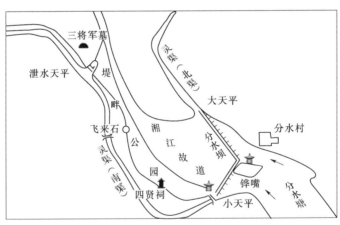

图2-4　灵渠

秦统一六国后，向岭南用兵，秦始皇二十八年（公元前219），派监郡御史禄凿灵渠运粮。它沟通了湘江和漓江，由于历代不断增修改进，技术逐步完善，作用日益增大，是2000余年来岭南（今广东、广西）与中原地区的主要交通线路，直至粤汉铁路和湘桂铁路通车。是现存世界上最完整的古代水利工程，与四川都江堰、陕西郑国渠齐名，并称为"秦朝三大水利工程"。郭沫若先生称："与长城南北相呼应，同为世界之奇观。"

灵渠渠首处用拦河坝壅高湘江水位，将其一股（今称南渠）通过穿越分水岭的人工渠道引入漓江上源支流，并对天然河道进行扩挖和整治后，入漓江；将另一股（今称北渠）另开新渠屈曲于湘江右岸再入湘江。用拦河大小天平、用条石砌的溢流坝、铧嘴（导水分水堤）、湘江故道和泄水天平，综合地实现了分水、引水和泄洪等项功能。渠道由人工渠、开挖天然溪流的半人工渠道和整治后的天然河流组成，南渠长 33km，北渠长 3.5km。以弯道减缓坡度；以陡门和堰坝节制用水，增加通航水深；以侧向溢流堰分泄洪水，保障安全。唐代已建有陡门 18 座，宋代发展到 36 座，元明清三代多次维修完善，保证了灵渠航运长期不衰，对广东、广西地区的政治、经济、文化有重大影响。1936 年和 1941 年，粤汉铁路和湘桂铁路相继通车，灵渠的航运逐渐停止。中华人民共和国成立后，对灵渠全面整修，基本保留了传统工程面貌，使其成为灌溉、城市供水和风景游览综合利用的水利工程，已无通航效益。

公元前 221 年，秦始皇统一北方六国之后，又于公元前 211 年对浙江、福建、广东、广西地区的百越发动了大规模的军事征服活动。秦军在战场上节节胜利，唯独在两广地区苦战三年，毫无建树，原来是因为广西的地形地貌导致运输补给供应不上。所以改善和保证交通补给成了这场战争的成败关键。秦始皇运筹帷幄，命令史禄劈山凿渠。史禄通过精确计算终于在兴安开凿了灵渠，奇迹般地把长江水系和珠江水系连接了起来，使援兵和补给源源不断地运往前线，推动了战事的发展，最终把岭南的广大地区正式地划入了中原王朝的版图，为秦始皇统一中国起到了重要的作用。

其后，汉代马援，唐代李渤、鱼孟威又继续主持修筑灵渠。灵渠南渠岸边的四贤祠内，至今还供奉着史禄和他们的塑像。灵渠在向世人展示着中华民族不畏艰险、吃苦耐劳精神的同时，也展示着中华民族丰富的智慧和无穷的创造力。

灵渠两岸景色优美，文物古迹众多，如状元桥、陡门、四贤祠、飞来石、铧嘴、大小天平、泄水天平和秦文化广场等景点，景区内还建有第二次世界大战美国飞虎队遗迹纪念馆，现已成为桂林的旅游胜地。

#### 四、芍陂

古代淮河上的蓄水灌溉工程芍陂（见图 2-5），又名安丰塘，是春秋时代楚令尹孙叔敖所修，也是我国有文字记载的最早的水库，历代多次维修和改建，至今犹存。据东晋人记载，芍陂灌溉良田万顷。其后屡有变化，自数千顷至万顷不等，北宋时达到四万顷。芍陂的周长也有变化，北魏时是一百二十里，唐宋时最长，达三百二十四里，清末仅五十余里。中华人民共和国成立后，对芍陂进行了综合治理，开挖淠东干渠，沟通了

图 2-5　芍陂

淠河总干渠。芍陂成为淠史杭灌区的调节水库，灌溉效益有很大提高，为全国重点文物保护单位。

#### 五、宁夏和内蒙古的引黄灌溉（见图 2-6）

宁夏回族自治区段黄河，山舒水缓，沃野千里，河低地高，无决口泛滥之患，有引水

图 2-6  引黄灌溉

灌溉的条件。宁夏引黄灌溉始于西汉武帝元狩年间（公元前122—前117年）。当时武帝从匈奴统治下夺回这一地区，实行大规模屯田。《汉书·匈奴列传》说："自朔方（郡治在今乌拉特前旗）以西至令居（今甘肃永登县西北），往往通渠，置田官。"东汉也有在这一带发展水利屯田。《魏书·刁雍传》记载：在富平（今吴中西南）西南三十里有艾山，旧渠自山南引水。北魏太平真君五年（公元444年）薄骨律镇（今灵武西南古黄河沙洲上）守将刁雍在旧渠口下游开新口，利用河中沙洲筑坝，分河水入河西渠道，共灌田四万余顷，史称艾山渠。此后唐代、西夏、元代都有修筑和使用宁夏灌区的记载。清代大规模扩大灌区，奠定了"天下黄河富宁夏"的基础。宁夏水利沿袭2000多年，除有黄河的方便引水条件外，主要还靠兴修水利的实践，在特定的自然条件下，创造和发展了一套独特和完整的水利技术。其工程，无论在取水、引水、控制水量、分水、退水等方面，顺应自然，利用当地的有利条件而采用独特的见证布局和结构。岁修和运行管理都有特色鲜明的制度，是我国干旱的北方地区人与自然和谐相处的范例。

与宁夏引黄灌区齐名的是其姊妹工程——内蒙古的河套引黄灌溉。它的开发也始于汉武帝时，唐代也有记载。但与宁夏灌区不同，它的大规模开发却是在清代后期。另外，它与宁夏灌区以官方主导不同，其方式是由民间私人组织分头进行。道光年间（1821—1850年）开始，其后逐渐形成了8条主要的灌溉渠道，称为后套八大渠。在灌区修建过程中，民间锻炼出一批水利技术专家，其中以王同春（1851—1952年）最为有名。他是河北邢台人，没进过学校，小时逃荒到河套。他勤劳，善思考，八大干渠中有5条是他主持开凿的。当时没有测量工具，他使用夜间灯火和下雨时水流方向测量地形，用物候和经验预测水情。1914年，当时的农商总长和导淮督办张謇聘他为水流顾问，并共同商讨开垦河套和导淮计划。

### 六、它山堰

它山堰是中国古代甬江支流鄞江上修建的御咸蓄淡引水灌溉枢纽工程，位于浙江宁波市鄞州鄞江镇它山旁、樟溪出口处，唐大和七年（公元833年）由县令王元玮创建，与郑国渠、灵渠、都江堰同为中国古代四大水利工程，可与四川都江堰相媲美。它山堰既具有拦水蓄洪灌溉作用，又能阻止潮水倒灌，对浙东农业的发展起了重要作用。它山堰工程布置示意图如图 2-7 所示。

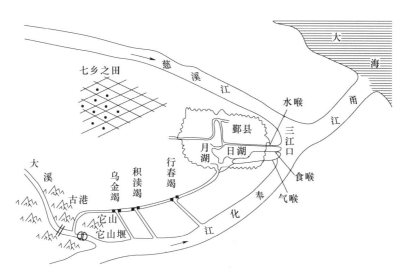

图 2-7　它山堰工程布置示意图

筑堰以前，海潮可沿甬江上溯到章溪，由于海水倒灌使耕田卤化，城市用水困难。于是在鄞江上游出山处的四明山与它山之间，用条石砌筑一座上下各 36 级的拦河溢流坝。坝顶长 42 丈，用 80 块条石板砌筑而成，坝体中空，用大木梁为支架。据记载，坝的设计高度要求是："涝则七分水入于江（奉化江），三分入于溪（即引水渠南塘河），以泄流；旱则七分入溪，三分入江，以供灌溉。"这座坝平时可以下挡咸潮，上蓄溪水，供鄞西平原七乡数千顷农田灌溉，并通过南塘河供宁波城使用。为防止洪水涌入城市，在南塘河右岸建乌金、积渎、行春三座侧向溢流堰，下游通江。

宋代在宁波城东北建三座泄水闸，以排泄积水。这样由坝（堰）、渠、闸等组成了完整的灌排系统。初建时渠首淤积较少，每年只淘浚一次。南宋时泥沙淤积严重，淳祐二年（1242 年）魏岘在坝上游 40 余丈处建三孔回沙闸，以减少入渠的泥沙。为保证灌渠闸按时启闭，吴潜于开庆元年（1259 年）在宁波城内平桥下设水则，以测算出各处水情。以后元明清三代都对工程进行了维修。明嘉靖十五年（1536 年）加高堰（坝）顶 1 尺（今仍存），清咸丰七年（1857 年）曾进行较大修治。1914 年清理堰上淤积，使水道通畅。目前所见它山堰顶长 134.4m，堰顶宽 4.8m，堰身大部分埋在沙土下，已无引灌作用。1987年定为全国重点保护文物。

### 七、京杭运河

#### （一）隋统一以前运河网的形成

传说春秋中期淮河上游已有人工运河。有明确记载最早开通的人工运河是江淮间的邗沟。吴王夫差为了北上争霸，于鲁哀公九年（公元前 486 年），筑邗城（今扬州），向北利用一连串天然湖泊开运河至今淮安，沟通长江和淮河间水运。此后 4 年，又在今山东鱼台到定陶开运河叫菏水，沟通济水和泗水，从而淮河和黄河间也实现了通航。战国魏惠王十年（公元前 361 年），自黄河开鸿沟，向南通淮水北岸各支流，向东通泗水；又可经济水向东通航，形成一个水运网，特别是向东一支名古汴水，是隋代以前黄河和淮河间最重要的水上通道。秦初开灵渠沟通湘漓二水，从而把长江水系和珠江水系沟通。西汉元光六年（公元前 129 年），自长安北引渭水开漕渠沿终南山麓至潼关入黄河，和渭水平行，路线直捷并避开渭水航运风险，成为都城长安对外联系的主要通道。

东汉末年，曹操向北方用兵，开凿了一系列运河，沟通黄、海、滦河各流域。建安九年（公元 204 年），自黄河向北开白沟，后又开平虏渠、泉州渠连通海河各支流。大致相当于后来的南运河和北运河南段。又向东开新河通滦河。建安十八年（公元 213 年），曹操又开利漕河，自邺城（今河北省临漳县西南 20km 邺镇）至馆陶南通白沟。魏景初二年（公元 238 年），司马懿开鲁口渠，在今饶阳县附近沟通滹沱河和泒水。这时，自海、滦河水系可以经黄河、汴河通泗水、淮河，经邗沟至长江，过江后由江南各河至杭州一带，已形成了早期沟通海河、黄河、淮河、长江直至杭州一带的水道。自长江经洞庭湖、湘江至灵渠，可以沟通珠江水系。

（二）隋唐北宋时的运河网

隋代统一南北，为政治上统一全国，经济上传输南北粮赋，大力开凿运河。隋开皇四年（公元 584 年），从长安至潼关开广通渠，其线路与汉代漕渠大体相似。大业元年（公元 605 年），自洛阳西苑开运河，以谷水和洛水为源，至洛口入黄河，再从板渚入古汴河故道至开封以东转向东南直至泗州入淮河，叫通济渠。大业四年（公元 608 年），又向北开永济渠，由黄河通沁水、渭水，自今天津西再转入永定河分支通涿郡（进北京）。开皇七年（公元 587 年）和大业元年（公元 605 年）还两次整修拓宽邗沟。大业六年（公元 610 年），又系统整修了江南运河。这样，由永济渠、通济渠、邗沟和江南运河组成的南北大运河把海河、黄河、淮河、长江和钱塘江联系在一个航运网中。再通过长江、湘江和灵渠，珠江水系也纳入这个统一的运河网中。

（三）元明清以京杭运河为骨干的运河网

元代建都大都（今北京），至元二十年（1283 年）在山东的济宁至安山间开济州河，二十六年（1289 年）开安山至临清间的会通河。至元三十年（1293 年），修成大都至通州的通惠河。至此，京杭运河全部开通，但会通河段不甚通畅，元代漕运主要还靠海运。当时还开山东半岛的胶莱湾，亦不成功。

明永乐时，宋礼重开会通河，采用白英的计划引汶水至南旺分水济运。陈瑄主持制定了较严密的航运管理制度。成为此后 500 余年南粮北运的主要交通运输线路，平均年运四百万石粮食至北京。这时京杭运河线路自北向南的顺序是：通惠河、北运河、南运河、会通河（包括济州河）、黄河（徐州至淮阴段）、淮扬运河、长江（横渡）和江南运河。与历代一样，由长江经湘江，过灵渠还可以与珠江水系沟通。此后各段又有不少局部调整和改、扩建，一直延续到现代。

京杭运河（见图 2 - 8），全长约 1800km，与灵渠一起联系着全国六大水系，把全国 1/2 以上的地区沟连在一个水网内，与其形成以前的南北运河一起计算，两千多年来一直是联系全国政治、经济和文化的纽带。就其建设规模、技术水平和历史作用来讲，在世界上找不到同类建筑物与之媲美。

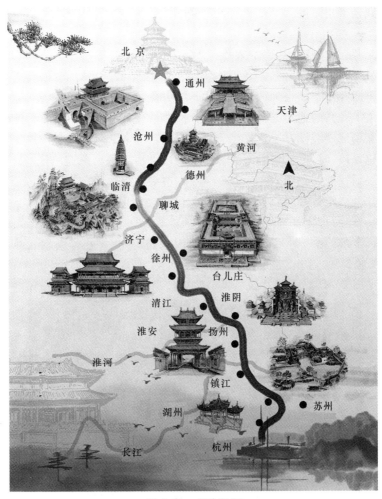

图 2-8　京杭运河

## 八、坎儿井

坎儿井（见图 2-9）与万里长城、京杭大运河并称为中国古代三大工程，古称"井渠"。是古代吐鲁番各族劳动群众，根据盆地地理条件、太阳辐射和大气环流的特点，经

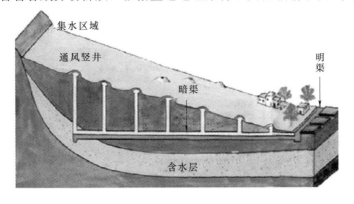

图 2-9　坎儿井结构示意图

过长期生产实践创造出来的，是吐鲁番盆地利用地面坡度引用地下水的一种独具特色的地下水利工程。

　　吐鲁番坎儿井，出现在 18 世纪末叶。主要分布在吐鲁番盆地、哈密和禾垒地区，尤以吐鲁番地区最多，计有千余条，如果连接起来，长达 5000km，所以有人称之为"地下运河"。"坎儿"即井穴，是当地人民吸收内地"井渠法"创造的，它是把盆地丰富的地下潜流水，通过人工开凿的地下渠道，引上地面灌溉、使用。

　　坎儿井，开始发展缓慢，至道光二十五年（1845 年）林则徐在伊拉里克"增穿井渠"（《新疆图志·建置》）时，"吐鲁番旧有三十余处"（《清史稿·萨迎阿传》）。后经推广，吐鲁番坎儿井发展到百处。光绪六年（1880 年），左宗棠率兵平定阿古柏叛乱后，"督劝民户，淘浚坎儿井"，"吐鲁番所属渠工之外，更开凿坎井一百八十五处"（《左文襄全集奏稿》卷五十六）。此后，吐鲁番坎儿井继续发展。据 20 世纪 50 年代统计，吐鲁番坎儿井发展到一千三百多条。由于水位下降等种种原因，到 1990 年吐鲁番坎儿井（出水）只有 700 条，年引水量 2.94 亿 m³。

　　坎儿井（见图 2-10）由竖井、暗渠、明渠、涝坝四部分组成。竖井，主要是为挖暗

图 2-10　坎儿井

渠和维修时人出入及出土用的。竖井口长 1m，宽 0.7m，竖井最深的在 90m 以上。暗渠是坎儿井的主体，高约 1.6m，宽约 0.7m。明渠，就是暗渠出水口至农田之间的水渠。涝坝，就是暗渠出水口，修建一个蓄水池，积蓄一定水量，然后灌溉农田。

坎儿井一般长 3～8km，最长的达 10km 以上，年灌溉 300 亩，最好的年灌溉可达 500 亩。

坎儿井的历史源远流长。汉代在今陕西关中就有挖掘地下窖井技术的创造，称"井渠法"。汉通西域后，塞外乏水且沙土较松易崩，就将"井渠法"取水方法传授给了当地人民，后经各族人民的辛勤劳作，逐渐趋于完善，发展为适合新疆条件的坎儿井。吐鲁番现存的坎儿井多为清代以来陆续兴建的。据史料记载，由于清政府的倡导和屯垦措施的采用，坎儿井曾得到大量发展。清末因坚决禁烟而遭贬并充军新疆的爱国大臣林则徐在吐鲁番时，对坎儿井大为赞赏。清道光二十五年（1845 年）正月，林则徐赴天山以南履勘垦地，途经吐鲁番县城，在当天日记中写道："见沿途多土坑，询其名，曰'卡井'能引水横流者，由南而弱，渐引渐高，水从土中穿穴而行，诚不可思议之事！"

坎儿井的清泉浇灌滋润吐鲁番的大地，使火洲戈壁变成绿洲良田，生产出驰名中外的葡萄、瓜果和粮食、棉花、油料等。现在，尽管吐鲁番已新修了大渠、水库，但是，坎儿井在现代化建设中仍发挥着生命之泉的特殊作用。

### 九、海塘

海塘（见图 2-11）是人工修建的挡潮堤坝，亦是中国东南沿海地带的重要屏障。海塘的历史至今已有两千多年，主要分布在江苏、浙江两省。从长江口以南，至甬江口以北，约 600km 的一段是历史上的修治重点，其中尤以钱塘江口北岸一带的海塘工程最为险要。高大的石砌海塘蜿蜒于几百千米长的海岸上，简直蔚为壮观！

图 2-11　古海塘

海塘最早起源于钱塘江口，这是自然条件决定的。钱塘江口一带的潮水特别大，有著名的钱塘观潮。南北朝地理学家郦道元曾以简洁的笔墨描述钱塘潮："涛水昼夜再来。来应时刻，常以月晦及望尤大。至二月八月最高，峨峨二丈有余。"

钱塘潮固然是大自然的胜景，但是也对沿海地区造成了巨大的破坏。宋代嘉定十二年（1219 年），今海宁县南 40 多里的土地，曾因海潮而沦入海中。另外，海盐县的望海镇，也曾被海潮整个吞没。时至今日，海塘仍是长江三角洲经济区的沿海屏障。

**1. 元以前的海塘**

有关海塘最早的文字记载见于汉代的《水经》。南北朝地理学家郦道元介绍了《钱塘记》中这样一个故事：

汉代有一个名叫华信的地方官，想在今杭州的东面修筑一条堤防，以防潮水内灌。于是他到处宣扬，谁要是能挑一石土到海边，就给钱一千。这可是个大价钱！于是，附近的地方百姓闻讯后，纷纷挑土而至。谁知华信的悬赏只是个计策，等到挑土的人大量涌来的时候，他却忽然停止收购。结果，人们一气之下纷纷把泥土就地倒下就走了。华信就是利用这些土料，组织百姓，建成了防海大塘。

从五代、两宋到元朝，苏、沪、浙的海塘，有了初步发展。

天宝三年（公元 910 年），吴越王钱镠（音：liú）在杭州候潮门外和通江门外，用"石囤木桩法"构筑海塘。这种方法，编竹为笼，将石块装在竹笼内，码于海滨，堆成海塘，再在塘前塘后打上粗大的木桩加固，还在上面铺上大石。这种新塘，不像土塘那样经不起潮水冲刷，比较坚固，防海汐的性能较好。但是，石囤塘的竹木容易腐朽，必须经常维修；同时，散装石块缺乏整体性能，无力抵御大潮。人们摸索着加以改进，于是有正式石塘的兴建。

南宋和元朝，在海塘的建设方面，也取得了许多成就。南宋嘉定十五年（1222 年），浙西提举刘垕（音：hòu）又在当地创立土备塘和备塘河。它是在石塘内侧不远，再挖一条河道，叫备塘河；将挖出的土，在河的内侧又筑一条土塘叫土备塘。备塘河和土备塘的作用，平时可使农田与咸潮隔开，防止土地盐碱化；一旦外面的石塘被潮冲坏，备塘河可以消纳潮水，并使之排回海中，而土备塘便成为防潮的第二道防线，可以拦截成为强弩之末的海潮。

在杭州湾两岸，元朝都进行了规模较大的石塘修建。在技术上还有许多创新。一是对塘基作了处理，用直径一尺、长八尺的木桩打入土中，使塘基更为坚固，不易被潮汐淘空。二是在用条石砌筑塘身时，采用纵横交错的方法，层层垒砌，使石塘的整体结构更好。三是在石塘的背海面，附筑碎石和泥土各一层，加强了石塘的抗潮性能。这种石塘结构已经比较完备，是后来明清石塘的前身。

**2. 明代海塘**

杭州湾北岸是当时全国经济最发达的太湖流域的前沿。针对涌潮对这一地区的严重威胁，明政府频繁地组织人力、物力，修建当地的海塘。其中有几次比较重要。一是洪武三年（1370 年）的工程，这次筑成石塘 2370 丈。二是永乐年间的两次大修。一次在永乐九年（1411 年），筑土石塘共 11185 丈；另一次在永乐十一年到十三年，这次调集军民十余万人，担任劳务，"修筑三年，费财十万"。三是成化十三年（1477 年）和万历五年（1577 年）的两次工程，这两次工程都分别修建石塘 2370 多丈。

在频繁修建浙西海塘的进程中，人们不断总结经验，改进塘工结构，以提高抗潮性能。其中最重要的是浙江水利金事黄光升创造的五纵五横鱼鳞石塘。他总结以往的经验教训，认为过去的旧塘，有两个严重的缺点，一是"塘根浮浅"，二是"外疏中空"。前者指塘基不结实，后者指塘身不严密。因此，他主持建塘时，在这两方面，都作了重大改进。在基础方面，必须清除其表面的浮沙，直到见到实土，然后，再在前半部的实土中，打桩夯实。认为这样的塘基，不仅承受力大，而且也不易被潮水淘空。在塘身方面，用大小一致（长、宽、厚分别为六尺、二尺、二尺）的条石纵横交错构筑，共18层，高三丈六尺；底宽四丈，五纵五横，以上层层收缩，呈鱼鳞状，顶宽一丈。石塘背后，加培土塘。认为这种纵横交错、底宽顶窄、状如鱼鳞的石塘，整体性能最好。黄塘确实比较坚固。但它造价很高，每丈需用白银300两。因此，当他改造到全部塘工的1/10～2/10时，筹集的经费便告罄了。其他的只好仍用旧塘。

由于钱塘江潮水的主溜北移，涌潮对南岸的威胁减轻。因此，在明朝，钱塘江南岸海塘的建设，一般来说规模较小。

除浙西海塘外，为防止长江口的涌潮危及南岸产粮区，明朝对嘉定、松江等地海塘的修建，也比较重视。主要工程有：洪武年间（1368—1399年），修建了嘉定到太仓刘家港间的土塘，长1870丈，底宽3丈，顶宽1丈。成化八年（1472年），松江知府白行中，修建华亭、上海、嘉定三县间的土塘，累计长52500多丈，底宽4丈，顶宽2丈，高1.7丈。其中平湖、宝山等地受海潮威胁较大的地段，在土塘后面，又加筑一条土塘，称里护塘。后来，由于在土塘外面，又淤出大片新地，因此，万历十二年（1584年），上海知县颜洪范，又在新地上再建成9200丈新土塘，出现了三重海塘。

3. 清代坚固耐久的鱼鳞石塘

随着东南沿海地区经济的发展，海塘逐渐增加，海塘结构形式也逐步扩展。明代出现五纵五横鱼鳞大石塘，这是用条石纵横叠砌的重型石塘。清代大部分时间，钱塘江涌潮的主溜，仍然对着海宁、海盐、平湖等浙西沿海，所以这一带仍是海塘工程的重点。

康熙、雍正、乾隆三代，朱轼曾先后担任浙江巡抚、吏部尚书等重要职务。在他任职期间，多次主持修建苏、沪、浙等地的海塘。康熙五十九年（1720年），他综合过去各方面的治塘先进技术，在海宁老盐仓，修建了500丈新式鱼鳞石塘（见图2-12）。雍正二年（1724年）七月，由于台风和大潮同时在钱塘江口南北一带出现，酿成一次特大潮灾。当时，除朱轼在老盐仓所建的新鱼鳞石塘外，杭州湾南北绝大部分的海塘都遭到严重的破坏，生命、财产的损失十分惨重。起初，朱轼的新鱼鳞石塘，由于造价高昂，每丈需银

图2-12　鱼鳞石塘

300 两，没能推广，只造了 500 丈。经这次大潮考验后，被公认为海塘工程的"样塘"。为了浙西的安全，清政府遂不惜花费重金，决定将钱塘江北岸、受涌潮威胁最大的地区，一律改建成新式鱼鳞石塘。

新式鱼鳞石塘，具有以下一些特点：第一，基础打得更为扎实。明朝黄光升的鱼鳞大石塘，清淤后只在塘基的前半部下桩加固，后半部未加处理。而新鱼鳞石塘的塘基工程，除清淤和在前半部下桩外，在后半部也下了桩，使前后两部分具有同样的承压性能，并在其上还用三合土夯实。第二，塘身的结构也更为严密。条石规格一致，规定长五尺、宽二尺、厚一尺，用丁顺相间砌筑，以桐油、江米汁拌石灰浆砌，上半部条石之间，用铁锔、铁锭连接。塘底宽 12 尺，一般砌 18 层、高 18 尺，每层向内收缩，顶宽 4.5 尺。它与黄光升石塘相比，虽然小许多，但整体性能优于它。第三，护塘工程也更讲究，一方面，在石塘的背海面，培砌碎石和泥土，以加强塘身的御潮性能和防止潮水渗入。另一方面，在石塘的向海面修建坦水，用石块从塘脚向外斜砌。坦水宽度从 12 尺到 48 尺不等，以保护塘脚，消减潮波能量。

此外，在崇明岛，清朝也着手兴建海塘工程。崇明岛是今天我国第三大岛，面积 1000 多平方千米。唐朝时，它还是一个小沙洲，面积只有十几平方千米，由于江水和潮水中的泥沙沉积，到明、清时，逐步发展成为大岛。从明末起，为了围垦这块新地，人们开始在岛上修建简单的海堤。乾隆时，筑了一条具有一定规模的土堤，长 100 多里。光绪时，两江总督刘坤一又在其上修建石堤。

清朝在防止涌潮灾害方面，还作了一些新的探索。一是设法使钱塘江大潮的主溜走中小门。由于涌潮的主溜走北大门和南大门，都易酿成严重的潮灾，特别是走北大门，灾害更为严重，只有走中小门，潮灾才较小。因此，乾隆时曾组织力量，疏浚中小门水道，引涌潮主溜由此通过，并取得了一定的效果。这是很有意义的探索。二是清末修建海塘时，尝试着在工程中使用了新式建筑材料水泥。这一试验当时虽因地基沉陷而失败，但却为人们提供了经验教训。民国时期，以水泥作为塘工的材料，逐渐增多，并取得了一些成就。

千百年来，苏、沪、浙海塘工程的发展，反映了当地人民与潮灾斗争的坚强毅力和聪明才智。海塘的修建，对广大人民的人身安全，对当地的工农业生产，都是有力的保证。

4. 无为大堤

无为大堤位于长江下游北岸，自无为县西南绕而向东，上至土桥的果合兴，下至裕溪闸，全长 125km，为无为、和县、含山、庐江、舒城、肥东、肥西等 7 县，以及巢湖市、合肥市人民的生命财产和淮南铁路等交通干线的防洪屏障。

无为大堤历史悠久。无为、和县沿江一带，宋代筑圩垦殖，明代堤工渐多。于清乾隆三十年（1765 年）无为大堤形成雏形，是将沿江各圩联成四段，上起青岗寺 16 里，下至裕溪河雍家镇，长 211 里，形成了无为一线长堤的雏形，名"鼎修全坝"。但由于江岸崩坍，江道变迁往往长达 20 余里，于是退建江堤或改变堤线非常频繁。

中华人民共和国成立前，无为大堤防洪能力很低，稍遇大汛，即溃堤成灾。1954 年大堤安定街溃口，保护区的 9 个县、市全部受淹，受灾面积 28.5 万 hm²，受灾人口 500 多万，粮食减产 63.2 万 t，人民财产损失极其惨重。大堤纵跨铜陵、黑沙洲和芜裕 3 个河段，河道长度为 143.5km，河道平面形态复杂，工程地质条件较差，河势变化较大。大堤外滩一般宽 200～1000m，最宽达 9km，局部堤段外滩在 200m 以内，近 75％的堤段堤外筑有民堤，绝大多数堤段主要靠民堤挡水。自 20 世纪 50 年代以来，国家对无为大堤进行了除险加固，特别是 1983 年以来，对大堤进行了加固处理，截至 1999 年年底，共完成土方填筑 2276 万 m³、锥探灌浆 120km、干砌块石 11.9 万 m³、抛石 92.7 万 m³、涵闸加固 80 座、防汛公路 114.5km、通线路 178.6km、房屋拆迁 24.2 万 m²、征用护堤地109hm²，使大堤的防洪能力得到较大的改善。

截至 1999 年年底，大堤堤顶高程已超过设计洪水位 1.5～3m。大堤上游丘陵区10.1km 堤段堤顶宽度 6m，外坡 1∶3，内坡 1∶4；下游平原区堤防堤顶宽度 5～14m，外坡为 1∶2.5～1∶4，部分堤段内坡设有顶宽 3～5m 的压浸台，平台以上堤坡为 1∶2.5～1∶3，平台以下为 1∶3～1∶5。在总长度 9.5km 的 3 个重点堤段堤内回填宽 30～40m、厚 1～2m 的压渗盖重，堤外回填宽 50～65m、厚 1.5～2m 防渗铺盖。大堤所处河段河道护岸工程长度 44.2km。大堤沿线建有各类穿堤建筑物 44 座。

1998 年长江发生仅次于 1954 年的全流域性特大洪水，大堤经受了严重考验，没有决口，但出现大小险情数十处。根据 1999—2000 年的地质勘探成果分析，大堤的抗渗稳定性仍显不足，岸坡冲刷破坏依然存在，沿线穿堤建筑物存在不同程度的病险隐患，大堤的防洪能力与保护区的防洪要求仍有一定差距。为了确保保护区人民的生命财产和安全，按照堤防设计规范，仍需对堤顶高程不够的堤段进行加高培厚及对基础防渗、堤身隐患处理和穿堤建筑物及其与堤身结合部位进一步进行加固。

如今的无为大堤像一道天然屏障，又像一条巨龙横卧在长江北岸。军二路贯穿大堤土公祠至二坝段 33km，沿堤有凤凰颈大站、土公祠、蛟矶庙、铁路通道等建筑和古迹。

如今的无为大堤保护面积 4520km²，保护着无为、和县、庐江、含山、肥东、肥西、舒城及合肥市、巢湖市 7 县 2 市的 600 多万人口、28.5 万 hm² 耕地及交通、电力、军工等重要设施的防洪安全。

# 第三节　中国历史水利名人

1. 禹

禹（见图 2-13），名文命，字高密，号禹，后世尊称大禹，夏后氏首领，传说为帝颛顼的曾孙，黄帝轩辕氏第六代玄孙。他的父亲名鲧，母亲为有莘氏女修己。相传禹治黄河水患有功，受舜禅让继帝位。禹是夏朝的第一位天子，因此后人也称他为夏禹。他是我国传说时代与尧、舜齐名的贤圣帝王，他最卓著的功绩，就是历来被传颂的治理滔天洪水，又划定中国国土为九州。后人称他为大禹，也就是伟大的禹的意思。禹死后安葬与浙江绍兴市南的会稽山上，现存禹庙、禹陵、禹祠。从秦始皇开始历代帝王都有来禹陵祭禹。

帝尧时，中原洪水为灾，百姓愁苦不堪。鲧受命治理水患，用了九年时间，洪水未平。舜巡视天下，发现鲧用堵截的办法治水，一点成绩也没有，最后在羽山将其处死。接着命鲧的儿子禹继任治水之事。禹接受任务以后，立即与益和后稷一起，召集百姓前来协助。他视察河道，并检讨鲧失败的原因，决定改革治水方法，变堵截为疏导，亲自翻山越

图 2-13　大禹像

岭，蹚河过川，拿着工具，从西向东，一路测度地形的高低，树立标杆，规划水道。他带领治水的民工，走遍各地，根据标杆，逢山开山，遇洼筑堤，以疏通水道，引洪水入海。禹为了治水，费尽脑筋，不怕劳苦，从来不敢休息。他与涂山氏女名女娇新婚不久，就离开妻子，重又踏上治水的道路。后来，他路过家门口，听到妻子生产，儿子呱呱坠地的声音，都咬着牙没有进家门。第三次经过的时候，他的儿子启正抱在母亲怀里，他已经懂得叫爸爸，挥动小手，和禹打招呼，禹只是向妻儿挥了挥手，表示自己看到他们了，还是没有停下来。禹三过家门不入，正是他劳心劳力治水的最好证明。

禹亦关心百姓的疾苦。有一次，看见一个人穷得把孩子卖了，禹就把孩子赎了回来。见有的百姓没有吃的，他就让后稷把仅有的粮食分给百姓。禹穿着破烂的衣服，吃粗劣的食物，住简陋的席篷，每天亲自手持耒锸，带头干最苦最脏的活。几年下来，他的腿上和胳膊上的汗毛都脱光了，手掌和脚掌结了厚厚的老茧，躯体干枯，脸庞黧黑。经过十三年的努力，他们开辟了无数的山，疏浚了无数的河，修筑了无数的堤坝，使天下的河川都流向大海，终于治水成功，根治了水患。刚退去洪水的土地过于潮湿，禹让益发给民众种子，教他们种水稻。在治水的过程中，禹走遍天下，对各地的地形、习俗、物产，都了如指掌。禹重新将天下规划为九个州，并制定了各州的贡物品种。禹还规定：天子帝畿以外五百里的地区叫甸服，再外五百里叫侯服，再外五百里叫绥服，再外五百里叫要服，最外五百里叫荒服。甸、侯、绥三服，进纳不同的物品或负担不同的劳务。要服，不纳物服役，只要求接受管教、遵守法制政令。荒服，则根据其习俗进行管理，不强制推行中朝政教。

由于禹治水（见图 2-14）成功，帝舜在隆重的祭祀仪式上，将一块黑色的玉圭赐给禹，以表彰他的功绩，并向天地万民宣告成功和天下大治。不久，又封禹为伯，以夏（今重庆万县市）为其封国。

帝舜在位三十三年时，正式将禹推荐给上天，把天子位禅让给禹。十七年以后，舜在南巡中逝世。三年治丧结束，禹避居阳城，将帝位让给舜的儿子商均。但天下的诸侯都离开商均去朝见禹。在诸侯的拥戴下，禹正式即天子位，以安邑（今山西夏县）为都城，国号夏。分封丹朱于唐，分封商均于

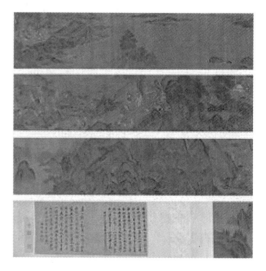

图 2-14　大禹治水图

虞。改定历日，以建寅之月为正月。又收取天下的铜，铸成了九鼎，作为天下共主的象征。

当了天子的禹更加勤奋地为万民谋利，诚恳地招揽士人，广泛地听取民众的意见。有一次，他出门看见一个罪人，竟下车问候并哭了起来。随从说："罪人干了坏事，你何必可怜他！"帝禹说："尧舜的时候，人们都和尧舜同心同德。现在我当天子，人心却各不相同，我怎能不痛心？"仪狄造了些酒，帝禹喝了以后感到味道很醇美，就给仪狄下命令，要他停止造酒，说："后代一定会有因为酒而亡国的。"

禹继帝位不久，就推举皋陶当继承人，并让他全权处理政务。在皋陶不幸逝世以后又推举伯益为继承人，负责政务。

帝禹在位第十年南巡。过江时，一条黄龙游来，拱起大船，船上的人很害怕。帝禹仰天叹息道："我受命于天。活着靠上天的佐助，死了要回到天上去。你们何必为这一条龙担忧？"龙听到这一席话，摇摇尾巴，低下头就不见了。帝禹到涂山，在那里大会天下诸侯，献上玉帛前来朝见的诸侯竟达万名之众。

帝禹在帝位十年后逝世，共在位四十五年，庙号圣祖，谥号后禹。

2. 西门豹

西门豹（生卒年不详），战国时期魏国安邑（今山西省运城市盐湖区安邑一带）人。魏文侯时任邺令，是著名的政治家、水利家，曾立下赫赫功勋。初到邺城（今河南安阳北一带）时，看到这里人烟稀少，田地荒芜萧条，一片冷清，百业待兴，于是立志改善现状。后来趁河伯娶妻的机会，惩治了地方恶霸势力，随后颁布律令，禁止巫风，教育了广大百姓，原先出走的人家也回到了自己的家园。同时，他又亲自率人勘测水源，发动百姓在漳河开围挖掘了 12 渠，使大片田地成为旱涝保收的良田。在发展农业生产的同时，还实行"寓兵于农、藏粮于民"的政策，很快就使邺城民富兵强，成为战国时期魏国的东北重镇。

魏文侯时，西门豹任邺县令。他到邺县，会集地方上年纪大的人，问他们有何令老百姓痛苦的事情。这些人说："我们苦于给河神娶媳妇，因为这个事我们都越来越贫困。"西门豹问这是怎么回事，这些人回答说："邺县的三老、廷掾每年都要向老百姓征收赋税搜刮钱财，收取的这笔钱有几百万，他们只用其中的二三十万为河伯娶媳妇，而和祝巫一同将剩余的钱拿回家去。到了为河伯娶媳妇的时候，女巫行巡查看到小户人家的漂亮女子，便说'这女子合适做河伯的媳妇'。马上下聘礼娶去。给她洗澡洗头，给她做新的丝绸花衣，让她独自居住并斋戒；并为此在河边上给她做好供闲居斋戒用的房子，张挂起赤黄色和大红色的绸帐，这个女子就住在那里面，给她备办牛肉酒食。这样经过十几天，大家又一起装饰点缀好那个像嫁女儿一样的床铺枕席，让这个女子坐在上面，然后使它浮到河中。起初在水面上漂浮着，漂了几十里便沉没了。那些有漂亮女子的人家，担心大巫祝替河伯娶她们去，因此大多带着自己的女儿远远地逃跑。也因为这个缘故，城里越来越空荡无人，以致更加贫困，这种情况从开始以来已经很长久了。老百姓中间流传的俗语有'假如不给河伯娶媳妇，就会大水泛滥，把那些老百姓都淹死'的说法。"西门豹说："到了给河伯娶媳妇的时候，希望三老、巫祝、父老都到河边去送新娘，有幸也请你们来告诉我这件事，我也要去送送这个女子。"这些人都说："好。"到了为河伯娶媳妇的日子，西门豹到河边与长老相会。三老、官员、有钱有势的人、地方上的父老也都会集在此，看热闹来的老百姓也有两三千人。那个女巫是个老婆子，已经七十岁。跟着来的女弟子有十来个人，都身穿丝绸的单衣，站在老巫婆的后面。西门豹说："叫河伯的媳妇过来，我看看她长得漂亮不漂亮。"人们马上扶着这个女子出了帷帐，走到西门豹面前。西门豹看了看这个女子，回头对三老、巫祝、父老们说："这个女子不漂亮，麻烦大巫婆为我到河里去禀报河伯，需要重新找过一个漂亮的女子，迟几天送她去。"立即派差役们一齐抱起大巫婆，

图 2-15　西门豹治邺的画面

把她抛到河中。过了一会儿，说："巫婆为什么去这么久？叫她弟子去催催她！"又把她的一个弟子抛到河中。又过了一会儿，说："这个弟子为什么也这么久？再派一个人去催催她们！"又抛一个弟子到河中。总共抛了三个弟子。西门豹说："巫婆、弟子，这些都是女人，不能把事情禀报清楚。请三老替我去说明情况。"又把三老抛到河中。西门豹插着簪笔，弯着腰，恭恭敬敬，面对着河站着等了很久。长老、廷掾等在旁边看着的都惊慌害怕。西门豹说："巫婆、三老都不回来，怎么办？"想再派一个廷掾或者豪长到河里去催他们。这些人都吓得在地上叩头，而且把头都叩破了，额头上的血流了一地，脸色像死灰一样。西门豹说："好了，暂且留下来再等他们一会儿。"过了一会儿，西门豹说："廷掾可以起来了，看样子河伯留客要留很久，你们都散了吧，离开这儿回家去吧。"邺县的官吏和老百姓都非常惊恐，从此以后，不敢再提起为河伯娶媳妇的事了。西门豹治邺的画面如图 2-15 所示。

西门豹接着就征发老百姓开挖了 12 条渠道，把漳水引来灌溉农田，田地都得到灌溉。在那时，老百姓开渠稍微感到有些厌烦劳累，就不大愿意。西门豹说："老百姓可以和他们共同为成功而快乐，不可以和他们一起考虑事情的开始。现在父老子弟虽然担心因我而受害受苦，但期望百年以后父老子孙会想起我今天说过的话。"直到现在邺县都能得到水的便利，老百姓因此而家给户足，生活富裕。

3. 李冰

李冰（约公元前 302—前 235 年，生卒年、出生地不详，见图 2-16），号称陆海，战国时代著名的水利工程专家，对天文地理也有研究。秦昭襄王末年（约公元前 256—前 251 年）为蜀郡守，在今四川省都江堰市（原灌县）岷江出山口处主持兴建了中国早期的灌溉工程都江堰，因而使成都平原富庶起来。据《华阳国志·蜀志》记载，李冰曾在都江堰安设石人水尺，这是中国早期的水位观测设施。他还在今宜宾、乐山境开凿滩险，疏通航道，又修建汶井江（今崇庆县西河）、白木江（今邛崃南河）、洛水（今石亭江）、绵水（今绵远河）等灌溉和航运工程，以及修索桥、开盐井等。他也修筑了一条连接中原、四川雅安市名山区派出所与云南的五尺道。老百姓怀念他的功绩，建造庙宇加以纪念。北宋以后还流传着李冰之子李二郎协助李冰治水的故事。

建在都江堰渠首的二王庙是老百姓对李冰父子（见图 2-17）治水伟业的纪念。其中的碑刻多是对灌区水利工程维护的技术要领。而每年的清明时节，当地的居民都会在二王庙举行祭祀活动和开水（岁修完工后放水）典礼。李冰已成为都江堰灌区老百姓所崇拜的神灵，而与水有关的宗教活动则加强了在灌区管理中政府与用水户之间的联系。

图 2-16　赵蕴玉绘《李冰像》　　　　　图 2-17　李冰父子塑像

除都江堰外，李冰还主持修建了岷江流域的其他水利工程。如"导洛通山，洛水或出瀑布，经什邡、郫，别江""穿石犀溪于江南""冰又通笮汶井江，经临邛与蒙溪分水白木江""自湔堤上分羊摩江"等。上述水利工程，史籍均无专门记叙，详情多不可考。

李冰任蜀守期间，还对蜀地其他经济建设也做出了贡献。李冰"识察水脉，穿广都（今成都双流）盐井诸陂池，蜀地于是盛有养生之饶"。在此之前，川盐开采处于非常原始的状态，多依赖天然咸泉、咸石。李冰创造凿井汲卤煮盐法，结束了巴蜀盐业生产的原始状况。这也是中国史籍所载最早的凿井煮盐的记录。李冰还在成都修了七座桥："直西门郫江中冲治桥；西南石牛门曰市桥，下石犀所潜渊中也；城南曰江桥；南渡流曰万里桥；西上曰夷里桥，上（亦）曰笮桥；桥从冲治桥而西出折曰长升桥；郫江上西有永平桥。"这七座桥是大干渠上的便民设施。

李冰所做的这一切，尤其是都江堰水利工程，对蜀地汉社会产生了深远的影响。都江堰等水利工程建成后，蜀地发生了天翻地覆的变化，千百年来危害人民的岷江水患被彻底根除。唐代杜甫云："君不见秦时蜀太守，刻石立作五犀牛。自古虽有厌胜法，天生江水向东流。蜀人矜夸一千载，泛滥不近张仪楼。"从此，蜀地"旱则引水浸润，雨则杜塞水门，故水旱从人，不知饥饿，则无荒年，天下谓之天府"。水利的开发，使蜀地农业生产迅猛发展，成为闻名全国的鱼米之乡。西汉时，江南水灾，"下巴蜀之粟致之江南"，唐代"剑南（治今成都）之米，以实京师"。渠道开通，使岷山梓柏大竹"颓随水流，坐致材木，功省用饶"。而且有名的蜀锦等当地特产亦通过这些渠道运往各地。正是由于李冰的创业，才使成都不仅成为四川而且是西南政治、经济、交通的中心，同时成为全国工商业和交通极为发达的城市。

李冰修建的都江堰水利工程，不仅在中国水利史上，而且在世界水利史上也占有光辉的一页。它悠久的历史举世闻名，它设计之完备令人惊叹！我国古代兴修了许多水利工程，其中颇为著名的还有芍陂、郑国渠等，但都先后废弃了。唯独李冰创建的都江堰经久不衰，至今仍发挥着防洪灌溉和运输等多种功能。

李冰为蜀地的发展做出了不可磨灭的贡献，人们永远怀念他。两千多年来，四川人民把李冰尊为"川主"。1974 年，在都江堰枢纽工程中，发现了李冰的石像，其上题记："故蜀郡李府郡讳冰"。这说明早在 1800 年前，李冰的业绩已为人民所传颂。近人对李冰的功绩也极为赞赏。1955 年，郭沫若到灌县时，题词："李冰掘离堆，凿盐井，不仅嘉惠蜀人，实为中国二千数百年前卓越之工程技术专家。"

### 4. 王景

王景（约公元 30—85 年），字仲通，乐浪郡邯邯（今朝鲜平壤西北）人。东汉建武六年（公元 30 年）前生，约汉章帝建元和中卒于庐江（治今安徽庐江西南）。东汉时期著名的水利工程专家。

王景进行的治水工作，现存记载相当简略。他配合王吴疏浚浚仪渠（可能是汴渠的开封段）时，王吴采用王景建议的"流法，水乃不复为害"。"流法"可能是在渠旁设立的滚水堰，可控制渠内水位，从而保护渠堤安全。永平十二年开始的汴渠大修工程，可追溯到西汉平帝时（公元 1—5 年）。当时黄河、汴渠同时决口，拖延未修。光武帝建武十年（公元 34 年），才打算修复堤防，动工不久，又因有人提出民力不及而停止。后汴渠向东泛滥，旧水门都处在河中，兖、豫二州（今河南、山东一带）百姓怨声载道。永平十二年（公元 69 年），汉明帝召见王景，询问治水方略。王景全面分析了河汴情形，应对精辟，明帝大为欣赏。加上王景曾经配合王吴成功地进行过浚仪渠工程，于是赐王景《山海经》《河渠书》《禹贡图》等治河专著，于该年夏季发兵夫数十万人，以王吴为王景助手，实施治汴工程。王景亲自勘测地形，规划堤线。先修筑黄河堤防，从荥阳（今郑州北）到千乘海口（今山东利津境内），长千余里，然后着手整修汴渠。汴渠引黄河水通航，沟通黄河、淮河两大流域，是始于战国时期的重要水运通道。它从郑州西北引黄河，经过开封、商丘、虞城、砀山、萧县，至徐州入泗水，再入淮河。由于黄河溜势经常变化，如何保持取水的稳定是一大难题。汴渠位于黄河以南平原地区，黄河南泛时往往被冲毁。黄河汛期时，引水口控制不好，进入渠内的水过多，汴渠堤岸也有溃决危险。王景在对汴渠进行了裁弯取直、疏浚浅滩、加固险段等工作后，又"十里立一水门，令更相洄注，无复溃漏之患"。全部工程在次年夏天完工。虽然王景注意节省费用，耗资仍达 100 多亿钱。明帝在完工后亲自沿渠巡视，并按照西汉制度恢复河防官员编制。王吴等随从官员，都因修渠有功升迁一级，王景则连升三级为侍御史。

永平十五年（公元 72 年），王景随明帝东巡到无盐（今山东汶上以北约 15km）。明帝沿途目睹其治水成就，深为赞赏，又拜王景为河堤谒者。

建初七年（公元 82 年），王景迁徐州刺史，次年又迁庐州太守。当时庐江一带，百姓尚未采用牛耕技术，虽然土地不缺，但因人力有限，粮食常苦不足。境内有始建于春秋时期，由孙叔敖创立的芍陂（在今安徽寿县），方圆百余里，但多有废弛。王景组织百姓修复，并制定相应的管理制度，立碑示禁。又推广牛耕，大片土地得到开垦。王景还将养蚕技术教授给当地百姓，境内于是日益富庶。

王景的治河工程取得了很大的成功。工程完成不久，汉明帝颁诏中说："今既筑堤，理渠，绝水，立门，河汴分流，复其旧迹。陶丘之北，渐就壤坟。"指出王景的工作恢复了黄河、汴渠的原有格局，使黄河不再四处泛滥，泛区百姓得以重建家园。

对王景治河的具体情况，后人见解不完全一致。尤其对"十里立一水门，令更相洄注"有多种解释。清代魏源认为是沿黄河堤防每 10 里建一座水门。民国时期李仪祉认为是沿汴渠每 10 里建一座水门，武同举认为是汴渠有两处引黄水门相距 10 里。近年来的研究认为：在黄河、汴渠沿堤每 10 里修建一座水门，从工程量来说可能性很小，而且也无此必要。最可能的情形是在汴渠引黄处修建两处或多处引水口门，各口门间相隔 10 里左右，以适应黄河主流上下变动的情况。

5. 潘季驯

潘季驯（1521 年 5 月 28 日—1595 年 5 月 20 日），字时良，号印川。湖州府乌程县（今属浙江省湖州市吴兴区）人。明朝治理黄河的水利专家，世界水利泰斗。

潘季驯曾四次主持治理黄河和运河，前后持续二十七年。在长期的治河实践中，他吸取前人成果，全面总结了中国历史上治河实践中的丰富经验，发明"束水冲沙法"，深刻地影响了后代的"治黄"思想和实践，为中国古代的治河事业做出了重大的贡献。

潘季驯四次治河的成绩是显著的，特别是束水攻沙论的提出，对明代以后的治河工作产生深远影响。不少水利史研究者和水利工作者都以极为钦佩的心情对潘季驯的贡献做出过很高的评价。清康熙年间的治河专家陈潢指出："潘印川以堤束水，以水刷沙之说，真乃自然之理，初非娇柔之论，故曰后之论河者，必当奉之为金科也。"近代的水利专家李仪祉在论及潘季驯治河时说："黄淮既合，则治河之功唯以培堤闸堰是务，其攻大收于潘公季驯。潘氏之治堤，不但以之防洪，兼以之束水攻沙，是深明乎治导原理也。"这些评论虽然包含有不少过誉之词，但从中可以看出，潘季驯在死后三百多年间，对我国水利界的影响是巨大的。应该说，在河患十分严重、河道变迁频繁的明代，潘季驯能针对当时乱流情况，提出束水攻沙的理论，并大力付诸实践，是一种超越前人的创举。他在第三次治河后，经过整治的河道十余年间未发生大的决溢，行水较畅，这在当时不少人都是承认的。如常居敬就曾在《钦奉敕谕查理黄河疏》中说："数年以来，束水归槽，河身渐深，水不盈坝，堤不被冲，此正河道之利矣。"在潘季驯四次治河时，他又大筑三省长堤，将黄河两岸的堤防全部连接起来加以巩固，黄河河道基本趋于稳定，扭转了嘉靖、隆庆年间河道"忽东忽西，靡有定向"的混乱局面。这些成就，是同时代的任何人所未达到的，理应受到充分肯定。

但是，也应当看到，潘季驯治河还只是局限于河南以下的黄河下游一带，对于泥沙来源的中游地区却未加以治理。源源不断而来的泥沙，只靠束水攻沙这一措施，不可能将全部泥沙输送入海，势必要有一部分泥沙淤积在下游河道里。潘季驯治河后，局部的决口改道仍然不断发生，同时蓄淮刷黄的效果也不理想。因为黄强淮弱，蓄淮以后扩大了淮河流域的淹没面积，威胁了泗洲及明祖陵的安全。由此可见，限于历史条件，潘季驯采取的治理措施，在当时是不可能根本解决黄河危害的问题的。

在潘季驯治河三百年之后，一些具有现代科学知识的西方水利专家兴致勃勃地向当时的清政府提出了"采用双重堤制，沿河堤筑减速水堤，引黄河泥沙淤高堤防"的方案，并颇为自得地撰写成论文发表，引起了国际水利界的一片关注。不久以后，他们便惊讶地发现这不过是一位中国古人理论与实践的翻版。世界水利泰斗、德国人恩格斯教授叹服道："潘氏分清遥堤之用为防溃，而缕堤之用为束水，为治导河流的一种方法，此点非常合理。"对中国古代的水利科技表达了深深的敬意。

## 第四节　山东古代水利的发展

兴修水利，与水旱灾害作斗争，历来是我国治国安邦的一项重要措施。大禹治水的传说，人人皆知。山东古为齐鲁之邦，地处黄河下游，水旱灾害频繁，早在春秋时期，管仲相齐桓公称霸，即"惟水事为重"；《管子·度地》一书中说道："善为国者必先除其五害，……五害之属，水为大"。山东省的治水活动，自有历史记载的春秋时起，迄今已有2000多年的历史。2000多年来，山东人民在治水活动中付出了艰辛劳动，取得了辉煌的成就。

### 一、山东黄河流域治理

黄河是中华民族的摇篮，黄河流域是中华文明的发祥地。黄河自河南省兰考县东坝头入山东境内，流经菏泽、聊城、泰安、德州、济南、惠民、东营7市共25个县（市、区），于垦利县注入渤海，境内河长617km，流域面积1.83万km$^2$。有金堤河、大汶河、南北沙河、玉带河、浪溪河、玉符河等支流汇入。

在漫长的治黄史上，防御黄河洪水主要依靠堤防，兼采疏导分流、滞洪等措施，西汉时黄河堤防已具相当规模并设有河堤都尉主持修筑堤防事宜。东汉王景治河，从荥河至千乘筑千里长堤，采取宽河行洪，起到了滞洪淤滩刷槽的作用。北宋时，河工技术有了较大的发展，除筑堤外，还在堤上修筑路木笼、石岸等护岸工程。明代重视堤岸的修护，潘季驯提出"河防在堤，而堤在人，又堤不守，守堤无人，与无堤同矣"，强调加强人防。

堤防固然重要，但遇大洪水，仍有成灾危险。对防止异常洪水，西汉后期就有人提出分疏、滞洪的主张。回顾历代治黄史，新中国成立前的两千余年里在治黄措施上主要依靠堤防，但仅靠堤防并不能有效地解除洪水和凌汛的威胁，致黄河泛滥频繁。

历史上黄河流经山东境内者，最早始自周定王五年（公元前602年）黄河第一次大改道后。此后直至金章宗明昌五年（1194年）黄河南夺淮泗前，其间长达1700余年，为北流入渤海期，流经鲁西北地区。黄河南夺淮泗后直至清咸丰五年（1855年）黄河铜瓦厢决口改道前的660年间为南流夺淮时期，流经山东西南部边沿。清咸丰五年黄河铜瓦厢决口后改道经山东入渤海。现将1855年前历代流经山东境内的黄河治理史简要记述如下。

战国时期，黄河下游河道的堤防已具相当规模。当时，黄河流经鲁西北，"齐与北魏，已河为境，赵、魏濒山，齐地卑下，作堤去河二十五里。河水东抵齐堤，则西泛赵、魏。赵、魏亦为堤，去河二十五里。虽非其正，水上有所游荡，时至而去，则填淤肥美，民耕田之。或久无害，稍筑室宅，遂成聚落，大水时至漂没，则更起堤防以自救"（《汉书·沟洫志》）。在相传为齐国名相管仲所撰的《管子·度地》一篇中，对堤防修筑有详尽的记载。

汉代黄河，与先秦比较，决溢记载增多，河道变换也比较频繁。西汉时期对黄河堤防颇为重视。西汉时设有河堤都尉、河堤谒者等治河官职，沿河各郡专职防守河堤人员，约数千人，多时达万人以上。每年都要用很大一部分经费从事筑堤治河，据《汉书·沟洫志》载"濒河十郡，治堤岁费且万万"。东汉时期，仍"诏滨河郡国置河堤员吏如西京旧制"（《后汉书·王景传》）。当时黄河堤防的规模，史书记载很少，从《汉书·沟洫志》中仅知淇水口（今滑县西南）上下，堤身"高四五丈"，相当于 9～11m，可见汉代黄河堤防规模已相当宏大。

西汉时期，涉及山东境内者有两次著名的黄河堵口工程，后来，黄河上常用的"平堵"和"立堵"两种堵口方法，就是在其基础上发展形成的。一是瓠子堵口：元封二年（元年前 109 年），汉武帝使"汲仁、郭昌发卒数万人塞瓠子决"（《史记·河渠书》），这次堵口采取"下淇圆之竹以为楗"的方法，据东汉末年如淳的解释，是"数竹塞水决之口，稍稍布插接树之，水稍弱，补令密，谓之楗。以草塞其里，乃以土填之，有石，以石为之"（《史记·河渠书》注），这似近代的桩柴平堵法。二是东郡堵口："汉成帝建始四年（公元前 29 年）秋，大雨十余日，河决馆陶及东郡金堤（金堤，汉时泛指黄河大堤），泛滥兖、豫，入平原、济南、千乘。凡灌四郡三十二县，杜卿荐王延世为河堤使者，延世塞以竹落，长四丈，大九围，盛以小石，两船夹载而下，三十六日堤成，改元河平"（《历代治黄史》）。王延世采用的竹石笼堵口方法，与近代的立堵法相似。

东汉时期，有著名的王景治河。《后汉书·王景传》载：永平十二年（公元 69 年），"夏，遂发卒数十万，遣景与王吴修渠筑堤，自荥阳东至千乘海口千余里。景乃商度地势，凿山阜，破砥碛，直截沟涧，防遏冲要，疏决壅积，十里立一水门，令更相洄注，无复溃漏之患。景虽简省役费，然犹以百亿计。明年夏，渠成"。在《后汉书·明帝记》中载："（永平十三年）夏四月，汴渠成。……诏曰：……今既筑堤，理渠，绝水，立门，河汴分流，复其旧迹。"这次治河，是一次综合性的治水活动，既治了汴渠，也治了黄河，这次系统的修筑黄河千里堤防，从而固定了黄河二次大徙后的新河线，使黄河决溢灾害明显减少，出现了一个相对的安流时期。

三国、两晋、南北朝时期，由于黄河流域分裂割据战乱频繁，史书上关于治黄活动的记载很少。当时虽也设有"河堤谒者"或"都水使者"，但官职不高，有时甚至只设一人，很难有多大作为。

隋代没有治理黄河的记载。唐代治黄活动，见于史书的不过几次，涉及山东境者有两次。一次是唐玄宗开元十年（公元 722 年）六月，"博州（治聊城）黄河堤坏，湍悍洋溢，不可禁止"。唐玄宗博州、冀州、赵州三州地方官治河，并命"按察使萧嵩总领其事"。看来此次治理规模不小，但治理情况史书却无记载。再是开元十四年（公元 726 年）济州（治卢县，今东阿县西北）治河，《新唐书·裴跃卿传》称裴任济州刺史时，"大水，河防坏"，"诸州不敢擅兴役"，而裴跃卿在未奉朝命的情况下领率群众抢护，并"躬护作役"。工程进行中，他接到调任宣州刺史的朝命，怕其走后工程完不了，没有立即宣布他调职的消息，督工愈急，直至"堤成"才离任。

五代时期，对黄河下游进行了一些治理，主要是堵塞黄河决口。特别是周世宗柴荣即位后，针对当时黄河下游"连年东溃，分为二派，汇为大泽，弥漫数百里"及"屡遣使者不能塞"的严重情况，于显德元年（公元954年）十一月，命宰相李谷亲至滑、郓、齐等州，督帅"役徒六万"（《资治通鉴》卷二九一、二九二），工期月余，堵塞了前几年冲开的多处决口。

北宋时期，由于都城开封处于黄河下游，河患与当朝者的利害关系密切，宋王朝对黄河的治理比较重视，在防洪措施，堤埽修筑技术等方面有较大发展。北宋时期，黄河下游河道有几次较大变化：一是宋仁宗景祐元年（1034年）七月，黄河于澶州横陇埽决口，河水于决处离开京东故道，另冲出一条新河，流至平原一带，由棣州，滨州以北入海，宋人称"横陇故道"。决口久不复塞，行水金14年。二是仁宗庆历八年，黄河在澶州商胡埽大决，河水改道北流，至乾宁军（今河北青县）入海，宋称"北流"。三是仁宗嘉祐五年，北流大河于大名第六埽决口，分出一道支河，名二股河。下流"一百三十里，至魏、恩、德、博之境，曰四首河"，下合笃马河自无棣东入海。宋人称二股河为"东流"。

北宋一代长时期存在着"东流""北流"的治河争议，如何治理黄河成为当时朝廷的一项重要议题。特别是庆历八年商胡改道后的近40年。上至皇帝，下及群臣，很多人都参与了这一场争论。共有3次"东流""北流"之争，结果，下了很大的工夫，并进行过三次回河东流工程，均以失败而告终。

宋代，鉴于水患严重，开宝五年三月，太祖下诏设置专管治河官员，"自今开封等十七州府，各置河堤判官一员，以本州通判充"。淳化二年，宋太祖下诏："长吏以下及巡河主埽使臣，经度行视河堤，勿致坏堕，违者当置于法。"关于堤防的岁修也有具体规定："皆以正月首事，季春而毕。"神宗熙宁六年（1073年），在王安石的主持下，设立了专门疏浚河道的"疏浚黄河司"，并对淤积严重的河道做过机械疏浚的尝试。

金朝对黄河下游河防比较重视，据《金史·河渠志》记述，金初，下游沿河置二十五埽，"每埽设散巡河官员一员，每四埽或五埽设都巡河官员一员，分别管理所属各埽，全河总共配备埽兵一万二千人，每年埽工用薪一百一十一万三千余束，草一百八十三万七百余束"。大定年间。金世宗除了强调要"添设河防军数"外，还下令"沿河四府、十六州长贰皆提举河防时，四十四县之令佐皆管勾河方式"，并对"规措有方能御大患，或守护不谨以致疏于"的地方官，准于"临时奏闻，以议赏罚"。

金章宗明昌五年（1194年），河决阳武，大河南徙，主流流路设计山东东明、曹县、定陶、成武、单县等。

元朝建立后，面对黄河河患日益严重，不断地堵口和修筑黄河堤防，在元成宗大德年间（1297—1306年），甚至"赛河之役，无岁无之"。元代治理黄河著名且有成效者，首推至正年间的贾鲁治河。

至正四年（1344年）五月，黄河于白茅口决堤，六月又北决金堤，泛滥达七年之久，"方数千里，民被其害"。此次决口，水势北侵安山，延入会通河，鲁西南一带灾情非常严重。白茅决河后，都水监贾鲁奉命"巡行河道，考察地形，往复数千里，备得要害，为图上进二策：其一，议修筑北堤，以致横溃，则用功省；其二，议舒塞并举。挽河东行，使复故道，其功数倍"。不久，贾鲁"迁有司郎中，议未及竟"而作罢。至正九年（1349年）冬，脱脱复任丞相奉命召集群臣议治河事宜，脱脱同意贾鲁舒塞并举，挽河东行复古道的后策，下决心治理，并不顾工部尚书的阻挠，报请元惠宗的批准，至正十一年（1351年）四月初四日，"下诏外中，命鲁以工部尚书为总治河防使，进秩二品，授以银印。发汴梁、大名十有三路民十五万人，泸州等戍十有八翼军二万人供役"（《元史·河渠志》），开始了治理黄河工程。明代前期的 130 余年间，黄河决溢频繁，河道紊乱，河患多发生在河南境内。黄河大部分夺淮河入黄海，少部分时间东北流经寿张穿运河注入渤海。明代在治河策略上是重北轻南，以保漕为主。为防止黄河北决冲淹运河，多次在北岸修筑大堤，尽量使黄河南流，接济徐淮之间的运河。同时在南岸多开支河，以分黄河水势。"北岸筑堤，南岸分流"是明代治河的主要措施。

明代宗景泰四年（1453 年）十月，以沙湾久不治，致运河漕运受阻，令左佥都御史徐有贞治理。徐有贞至沙湾后，提出置水闸，开分水河，挑深运河的治河三策，"设渠以疏之，起张秋金堤之首，凡数百里经澶渊以接河、沁，筑九堰以御河流旁出者，长各万丈，实之石二键以铁"（《明史·河渠志》）。同时，还对沙湾至临清、济宁间的河道进行了疏浚，并于东昌的龙湾、魏湾建闸，以启闭宣泄，自古河道入海。此次治河，采取了疏、塞、浚并举的措施。景泰六年（1455 年）七月竣工。此后"河水北出济漕，而阿、曹、郓间田出者，百数十万顷"（《明史·河渠志》），山东河患一度少息，漕运得以恢复。

明孝宗弘治五年（1492 年），"荆隆口复决，溃黄陵冈，泛张秋戴家庙，挈漕河与汶水合二北行"。弘治六年二月，以刘大夏为副都御史，泛治张秋决河。弘治七年五月，在太监李兴、平江伯陈锐的协助下，刘大夏经过查勘，采取了遏制北流、分水南下入淮的方案：在张秋运河"决口西南开月河三里许，使粮运可济"；"另有浚仪封皇陵冈旧河四十余里"，"浚孙家渡，别凿新河七十余里"，"浚祥符四府营淤河"，使黄河水分沿颍水、涡河和归、徐故道入淮；最后于十二月堵塞张秋决口。为纪念此次工程胜利，明孝宗诏张秋镇为平安镇。

筑塞张秋决口后，为遏制北流，刘大夏又主持筑塞了黄陵冈及荆隆口等口门 7 处，并在河岸修筑起了数百里的长堤，名为太行堤。从此筑起了阻挡黄河北流的屏障。

明代后期河患移至曹、单、沛县及徐州一带，治河活动比初期增加，工役接连不断，仍以"保漕"为主，又加嘉庆年间出现的"护陵"，使治河工作更加复杂。涉及山东黄河治理者有刘天和、潘季驯等治黄活动，特别是潘季驯采取的"束水攻沙"方策对后代治黄影响很大。嘉庆十三年（1534 年），河决河南兰阳赵皮寨（今兰考县），"河复淤庙口，命都御史刘天和治之。天和议淤曹县梁靖口东岔口添筑水堤，上自河南原武，下迄曹、单，接筑长堤各一道，均有见后重堤，苟非异常之水，北岸可保无虞，从之"（《历代治黄史》）。治河工程于嘉庆十四年春动工，夏四月完工。计"浚河三万四千七百九十丈，筑长堤、缕水堤一万二千四百丈，修闸一十有五，顺水坝八，植柳二百八十万株，役夫一十四万有奇"。

潘季驯是明末著名的治河专家，在明嘉靖四十四年到万历二十年（1565—1592 年）间，曾先后四次主持治河工作，特别是后两次，取得了显著成就。他四次治河中，不辞辛劳，深入工地，对黄、淮、运河进行了大量调查研究，总结前人治河经验，提出了综合治理的原则。他根据黄河含沙量大的特点，提出了"以堤束水，以水攻沙"的治河方策。为达到束水攻沙目的，他十分重视堤防作用，把堤防工程分为遥堤、缕堤、格堤、月堤 4

种，并特别重视筑堤质量，提出"必真土而勿杂浮沙，高厚而勿惜巨费""逐一锥探土堤"等筑堤原则，规定了许多有效的修堤措施。

万历十六年（1588年），潘季驯第四次治河时又大筑三省长堤，将黄河两岸的堤防全部连接加固，据其《恭报三省直堤防告成书》所述，仅在徐州、灵璧、睢宁、邳州、宿迁、桃源（今泗阳）、清河、沛县、丰县、砀山、曹县、单县十二州县，加帮创筑的遥堤、缕堤、格堤、太行堤、土坝等工程就长十三万丈。在河南荥泽、武陟等十六州县，帮筑创筑的遥、月、缕、格等堤和新旧大坝长达十四万丈，进一步巩固了黄河堤防，从而使河道基本趋于稳定，扭转了嘉靖、隆庆年间河道"忽东忽西，靡有定向"的混乱局面（《黄河水利史述要》）。清代在咸丰五年以前，黄河基本维持明末的河道，黄、淮并流入黄海。经康熙、雍正、乾隆三代的修治，两岸堤坝已趋完整，虽两岸还不断决口，但都进行了堵合，直至咸丰五年前，未发生过大的改道。

康熙初年，黄河不断决溢。康熙十六年（1677年）二月，康熙皇帝命靳辅为河道总督，决心治理黄河。靳辅到任不久，就同其幕僚陈潢"遍阅黄、淮形势及冲决要害"（《河防述言·审势》），并沿途向有实践经验的人求教，经查勘后，他提到了"治河之道，并当审其全局，将河道运道为一体，彻首尾而合治之，而后可无弊也"（《治河方略》）的治河主张，并连续向朝廷上了八疏，提出了治理黄、淮、运的全面规划。靳辅、陈潢在治理黄河上，基本继承了潘季驯"束水攻沙"的治河思想，十分重视堤防控制，曾在黄、淮、运河两岸大力整修堤防，堵塞了大小决口，加高了高家堰堤防。到靳辅于康熙二十七年（1688年）去职时，"黄淮故道次第修复"，"漕运大通"，黄河泛决的灾害，一度大为减轻。涉及山东段黄河治理者有：康熙二十三年（1684年）大修黄河缕堤，北岸起自（单县）吴家寨，至丰县李家华楼止，约68里（《淮系年表》）。靳辅曾对单县至砀山一带的黄河滩面串沟进行了筑坝截堵，以防顺堤行洪（《黄河水利史论丛》）。

康熙六十年（1721年），河决武陟，大溜注滑县、东明、长垣，及濮州、范县、寿张，直趋张秋，由大清河入海。命副都御史牛钮前往监修。帮大坝，挑广武山黄家沟引河，筑琴家坝，堵马营口，又筑曹、单太行堤（《历代治黄史》）。

雍正四年（1726年），总河齐苏勒主持在曹县芝麻庄险工上流筑挑水坝；对所修埽工前后，增加鱼鳞护埽；对芝麻庄大堤后原有月堤，接筑隔堤长二百八十丈；又对曹县北岸卫家楼旧月堤后，添筑隔堤长五百四十丈。雍正六年（1728年），在单县诸望坝建埽工八十丈。为加强险工防护，添设河营曹县千总一员，驻芝麻庄；单县把总一员，驻诸望坝。

乾隆十七年（1752年），整修河南、直隶、山东三省太行堤河，并挑浚顺堤河。

乾隆二十二年（1757年），乾隆帝南巡，行视黄河下游，并至曹县孙家集及荆山桥一带巡阅河工。二十三年，下谕河南、山东黄河大堤内禁筑私堰，不与水争地，晓以利害，严行查禁（《历代治黄史》）。

乾隆四十六年（1781年），下谕将黄河滩区居民房舍陆续迁移堤外，"俾河身空阔，足资容纳洪水"。

乾隆四十八年（1783年），朝命黄河沿堤种柳，申禁近堤取土（《历代治黄史》）。

乾隆以后，黄河形势已日趋恶化。嘉庆、道光年间，在黄河治理上成效甚微。治河官吏，多为堵口抢险疲于奔命。河道败坏，治河无术。至道光末，黄河下游河道已达不可收拾的局面，咸丰五年（1855 年），黄河终于在兰阳铜瓦厢决口改道东流。

清咸丰五年（1855 年），黄河在兰阳铜瓦厢决口改道东流。铜瓦厢决口时口门以下，仅左岸阳谷县陶城埠以上有一北金堤，其他均无堤防。是年冬，沿河 30 县居民开始筑民埝自卫。同治六年（1867 年）底，张秋以下两岸民埝修筑完竣，张秋以上南岸民埝于同治十一年（1872 年）才完成。两岸官堤自光绪元年（1875 年）开始修筑，至光绪三年，口门以下至张秋间，两岸堤防形成，黄河才被约束在这段河道内，结束了长期漫流的局面。

张秋以上两岸堤防形成后，黄河主流沿大清河而下，河道逐渐淤高，张秋以下民埝，决溢频繁。光绪八年（1882 年），山东巡抚陈士杰奏准修筑下游两岸长堤，自光绪九年开始至光绪十年（1884 年）培修完竣。南岸上起长清下至利津共长 160 里；连同加筑格堤、月堤总长 1080 里（《再续行水金鉴》）。这是铜瓦厢改道后三十年来首次大规模修堤，耗银二百万两，估计累计完成土方约 2000 万 m³。至此初步完成了山东黄河两岸的堤防工程。此后分别于光绪十四年、十六年、十七年、十九年、二十五年、二十六年进行过较大规模培修，加高帮宽。据《清宫档案》培堤耗银统计，自光绪元年至二十六年共耗银九百余万两。光绪二十六年后，因"时局日艰，无暇议及河防"。

民国期间，在清末分官堤、民埝的基础上，逐步进行了调整培修，并将堤防划分为官堤、民埝、遥堤等，分别不同情况修守。但因修守经费甚少，堤防工程进展不大。民国 27 年（1938 年）6 月，国民政府为阻止日军西侵，于花园口掘堤，黄河改道南流，山东黄河堤防一度荒废。

1946 年，南京国民政府决定堵复花园口，引黄回归故道。当时故道堤防经战争破坏和风雨侵蚀，已千疮百孔残缺不堪。1946 年 2 月，冀鲁豫解放区黄河水利委员会成立，组织开展了修堤工作。至 6 月 10 日，西起长垣、濮阳，东至平阴、长清，上堤民工 23 万余，经月余培修，完成土方 770 万 m³。1946 年 5 月 22 日，解放区山东省渤海区修治黄河工程总指挥部成立，5 月 25 日，渤海解放区 19 个县组织 20 万人开始了大规模的复堤工程。第一期工程按 1938 年前大堤原状修复并普遍加高 1m，于 7 月底完成，并堵塞了麻湾决口，添修了套堤，垦利以下河口段修新堤 60 里，共完成土方 416.4 万 m³。

1947 年 3 月 15 日，花园口堵口合龙放水。山东解放区人民为防御黄河洪水，进行了第二期复堤工程。按照高出 1937 年洪水位 1m，普遍加高补齐，共完成土方 492 万 m³。同年 5 月，冀鲁豫解放区人民 30 万人上阵，进行第二次大复堤，至 7 月 23 日，西起长垣大车集，东至齐河水牛赵长达 600 里大堤（包括金堤）普遍加高 2m、培厚 3m，完成土方 520 万 m³。

1948 年，冀鲁豫黄河水利委员会决定加高培厚南北两岸大堤，北岸复堤工程于 3 月开工，上堤民工 10.7 万人，在国民党军轰炸炮击破坏下，突击完成土方 208 万 m³。南岸复堤工程遭国民党军队严重骚扰，仅完成急需险工的修复。

渤海解放区自 1948 年春修至 1949 年止，继续进行了第三、四期复堤工程。前后共四期复堤工程，计修复两岸堤防一千余里，普遍加高培厚，垦利以下河口段接修新堤 146 里，共计完成土方 1421.4 万 m³。

### 二、山东海河流域治理

山东海河流域，位于海河流域的东南部。东临渤海，南靠黄河及其支流金堤河，西、北以卫运河、漳卫新河与河南、河北两省为界。东西长340多km，南北宽80多km，总面积29713km²。

该流域系山东省黄河以北的一片狭长地带。包括聊城、德州、济南、惠民、东营5个地（市）的28个县（市、区）。

山东海河流域的主要河道有：徒骇河、马颊河、德惠新河和鲁、豫、冀边界上的卫运河及漳卫新河。

这些河道的形成与变迁，受黄河决口泛滥影响极大。黄河历史上26次大改道中，有11次流经这一地区的漳卫、笃马、漯川、清济四大泛滥，在黄泛冲击影响下，河道变迁频繁。有些河道或名存实亡，或实存名易。

公元204年（东汉建安九年），曹操征袁绍，为转运军粮，在浚县截淇水入白沟，接清河，经馆陶、临清、武城、德州、沧县北区。公元608年（隋大业四年），整理白沟，改名永济渠，为后来漳卫南运河奠定了基础。公元700年（唐武则天久视元年），在平原以上利用西汉黄河故道，平原以下循古笃马河，开挖一条从清丰、南乐，经莘县、冠县、夏津、平原、陵县、乐陵，至无棣入海的排水河道，称唐开马颊河，是马颊河的前身。1194年（金明昌五年）黄河决阳武（今河南原阳县），由泗、淮入海。在马颊河以南的广大区域，适应排泄沥涝的需要，上游沿漯川古道，中游循黄河故道残留河段，下游沿古商河一线，有唐宋时期的赤河、横陇河、六塔河与下游高唐、禹城、临邑、济阳、商河、沾化等县的顺水土河广通起来，逐渐演变为从莘县经阳谷、聊城、高唐、齐河、禹城、临邑、济阳、商河、惠民、滨县至沾化入海的徒骇河。

1194年以后，随着黄河南徙，徒骇、马颊河系形成，这一地区脱离黄河流域，成为海河流域的组成部分。

元、明、清三代定都北京，开发京杭运河以保漕运，成为国之大计。山东海河流域各河道的治理，于大运河开发密切相关。1289年（元至元二十六年），开挖会通河，从山东平县安山，北经东阿、阳古、聊城至临清与卫运河相接。会通河在聊城县和临清县境内分别把徒骇河、马颊河截断，使运河西段数百年不能与中下游直接相通。由于运河水源短缺，元至元年间自馆陶分漳入卫，并于1448—1697年3次疏浚；旧道淤塞后，又在内黄、大名分漳入卫，终致1708年全漳入馆陶，漳卫合流。1942年原道淤塞，改由河北省馆陶县徐万仓全漳行卫。此外，为分水"保漕"，对徒骇河、马颊河进行多次治理，均只治理运河东段，不治理运河西段，甚至禁令运西"只准报灾，不准挑河"。为汛期分泄运河涨水以保漕运，1407年（明永乐五年），在武城县四女寺向东，利用黄河故道和古鬲津河残留河段，经德州、吴桥、宁津、乐陵、庆云至无棣，开挖一条减水入海河道，即四女寺减河。并于1412年、1489年、1705年、1716年、1741年先后多次疏浚扩挖，建分水闸或分水坝，是漳卫新河的前身。

1901年，（清光绪二十七年）废除运河漕运，卫运河成为主要承泄豫北和太行山以东来水的行洪河道。1931年，治理徒骇河时，在聊城四河头建四空穿涵，使运河西金线河（徒骇河上游段）与运东徒骇河相通；1937年，建成马颊河穿运涵洞，使马颊河上下相通。至此，徒骇、马颊河两河方成为起自豫、鲁边界，东入渤海，以排除内涝为主的现代河系。

### 三、山东淮河流域治理

山东淮河流域亦称沂沭泗流域，北以泰沂山脉与大汶河、小清河、潍河流域分界，南与河南、安徽、江苏 3 省接壤，西靠淮河，东临黄海。行政区划包括临沂、枣庄、日照、菏泽、济宁 5 市（地）全部和泰安、淄博市的一部分，面积和人口均约占全省的 1/3。

沂、沭、泗河是宣泄山东南部及苏北洪水的 3 条主要骨干河道。古代泗河为淮河一大支流，流经山东、安徽、江苏 3 省，纳沂、沭、汴等河注淮河入海。沂、沭两河分别发源于鲁山和沂山南，并行南流于古邳州（今邳县）以西，以东汇入泗河。1194 年（金章宗明昌五年）黄河在阳武决口，夺泗、淮入海，切断了沂沭泗的洪水出路。沿河平原洼地，形成一系列滞蓄洪水的湖泊，如南四湖、黄墩湖、骆马湖等。泗河仅余上游一段，沂沭河经常泛滥于鲁南、苏北平原。明清以来，为增辟南北大运河的漕运水源，引水济运并控制湖水下泄，加重了苏鲁两省的洪涝灾害。历代有识之士，曾对沂沭泗河治理，提出过很好的倡议，限于历史条件，多未付诸实施。

沂河发源于山东省沂源县，有北、西两源。北源出沂源县鲁山西南三府山。西源是发源于沂源、蒙阴、新泰 3 县（市）交界处老松山（海拔 688m）北麓的大张庄河。该河为沂河北、西两源中之主源。北、西两源汇于沂源县城西南，东南流经沂水县城西折而南流，经沂南、临沂、苍山、郯城等县（市）于邳城县吴道口村入江苏境。新中国成立前临沂至李家庄两岸无堤防，李家庄以下堤防残缺，李家庄北右岸有武河分水口。在下游江苏沟上集有芦口坝分水口，向城河分水，城河会武河入运。上述两分水口，历史上均用于分沂水济运。芦口坝（城河口）在山东整沂工程中已予封闭。沂河在江苏境分两股，东股为沂河干流，南入骆马湖；西股为老沂河，江苏省已建闸控制。山东境内沂河长 287.5km，流域面积 10772km²。沂河干流有田庄、跋山两座大型水库，沂河支流众多，较大者 30 余条，其中流域面积大于 1000km² 者有东汶河、祊河、白马河 3 条。

沂河治理，资料中始见于明代。1464 年（天顺八年）修筑沂河堤岸 28 处。1699 年（清康熙三十八年）筑沂河两堤共 16800 余丈。1743 年（乾隆八年）修邳州沂泗堤、芦口乱石坝。1747 年（乾隆十二年）浚郯城柳、墨二河，建兰山（临沂县）江风口石工及芦口碎石坝，又浚沂河、修堤岸。1765 年（乾隆三十年）改窄芦口坝金门，由原宽 30 丈改为 5 丈。上述明、清治理，主要是为引沂济运和保障运河安全、防止沂河溃决害运而进行的。沭河俗名茅河，是山东省第二条较大山洪河道。西距沂河约 20 余 km，两河平行南入江苏省。沭河发源于沂水县西北沂山（海拔 1032m）南麓泰薄顶两侧，有东西二源：西源出泰薄顶西侧，南流经林场、上流庄、霹雳石村至东于沟村会东源；东源自泰薄顶东侧南流，经张马庄折西南，至于沟合西源。两源汇合后南流入沂水县沙沟水库，又东南流入莒县青峰岭水库。出库南下经莒县、莒南、临沂、临沭等县（市）到临沭县大官庄西分为两支：一支由大官庄人民胜利堰溢流南下，称老沭河，经郯城县大院子乡老庄子村南入江苏省新沂县境，汇入新沂河入海；另一支东流，称新沭河，在临沭县大兴镇附近入石梁河水库，经连云港市临洪口入黄海。山东境内沭河长 273km，流域面积 5747km²。沭河支流有 20 余条，多分布于左侧，较大者有袁公河、浔河等。

沭河和沂河秦汉前皆为泗河支流。南北朝时期,《水经注》记载:沭河在北魏正光中(公元 520—525 年)已在江苏沭阳县北分为两股:一股向西南于宿预县(今宿迁县)入泗水;另一股向东南于朐县(今东海县)入游水。当时游水南通淮河、北可入海,南北流向无定。金代黄河夺占了泗、淮下游河道,沭河入泗口逐渐下移。1537—1620 年(明万历年间)为保障运河漕运安全,开始在黄河左岸建减坝,倾泻黄涨于沭河地区。此后沭河不但入泗之路受阻,连其本身也逐渐向东北方向退让,造成水系紊乱的格局。

沭河古代治理工程始为郯城县城东禹王台。禹王台为防洪水坝,位于郯城县沭河西岸坐湾迎溜险工段。始建年代不详,传说大禹为障沭水西侵犯沂所建。1506—1521 年(明正德年间)郯城县令毁台取石筑城,沭无防御,频繁西犯沂河,水患不已。1688 年(清康熙二十七年)于禹王台旧址建竹坝,雍正、乾隆年间,加固重修过八次。在河道疏浚方面,始于明洪武初年,"常疏浚沭河,北通山东,南达淮安,以便转运"。1745 年(乾隆十年)沭阳陈洪谟请于马陵山佃户岭断腰处分导沭水由赣输入海,后"勘议不便遂止"。

### 四、京杭运河山东段开发与治理

京杭运河全长 1800 余 km,跨浙江、江苏、山东、河北、天津、北京等省(市),沟通海河、黄河、淮河、长江和钱塘江 5 大水系,是世界上开凿最早、路线最长的人工运河。山东运河位于其中部,因拦河闸众多又称闸河。历史上其对维护和加强封建集权统治,促进南北经济及文化的交流起过举足轻重的作用。

京杭运河山东段开发始于元代。元至元年间相继开挖济州河及会通河,实现了全长700 余里的山东运河的全线沟通。但由于元代的山东运河既窄又浅,又受黄患威胁,而且水源不足,不任重载,年运量仅为三四十万石。

明初,山东运河基本淤废。1411 年(明永乐九年)重开会通河,使山东运河重新通航。为使山东南部运河避开黄河的威胁,1567 年(隆庆元年)农历五月,完成长 140 里的南阳新河,1607 年(万历三十五年),全长 260 余里的泇运河全工告竣。山东运河全长达 800 余里。明代加强了对山东运河的整治和管理,改建或兴建运河上拦河闸 50 座。沿运河还建有泄水、积水等单闸,调整了分水布局,改济宁分水为南旺分水南北济运。同时,大力开发济运水源,设水柜调蓄水量。并形成了一套较完善的管理系统,使山东运河的年运量高达 400 万石,成为国民经济的大动脉,并极大地促进了山东沿运地区经济的发展和工商业的繁荣。

清代对山东运河进行多次较大的治理,对原有的拦河闸进行了维修和改建,并新建了一定数量的新闸。清代管理机构及制度基本沿袭明代之制,维持了明代的漕运量。1855年(咸丰五年),黄河北徙后,将山东运河截断,分为北运河和南运河,使山东运河的航运形势发生了根本变化。后因北运河临黄运口淤垫及运道淤积,无法行运,于 1878 年(光绪四年)开成黄河北岸陶城堡至阿城镇一段新运河。1901 年(光绪二十七年)废除运河漕运。

#### (一)元代运河开发与治理

元代建都北京,政治中心在北方,而经济重心在南方。当时长江以南的粮食及各种物资,主要靠江南运河、里运河、淮河、黄河,经过中滦至淇门间的旱路,入御河(即卫运河)实行水陆联运,以及海运供给京师。由于水陆联运运程远、难度大,既费人力,又费时间，而海运风险很大，粮船也不能预期到达，对于保证京师的供给困难很大，不利于维护其统治，迫使元朝统治者设法开辟新的运输线。

山东省南部的泗水是南通江淮的古航道，元统一全国前，1257 年（宪宗七年）毕辅国引汶水入洸河，至济宁，济泗水漕运。而横亘于山东中部的济水（又称大清河、盐河，今山东段黄河）是直接入渤海的大河流。如果在济宁与安山间开挖一条运河，将济、泗二水沟通起来，既可实现河海联运，又比水陆联运及海运便利得多。1275 年（至元十二年）丞相伯颜南征时，命郭守敬对后来所开山东南北运河一带的地形和水系做了一次大面积的考察和地形测量。这次调查成果，为日后朝廷下决心开凿济州河和会通河提供了基本依据。1276 年（至元十三年），丞相伯颜攻下南宋首都临安（今杭州）后，受江南四通八达水路的启发，向世祖建议："今南北混一，宜穿凿河渠，令四海之水相通，远方朝贡京师者，由此致达，诚国家永久之利"（《中国水利史稿》）。受到世祖的重视，自此开凿运河工程逐步得以实施。

1281 年（至元十八年）"十二月，差奥鲁赤、刘都水及精算者一人，给宣差印，往济州，定开河夫役。令大名、卫州新附军亦往助工"（《元史·河渠志》）。开始对济州河进行实地踏勘，并安排征集民夫及开工事宜。1282 年（至元十九年）农历十二月，正式动工。1283 年（至至元二十年）农历八月，济州新开河竣工。济州河起自济州止于须城（今东平）安山（亦称安民山），全长 150 余里，南接泗水，北连大清河。至此，江南的粮食及物资由徐州入山东泗水运道，经济州河入大清河，沿大清河东北至利津入海，再由海道达于直沽（今天津市），实现了海与内河的联运。额定济州河年运粮 30 万石。

1284 年（至元二十一年），马之贞与尚监察等一同视察运河，拟在汶水、泗水等与运河相关河道上建闸 8 座、石堰 2 座。当年兴建 7 座，其他续建，以节制水量。但济州附近地势南低北高，水南流济运易而北流难，造成济州以北运河水源不足，船只常受阻浅。而利津海口淤浅，船只只能等涨潮时出入，很多船只被损坏。所以，利用大清河发展漕运只使用三年而放弃不用，其运输路线改为由济州河运抵东阿旱站，然后陆运至临清入御河（卫运河）。这段旱路有 250 余里，比原来从中滦旱站陆运至淇门的旱路还长 70 余里。不仅路线长，而且运输困难重重，"徙民一万三千二百七十六户，……其间若地势卑下，遇夏秋霖潦、牛偾鞁脱，艰阻万状"（叶方恒：《山东全河备考》）。于 1287 年（至元二十四年），专行海运。

由于海运粮船多有漂没之险，又起开运河之议。1288 年（至元二十五年）农历十月，丞相桑哥奏称，开挖安山至临清间运河长 165 里，以避免海运之险，并对陆运 250 里与开运河二者作了经济比较。他认为，二者用费基本相当，然而开挖运河乃万世之利。寿张县尹韩仲晖、太史院令史边源亦进一步相继建言，开河的同时建闸，引汶水达于御河，以便于公私漕运。1289 年（至元二十六年）农历正月，派遣都漕运副使马之贞同边源勘察地形，商度施工事宜。征集沿运民夫 3 万，并派断事官忙速儿、礼部尚书张孔孙、兵部郎中李处巽与马之贞、边源共同主持该工程的施工。于是年正月三十日动工，六月十八日毕工。起自须城安山之西南，西北行经寿张，又北行过东昌（今聊城市），又西北行至临清，南接济州河，北接御河，全长 250 余里。所经之处基本无自然河道可利用，共用工 251.75 万个，比计划少用工 5 万个。竣工这天"决汶流以趋之，滔滔汩汩，倾注顺通，如复故道，舟楫连樯而下，……滨渠之民，老幼携扶喜见泛舟之役"（叶方恒：《山东全河备考》）。除开挖河身外，还修筑堤防和兴建了一系列的闸。七月，主持开河工程的张孔孙、李处巽及马之贞等，正式申奏安山渠凿成，世祖赐名为"会通河"。临清亦因之改名为会通镇。

会通河的完成，实现了会通河、济州河、泗水运道的沟通，形成了元代及以后各代山东运河的基本格局。然而，初开的会通河，河道浅窄，因赶工期，所建闸全为木制，亦不结实。1289年（至元二十六年）七月，御河水泛滥，沿会通河入东昌一带，使运河受到严重的危害。1290年（至元二十七年），暴雨成灾，使运河上所建木闸崩坏，梁山一带堤防冲坏，河道淤浅。根据马之贞的建议，将专门拉纤的3000户站夫全部投入运河的治理工作，仍由马之贞主持此工程。自此之后，每年都委派都水监官一员，佩都水分监印，率领令史、奏差、壕寨官巡视岁修情况，并且督工。同时，根据各闸损坏的程度和缓急情况为序，逐步将木闸改为石闸。

1322年（至治二年），由都水丞张仲仁主持，对临清至彭城（今徐州）长700里的山东运河进行了一次全面治理。疏浚了航道上的淤塞地段，对堤防做了修筑加固，在险工地段的堤防之外又加筑了长堤，以防备暴涨洪水的危害，并在运河上兴建了供人行走的小型桥梁156座。这是元代对山东运河主航道一次最大规模的综合治理。元末随着黄河决溢危害运道的日趋严重，其治理工作重点变为"治黄保运"。1351年（至正十一年），贾鲁治河后，仅使山东运河通航很短时间，因黄河多次决溢冲毁运堤和淤塞运道，而朝廷忙于战争无暇顾及运河。

### （二）明代运河开发与治理

明初，太祖朱元璋建都应天（今南京市），航运以此为中心，运船多通过长江，运道是比较畅通的，而且政治中心与经济重心联系比较密切。"山东之粟下黄河"（《明史·河渠志》）。当时黄河走徐淮故道，山东运河只限于济宁以南的局部治理。

洪武元年，大将军徐达北征时，开挖鱼台县之塌场口，引黄河水入泗水运道，又开耐牢陂，并筑堤西接曹州（今菏泽）、城界通漕运，在耐牢陂口兴建永通闸，此为明治山东运河之始。洪武中又重建了辛店、枣林、师家庄、梁庄等闸。1391年（洪武二十四年）黄河决原武黑羊山，漫入东平安山湖，元代所开会通河进一步淤塞，至1410年（永乐八年）的20年中，山东运河没有进行较大的治理。

成祖朱棣迁都北京，粮食仍主要由东南转运供给京师。由于山东会通河淤塞，永乐初年仍实行水陆联运，并参用海运。1406年（永乐四年），成祖命平江伯陈瑄负责漕粮转运，他采用的路线一由海运，一是水陆联运，即由江南邗沟入淮河，再入黄河西北行，水运到阳武（今河南原阳县）旱站转为陆运，陆运170里抵达卫辉（河南汲县）入卫河北上达于天津，再运抵北京。

1411年（永乐九年），采纳济宁州同知潘叔正建议："会通河道四百五十余里，其淤塞者三分之一（此处会通河的含义已延伸至济州河以下），后而通之，非唯山东之民免转输之劳，实国家无穷之利"（《明太宗实录》）。随后朝廷委派工部尚书宋礼等勘察会通河。宋礼在勘察之后，亦极力主张恢复会通河，并建议及早动工。于是，帝命宋尚书、侍郎金纯、都督周长等主持重开会通河工程，征集军工和民夫30万人，自二月动工至六月完工，历时 100 天。全面疏浚元代济州河和会通河 385 里。局部改线，"自汶上县袁家口东徙二十里至寿张县沙湾接旧（运）河"（《方与纪要》）。开挖济宁州天井闸月河，筑安山湖围堤。重修堽城坝，使汶河水经堽城闸尽入会通河，仍在济宁分水。是年秋，宋礼采用汶上老人白英的建议，筑戴村坝，并开渠引水至南旺分水作为辅助工程。会通河开成后，又设安山、南旺、马场、昭阳四水柜。1415 年（永乐十三年），在济宁、临清、德州等处皆建仓转输，设置浅夫，漕运浅船可直达通州（今北京市通县），自此海运和陆运俱废，只用河运。

会通河开挖工程兴办的同时，宋礼总负责治理了黄河故道，引黄河水由鱼台塌场口入会通河，经徐、吕二洪入于淮。因黄河水挟带泥沙淤积运道，1429 年（宣德四年）"夏四月，工部尚书黄福，平江伯陈瑄经略漕运"（《明史·本纪》）。由陈瑄奏请疏浚了已淤浅的济宁运河，自长沟至枣林闸 120 里，并派遣官员巡视济宁以南的山东运河，在谢沟、湖陵、八里湾、南阳、仲家等浅处建闸，又在刁阳湖（即昭阳湖）、汭南阳湖修筑长堤。除此之外，对许多山泉及湖塘进行了疏浚，以增加济运水量，此举是治运新特点。1433 年（宣德八年），由陈瑄主持疏浚济宁耐牢陂至鱼台塌场口旧运河，工程未完，陈瑄病逝。1435 年（宣德十年），对沙湾、张秋一段运河进行疏浚。同时，对济宁至东昌（今聊城）运河浅涩之处进行了疏浚，对济宁等处的泉源进行疏浚，以增加济运水量。

1448 年（英宗正统十三年）农历七月黄河决溢，使沙湾一带运河淤塞和堤防溃决。冬，特命工部侍郎王永和主持治理沙湾工程，因冬天寒冷，施工困难而停工。1449 年（正统十四年）农历三月，仍命王永和主持治理沙湾运河，对所决堤防修筑大半，未敢全部堵塞，而是在两岸决口处泓部位置分水闸，在西岸设 2 孔分水闸，以泄上游来水入运河，在东岸设 3 孔放水闸，用以分泄水到大清河入海。此后，又先后派山东、河南巡抚、御史洪英，工部尚书石璞，工部侍郎赵荣等主持治理沙湾工程。然而，1449—1452 年期间，又受 3 次黄河决溢和一次大降雨的影响，使沙湾段运河堤防随修随坏，成效不大。

1454 年（戴宗景泰五年）农历九月，督漕都御史王竑、漕运总兵徐恭建言，由于沙湾一段运河淤浅如故，而使"漕舟蚁聚临清上下，请亟敕都御史徐有贞筑塞沙湾决河"（《明史·河渠志》）。徐有贞认为沙湾以东大洪口适当其衡冲，水势比较大，而用土不可以立即堵塞。于十一月献上三策，即一置水闸门，一开分水河，一挑浚运河，"先疏其水，水平乃治其决，决止乃浚其淤"（《明史·河渠志》）。皇帝应允，于是由徐有贞主持大治沙湾及运河。首先疏治黄泛所经河道，从河沁交汇处的黄河东至张秋，名广济渠，分黄济运，并筑九堰防止御河旁溢；又疏浚沙湾北至临清运河长 240 里，南至济宁运河 310 里；又于东昌的龙湾、魏湾等处兴建减水闸 8 座，如果运河积水超过一丈，则开闸分泄，均沿古黄河河道入海。1455 年（景泰六年）农历五月完成运河疏浚，七月沙湾决口处筑堤竣工，至是沙湾决口达 7 年之久始塞。此工程"凡费木铁竹石累数万，夫五万八千有奇，工五百五十余日。自此（黄）河水北出济漕，而（东）阿、曹（州）、郓（城）间田出沮洳者，百数十万顷"（《明史·河渠志》）。自此至 1488 年（弘治元年），山东北部运河未受大的水灾。

1492 年（弘治五年）七月，黄河大决金龙口，张秋运河东堤冲坏，运河断流。八月，工部侍郎陈政总理河道，役民夫 15 万治理运河，未见成效而陈政病逝，延臣推荐刘大夏前往治理。

1493 年（弘治六年）农历二月，以布政使刘大夏为右副使治张秋运河。刘大夏采用的方法是疏浚决口段黄河，减弱水势，然后堵塞决口。疏浚上流黄陵岗、孙家渡的工程刚开始不久，张秋运河东堤又决开长达百丈，漕船运行艰难，为解燃眉之急，在张秋决口西南开挖了一条长 3 里的越河，使运船由此河绕决口运行，待冬天水落以后，再计划塞决口。刘大夏亲自步行勘察黄河决口地段，制定治理方案。1494 年（弘治七年）农历五月，又命太监李兴、平江伯陈锐协助刘大夏共同治张秋运河。首先对黄河决口及淤垫处疏导，使水势流畅，并使一部分黄河水南导分两路入淮水，这样使张秋的水势大大减轻。"然后，沿张秋两岸，东西筑台，立表贯索，连巨舰穴而窒之，实以土。至决口，去窒沉舰，压以大埽，且合且决，随决随筑，连昼夜不息。决既塞，缭以石堤，隐若长虹"（《明史·河渠志》）。十二月，张秋治运工程竣工，张秋改名"安平镇"。1495 年（弘治八年）农历正月，为确保张秋运河不受黄患和畅通，刘大夏又主持堵塞黄河上金龙口、黄陵岗等 7 处决口，并在黄河北岸筑长堤为屏障。自此至明末长达 150 年中，山东北部及张秋运河无大患。

1526 年（嘉靖五年）和 1527 年（嘉靖六年）黄河诀溢，黄河水漫入邵阳湖，运道严重淤积，粮船受阻。1527 年（嘉靖六年）左都御史胡世宁献策："至为运道计，则当于湖东滕、沛、鱼台、邹县间独山、新安社地别造一渠，南接留城，北接沙河，不过百余里。厚筑西岸以为湖障，令水不得漫，而以一湖为河流散漫之区，乃上策也"（《明史·河渠志》）。而总河侍郎章拯认为，可令运河入邵阳湖，以湖为运道，运船可出沙河（在邹县境）板桥入原运道，随后在邵阳湖东开凿一条新河，自汪家口南过夏村达留城，全长 140 里。得到允许，随即征集民夫 9.8 万人施工，计划于六月竣工。但开工后，因旱灾和工程艰难等，怨言太大，凡议论者都请求停止开新河工程，于是只完成计划工程的一半，就于四月召盛应期回京，工程遂停工。自此以后的近 38 年中无人敢言改河之事。应期被召还后，由工部侍郎潘希代替。是年冬天，由潘希主持，加筑济宁、沛县间东西两堤，以抵御黄河的决溢。

1535 年（嘉靖十四年）农历正月，因去年黄河决溢南徙，使济宁以南至徐州运河淤塞，总河刘天和主持，役夫 14 万大浚鲁桥至徐州运河 200 余里，并于梁靖口、东岔河口筑压口缕水堤 3 里，接筑曹县八里湾至单县侯家林长 80 里的堤防各一道，至四月竣工。随即又修筑汶河西堤，修南旺湖、马场湖堤，建减水闸等。此工程金安抚按以下部郎、道、府、卫、所的所有一般官员就有 620 人参加。

1546（嘉靖二十五年）—1565 年（嘉靖四十四年），黄河 4 次大决，对济宁至徐州一段运河及湖泊危害甚大。嘉靖四十四年七月，黄河决入邵阳湖，并使上下 200 余里河道全淤。督理河槽尚书亲自勘察绝口情形，并访问当地老百姓，又自南阳至夏村、留城勘察，所经路线看到河水漫入为患。又循览盛应期所开新运河，遗迹尚存，但基本淤平为平地。于是朱衡乃奏请开南阳新河及留城上下运河。而总河都御史潘季驯不同意，坚持疏浚淤塞的旧运河。朱衡认为盛应期所凿新河地势高，黄河泛水漫入邵阳湖再不能向东泛滥，可保持运河的畅通，决计开浚，并自荐亲自督工。1566 年（嘉靖四十五年）农历二月，特命工科又给事中何起鸣前往勘察，查勘后奏言：旧河难复，断以为开新河便宜。并兼取潘季驯的建议，不全弃旧运河。皇帝又召集延臣议定岸何起鸣的建议施工。朱衡乃居于夏村，昼夜督各段施工，循盛应期开河旧迹，在旧运河东 30 里开凿新运河，自鱼台南阳闸下引水经夏村抵达沛县留城接旧运河，全长 140 里。在南阳旧河口筑南阳坝截断旧河。靠独山湖一侧修筑新开河石堤 30 里，各留水口；南岸设置二座减水桥以减水如南阳湖。1567 年（隆庆元年）农历五月完成新河开挖。旧运河的上沽头、中沽头、下沽头、下沟、金沟、庙道口、湖陵、孟阳泊、八里湾、古亭 10 闸废弃，新建运河上利建、邢庄、珠海、杨庄、夏镇、满家桥、西柳庄、马家桥、留城 9 闸。疏浚留城以下旧运河至境山南长 53 里，又专治秦沟，筑长堤 219 里，其中石堤 30 里，使黄河部北侵，漕运畅通。

　　南阳新河的完成，虽然使南阳至留城的航运条件得到一定的改善，但留城以下运河仍受到黄河泛滥和泥沙淤积的威胁。1569 年（隆庆三年）农历七月，黄河决沛县，使茶城段运河淤塞，2000 余只船被阻滞在邳州。九月，工部及总河都御史翁大力提出运河改线避黄的建议，即在茶城运口之东的子房山另凿运口，开挖新运河过梁山至境山入地浜沟，只趋马家桥，全长 80 里，以避开秦沟、浊河之险。不久，黄河水落，经疏浚后漕道又通，开河的建议又被搁置起来。《明史·河渠志》称此建议为首开泇河之议，其实并非后来泇运河的一段，而与后来由傅希挚主持所开的"羊山新河"有一段路线大体一致。1570 年（隆庆四年）农历七月，沙、薛、汶、泗等河水暴涨横溢，冲决仲家浅等运堤；秋，黄河水又暴涨，使茶城段运道淤塞。十月，翁大力请开泇运河以避黄通漕，其路线是从马家桥东过微山、赤山、吕孟等湖，过葛墟岭而南经侯家湾、良城，至泇口镇，又经蛤蟆、周柳诸湖达于邳州直河口入黄河，全长 260 里。遣科臣洛遵会勘，认为路线虽捷，但施工困难。而都御史潘季驯总理河道亦主张浚复故河道，不同意开泇河工程。不久，黄河水落，可以通船，仍挑浚茶城被淤积运河，漕船又可顺利通过。翁大力等官员因迟误漕粮而削职，这样首开泇河之议未得以实施而搁置起来。1571 年（隆庆五年）"四月，（黄）河复决邳州王家口，自双沟而下，南北决口十余，损漕船、运军千计，没粮四十万余石，而匙头湾以下八十里皆淤。于是胶、莱海运之议论纷起。会季驯奏邳州功成，帝以漕运迟，遣给事中洛遵往勘。总漕陈炌及季驯俱罢官"（《明史·河渠志》）。于是，工部尚书朱衡请以开泇河口之说，交给下属诸臣广泛讨论。又经洛遵、朱衡及总河都御史万恭等的几次勘察，认为开泇运河太难，遂即罢其议。1572 年（隆庆六年）春，修筑茶城至清河县黄河长堤 550 里，以"防黄保运"，正河安流，运道大通。

　　1574 年（万历二年），给事中吴文佳以茶城运河淤阻，请按照翁大力的建议开新河。1575 年（万历三年）农历二月，总河都御史傅希挚经派遣锥手、步弓、水平、画匠在开泇河"三难"（所拟路线地势高、坚和浮石，谓之"三难"）之处核堪后，又提出来泇运河以避黄险的建议，并修改了翁大力原规划的路线，强调指出："……诚能捐十年治河之费，以成泇河，则黄河无虑壅决，茶城无虑填淤，二洪无虑难险，运艘无虑漂损，洋山（即羊山）之支河可无开，境山之闸座可无建，徐、吕之洪夫可尽省，马家桥之堤工可中辍。今日不赀此费，他日所省抵有余者也。臣以为开泇河便"（《明史·河渠志》）。经派官员会勘和交工部复议后，仍未得到批准，以"开泇河非数年不成，当以治河为急"为由，又搁置起来。随即傅希挚又建议开"羊山新河"，得到批准。自梁山以下穿羊山出自古洪口开凿一条新的运河，与茶城旧运河交替运用，以便浚淤，保证通航。此工程于万历四年完成。

1588 年（万历十六年）农历四月，第四次起用潘季驯为总河，大力兴办黄、淮、运各工程。于万历十七年（1589 年）完成的治运工程有：修筑五湖堤共计 202 里，修闸 4 座，斗门 10 座，筑土石坝 5 座。1591 年（万历十九年），因留城一带运河难行，十一月，潘季驯建议并主持自夏村迤南起经李家口等地，仍由洪镇口入黄河。

1592 年（万历二十年）农历三月，潘季驯罢任前，"力言（黄）河不两行，支渠不当浚"（《明史·河渠志》），仍不同意开泇运河的建议。1593 年（万历二十一年）农历五月，黄河决单县黄堌口，又加上连续降雨，使漕河泛滥，济宁以南运河溃决达 200 里。由工部尚书兼右副使都御史总理河道舒应龙奏请并主持筑坝，遏汶水南行；开马踏湖月河口，导汶水北流；开通济闸，放开月河土坝以分杀水势。并于戴村坝坎河口下开渠泄水，两旁筑石堰，以防止洪水冲刷。为了求洪水通泄之途径，又开韩庄支渠 45 里，引诸湖水由彭河经韩庄抵达泇河。开韩庄支渠（又称韩庄新河）工程于 1594 年（万历二十二年）农历九月完成。此工程的完成使湖水比往年减少三尺（明代一尺合今 31.1cm），工程的目的是泄洪，不能通漕。这是历史上首次开泇河工程，成为后来旧泇运河的一段。

1597 年（万历二十五年），黄河又决单县黄堌口，南徙，徐、吕以下几乎断流，粮船受阻。于是，工部给事中杨应文，吏部给事中杨廷兰皆建议"当开泇河"，"工部复议允许。帝命河槽官堪报；不果"（《明史·河渠志》）。1599 年（万历二十七年）秋，工部左侍郎兼右金都御史总理河槽刘东星举办舒应龙开韩庄支渠未完成之工程，由泇通漕运；并凿侯家湾、梁城通泇口，工未完因水漫溢暂停。1600 年（万历二十八年），御史佴祺又建议开泇河，由工部复议后，奏请皇帝批准，仍由刘东星主持此工程，其路线为：于微山湖口开支河，上通西柳庄，下接韩庄 45 里支渠，并沿袭韩庄故道，凿梁成、侯迁庄及桃万庄，下泇河、沂河至宿迁董家口入黄河。建设巨梁桥石闸，德胜、万年、万家庄各草闸。1601 年（万历二十九年）农历八月完成工程的 3/10，刘东星因病辞职，皇帝屡下圣旨挽留，不久病逝。该工程全部完成计划用银 120 万两，至停工共用费 7 万两银。是年秋，御史高举等延臣献开泇河等策，工部尚书杨一魁亦认为"以开直河、塞黄堌口、浚淤道为正策；而以泇河为旁策；胶莱为备策"。议未定，而开泇河之事又被搁置。1602 年（万历三十年），工部尚书姚继可建议："河之役宜罢"，于是开泇运河工程告停。不久，总河侍郎李化龙又建议开泇河，工部给事中侯庆远也力主其说，没有结果。1603 年（万历三十一年）农历四月，李化龙任工部侍郎，是年冬，又议开泇运河，以避黄河之险，侯庆远也上疏，请早定大计。1604 年（万历三十二年）农历正月，李化龙奏开泇河疏，极力陈述开泇河的理由，"开泇河有六善，其不疑有二。泇河开而运不借（黄）河，（黄）河水有无听之，善一。以二百六十里之泇河，避三百三十里之黄河，善二。运不借（黄）河，则为我政得以熟察机宜而治之，善三。估计费二十万金，开河二百六十里，视朱衡新河事半功倍，善四。开河必行召募，春荒役兴，麦熟人散，富民不扰，穷民得以养，善五。粮船过洪，必约春尽，实畏（黄）河涨，运入泇河，朝暮无妨，善六。为陵悍患，为民御灾，无疑者一。徐州向苦洪水，泇河既开，则徐民之为鱼者亦少，无疑者二"。万历皇帝认为开泇运河甚为有利，并令速鸠工为久远之计。二月，李化龙奏明皇帝，言开泇河、分黄河两工程均为急需兴办工程。于是，大开泇河，自沛县夏镇李家口引水合彭河，经韩庄湖口又合承、泇、沂诸水出邳州直河口入黄河，共长 250 余里。建韩庄、德胜、张庄、万年、丁庙、顿庄、侯迁、台儿庄8闸。于夏镇稍南的旧运河口吕公堂筑吕坝（系草土坝），用以蓄泄水仍由李家口通邵阳湖。因彭口山河沙为患，筑滚水坝拦截彭口，于对岸建三洞闸。在山南新开运河的西岸建减水闸。建运河西岸韩庄湖口闸，并在此闸北修筑护闸石堤一道，又向北接筑至朱姬庄迁道堤18里，以障湖水。八月开河竣工，泇运河正式通漕。由泇运河北上的粮船占全部的三分之二，而由黄河经茶城段运河航运的粮船占三分之一。但此时由于导黄河和开泇运河工程并兴，泇运河工程还未全部完成，"会化龙丁艰去"（《明史·河渠志》）。十月，由总河侍郎曹时聘代为工部侍郎总理河道，继续化龙未完工程。曹时聘上疏奏颂李化龙开泇河之功绩："舒应龙创开韩家庄以泄湖水，而路始通。刘东星大开良城、侯家庄以试行运，而路渐广。李化龙上开李家港，凿都水石，下开直河口，挑田家庄，殚力经营，行运过半，而路始开，故臣得接踵告浚"（《明史·河渠志》）。1605年（万历三十三年）农历二月，曹时聘正式任工部侍郎总理河道。"五月，曹时聘奏报，'漕船溯泇无阻'，颂化龙疏下所司"（武国举：《淮系年表》）。当年由泇河行运的漕船为80余艘。十月，曹时聘主持，集民夫15万人，于十一月兴工，大挑朱旺口。1606年（万历三十四年）农历四月，塞决工程竣工，而使泇运河之利得以发挥。当年由泇运河的漕船高达7700艘。1607年（万历三十五年）农历二月，工部同意按时聘所奏"泇河善后六事"，已完成全部工程计划，于是"筑郗山（今韩庄西北30里）堤，削顿庄嘴，平大泛口溜，浚猫窝浅，建巨梁闸，增王沛徐唐坝，泇河至是功浚"（陆耀：《山东运河备览》）。开泇河运河工程从开始到完竣经历了38年的时间。泇运河底宽3丈，深1丈3尺至1丈6尺不等，河面宽8丈，并采用泇黄互用的运营方式，即每年三月初，漕船由泇运河北上，九月初，由茶城段旧运河回空入黄河南下。

1633年（崇祯六年），泇运河南段淤阻。1635年（崇祯八年）冬，总河周鼎主持大浚泇运河南段（今江苏境内）淤塞。崇祯九年，修泇运河工程完工，泇河复通，又浚治南旺及彭口砂礓，疏浚刘吕庄至黄林庄160里。这是明代最后一次较大的治理工程。

（三）清代运河治理

清代山东运河的路线没有大的变化，只是在明代运河基础上，进行了大量的维修、疏浚及加固工程。咸丰五年（1855年）黄河北徙后，改变了山东运河的航运形势，船只除沿运河航道穿黄行运外，南运河（即黄河以南运河段）因临黄段淤垫所阻，常绕行盐河（即汶河正刘戴村坝以下北支，亦称大清河）入坡河，由江沟黄达黄河北岸的八里庙入原运河；北运河（即黄河北岸至临清一段运河）至光绪初年始移八里庙运口陶城堡（又称陶城阜），并开新运河自陶城至阿城镇，这种形势延续到民国初年。

1650年（顺治七年）农历八月，黄河水溃堤沙湾运堤，运道受阻。1651年（顺治八年），秘书院学士杨方兴总督河道，用方大献的建议治黄筑堤，堵塞沙湾决口，并募夫挑运河。1659年（顺治十六年），在韩庄闸上下的运河西岸，湖口闸坝迤北筑湖面石护坡长1414m。

1753年（乾隆十八年），修济宁天井闸及济宁南门草桥两段运河大石工，修嘉祥县运河东岸碎石工，及寺前闸上下、金线闸以北、又迤北利运闸三段碎石堤，修临湖碎石堤，并拆修韩庄闸上下湖面大石工4km多。1757年（乾隆二十二年）农历正月，张师载任河道总督，以微山湖为中枢，大兴运河以北水利工程，疏浚运河航道，挑挖分洪河道，规模是比较大的。疏浚运河自石佛闸至临清，又石佛闸南至台儿庄，以水深八尺为度，并修理了纤道，对韩庄以下的韩庄、德胜、张庄、万年、丁庙、顿庄、侯迁、台儿庄8闸月河进行了疏浚。1758年（乾隆二十三年）兴建微山湖口滚水坝，该坝在湖口闸北，长96m，坝脊比湖口闸底高了3.2m，中间砌石垛14座，上搭桥梁以便迁挽船只；重修山东运河上的寺前、在城、赵村、仲家浅、师庄、枣林、韩庄等闸；增建运河寺前闸下东岸一段，通济闸下两岸两段，济宁济安台西岸一段、南门下西岸一段，天井闸上下东岸三段，在城闸上西岸一段等石工；修建独山湖十八水口、昭阳湖运水入湖单闸6座及马家桥；修建彭口闸迤下东岸张阿上下2涵洞，泄坡水入运河，创建滕县境运河上彭口闸，并建彭口对岸刘昌庄双减水闸，以泄彭口山河水入运河，并筑沛、滕、薛三县运河两岸土石工90余处。

1762年（乾隆二十七年）农历十一月，疏浚山东德州境运河及寿障等州县河道沟渠，修理李海务闸；在珠海闸北运河西岸，建昭阳湖辛庄桥滚坝，长64m，石垛9座，用以分泄运河异常涨水入昭阳湖。1765年（乾隆三十七年）春，疏浚台儿庄至靳口闸间运河淤浅。1783年（乾隆四十八年）农历三月，以李奉翰暂为署理河东河道，大办济宁以南运河工程。冬，修济宁至台儿庄运河土石堤岸，其中沛、滕、薛县境运河两岸土石排桩工程80余处，并修理闸坝涵洞及水口，其中有独山湖十八水口加石裹头护砌、昭阳湖12座单闸、马家三空桥、辛庄桥滚水坝、夏镇下东岸寨子上下二涵洞、张阿上下二涵洞、吴家桥和刘家口两处涵洞、西岸山南减水闸、马金工减水闸、朱姬庄减水闸、微山湖大石工和湖口闸坝，以及赵村、石佛、辛店、新闸、仲家浅、师庄、枣林、南阳、利运、邢庄、韩庄、德胜、丁庙、顿庄、侯迁、台儿庄等拦河闸。1784年（乾隆四十九年），建济宁运河东岸新店闸上下四里湾单闸各一座，以宣泄坡水入运。冬，挑浚峄县境内的韩庄上下及韩庄闸以下8闸间运河淤浅。

1796年（嘉庆元年）农历正月，挑挖汶上、济宁、滕县的彭口、峄县的大泛口等运河；并疏浚了蜀山、微山等湖的引水渠。1799年（嘉庆四年），大兴济宁以南运河工程，修济宁以南的赵村、石佛、辛店、新闸、仲浅、师庄、枣林、南阳、利建、邢庄、珠海、杨庄、夏镇、韩庄、丁庙、顿庄、台儿庄等拦河闸；修济宁至峄县运河两岸的闸、坝、涵洞及桥梁，其中有济宁东岸石佛闸以南水口闸洞共计7处，鱼台东岸独山湖十八水口石裹头，鱼台西岸昭阳湖单闸12座，马家、满家三孔桥2座，辛庄桥滚水坝1座，沛县东岸王家水口、邢家水口，夏镇民便闸，寨子上下2涵洞，滕县东岸修永闸，张阿上下2涵洞，滕县西岸刘昌庄双减闸，山南减水闸，马金工减水闸，朱姬庄减水闸，峄县东岸吴家桥涵洞，刘家口涵洞，拆修韩庄湖口滚水石坝、韩庄闸上下湖面大石工，并建湖口旧闸南湖面碎石排桩工程及沛、滕、峄三县运河两岸土石排桩工程90余处。1901年（嘉庆六年）春，大挑山东韩庄以下8闸运河。

1855年（咸丰五年）农历六月，黄河大决河南省兰阳县铜瓦厢，溃决张秋运堤，夺大清河入海，山东运道被分为两段，黄河以南至台儿庄称为山东南运河，黄河以北至临清的运河称为北运河。

1865（咸丰六年）—1901年（光绪二十七年）间，主要围绕着临黄段运河进行了一些治理工作。

1868年、1869年、1871年（同治七年、八年、十年）三次大的黄河决溢，使南运河受害甚重，运河堤埝残缺，而北运河淤阻日趋严重。南来船只由安山镇的三里堡绕经盐河，穿黄河于北岸八里庙达张秋运河北上。1872 年（同治十一年），对山东运河上的堤防缺口进行补筑，挑挖安山、三里堡、沈家口运河航道，并挑浚十里堡及张秋拦黄坝各段淤浅河道。次年又挑浚戴庙闸及十里堡等处运河淤垫。至 1875 年（光绪元年），才在十里堡运口建闸防御黄水灌运，并控制船只进出黄河。自此江北漕由河运，江南漕由海运。1877 年（光绪三年）农历十一月，因北运口八里庙黄河水北股断流，遂开挖山东陶城堡至阿城镇新运河，次年完成，是时北上船只，均自黄河南岸十里堡运口入黄，顺流 25 里达陶城堡运口，然后侯汛入运。1894 年（光绪二十年），疏浚济宁、汶上、滕、峄、茌平、阳谷、东平所属运河。1895 年（光绪二十一年），挑浚陶城堡至临清 200 余里运河。1901 年（光绪二十七年），废除运河漕运，运河水利由各省分别筹治。

（四）民国时期运河治理

民国初年，山东运河几乎尽失其利，由于河道淤积，使沿运地区洪涝灾害日趋严重，曾专设运河工程局等机构负责山东运河的规划、设计及治理工程，对治涝御灾起到了一定的作用，北运河亦有一段时间通航。同时，开展解决北运河水源、运河穿黄地点、兴建戴村坝蓄水库等专题研究，并计划通过发展"黄运联运""黄清联运"及重开胶莱运河等途径，在山东形成四通八达的内河航运网络。但是，计划虽多，实施者甚少。民国期间的山东运河终未畅通，沿运地区的洪涝灾害终未解除。

自 1855 年（清咸丰五年）黄河决河南铜瓦厢，截运河夺大清河入海，使山东运河南北通航形势发生了根本的变化。历代靠汶水接济的山东北运河陷于干旱无源地步，南运河的临黄段及其他大部分区段淤塞严重难以行运。自清末漕运停止至民国初年的 20 余年中，失于治理，致使运河淤积日益严重，水系紊乱，闸坝败坏，堤防决坏，蓄泄失控，沿运农田常受洪涝之灾。

山东北运河，自黄河北岸陶城堡至临清一段长 135km，闸坝圮废，无水可济，已尽失航运之利。但临清至德州以北卫运河仍可通航。

山东南运河，自黄河南岸的十里铺至台儿庄，全长 285km，十里铺闸到安山闸长 30km，受黄河泥沙淤积最重，已经如同平陆。安山闸至济宁段，全长约 80km，因戴村坝长久失修渗漏严重，济运水源不足，除七、八月的涨水时期还可勉强通航外，其他月份均不能通航。其中，安山闸至袁口闸一段长 30 里的河堤已被水冲塌，仅存基址，南旺、马场两湖已失水柜作用，已归当地农民为田耕种。金口坝石工如旧，但府河上游节节阻梗，堤防多坏，而入运口一段淤塞甚重，沿岸农田常受水害。济宁以南至南阳镇，全长约50km，尚可通行小舟。但石佛闸以下淤垫较重，船只需绕道经运河西岸的沉粮地至南阳镇再入运河。南阳镇至台儿庄一段，由于湖泊相连，水源较充足，航运渐开。其中徐家营坊至韩庄一段长 36km 的河段，因受运东各河流挟泥沙汇入的影响，航线通断相间，只赖南部诸湖在水量丰沛时维持正常航运。韩庄至台儿庄一段长 40km 的运河淤积较轻。

1914 年（民国 3 年），成立山东南运湖河疏浚事宜筹办处，次年对南运河航道、泗河、汶河、牛头河、小清河（汶河下游的南支流）及南运沿岸湖泊沼泽等的淤垫、堤防、闸坝状况和灾害原因进行了颇为详细的实地勘察，通告南运沿湖河的各地方官民，征集河湖情况，征求治理意见，广采治理意见，并将收到的来自东平、兖州、汶上、鱼台、峄县等各阶层 28 人的意见，摘要刊于《山东南运湖河疏浚事宜筹办处第一届报告》（简称《报告》）中。根据当时的条件在台儿庄、韩庄、夏镇、徐营坊、鲁桥、济宁、南旺分水口、金口坝、戴村坝、何家坝等处设立木制水标（水尺），收集到 10 多个典型断面的水位、流量及部分气象、泥沙资料、并结合勘查和测绘工作进行洪水调查以弥补水文资料的不足。1915 年（民国 4 年）1 月开始，实测沿运的三角和水准，测绘泗、汶、牛头、城、薛等河，大泛口及南旺、马踏、蜀山、马场、独山、南阳诸湖和沿运的沉粮地、缓征地的平面图或剖面图，并测绘了闸坝桥梁的平面图和侧面图，拟定了泗河工程计划、牛头河分泄运河并涨之水略工程计划、湖边筑堤蓄水济运涸田计划及山东南运浚治规划草案（简称"草案"）。"草案"较先代治运有 3 个鲜明特点，即"昔之治运在以河湖喂支脉，今之湖河转以运道为尾；昔则以蓄泄一岁之水，求济一岁之运；今则疏浚一分之水，求涸一分之地；昔则以交通为主体，非有水利之观感也，今以水利喂范围，交通之利自连带而生也"。其规划思想为：首先分治汶、泗及南旺、邵阳、微山及泄洪涝之水；然后专治运河航道。

1924 年（民国 13 年），"筹办处"改组为"运河工程局"，拟定了治理泗河工程计划，至民国 16 年实施了部分工程。

1930 年（民国 19 年），山东运河工程局重新恢复后，着手清理和收集已有的运河资料，于是年 12 月组织 3 个查勘队，分别查勘南运河干支流及北运河河道状况，勘测了黑风口、金口坝、泗河桥、鲁桥、戴村坝、何家坝、南旺分水口等。1931 年（民国 20 年），拟定了"疏浚山东运河工程计划"，这是一次对山东南北运河的全面治理规划。由于本次治理运河的工程，涉的范围面广，工程量大、投资甚大，鉴于国家财政支绌，沿运民生困难，故拟分五期施工，第一、二、三期工程注重运河干支流的排洪、灌溉及沟通航运，第四、五期为改进全运交通及振兴其他水利，使治理运河成为一项综合性的工程。1932—1933 年实施了治理泗河和修理戴村坝工程。

1934 年（民国 23 年）4 月，山东省政府建设厅决定治理北运河。在聊城县设立"临时总工程处"，征调沿运 7 县民工 20 余万人参加施工，历时 3 个月，于 7 月 15 日全河土工大体告竣，计疏浚长度 135km，完成土方 1400 万 m³，用公款 280 余万元。工程竣工后，不仅收到排洪涝之效益，且一度通航。抗日战争爆发后，山东沦陷，北运河又废。

1935 年（民国 24 年）6 月，黄运联运工程处成立后，实施了一些北运河穿运涵桥、引水管及吸水站工程。

1947 年（民国 36 年）1 月，山东南运河复堤工程处成立后，即着手筹备南运河复堤工程。3 月 9 日，成立第一段公务所于台儿庄，办理韩庄至台儿庄段运河复堤工程。3 月 18 日开始招夫兴工，因公粮不足，汛期多雨以及战事等，7 月初曾一度停工，至次年 1 月 5 日竣工。共征夫 13 万人，破毁堤段均已全部修复，两岸复堤长度各 31km，完成土方约 27 万 m³。

1947 年（民国 36 年）4 月 14 日，南运河复堤工程处成立第二段公务所于济宁，负责办理泗河堵口复堤及济宁至师庄段运河复堤工程。于 5 月 12 日正式开工，先堵填西泗河决口和培修险工。6 月 5 日后，因战事吃紧一度停工。7 月 14 日，该公务所人员撤退，工程暂停，至次年 10 月 1 日始得复工。11 月 11 日，济师段运河复堤工程开工，至次年 5 月 31 日竣工，修复堤岸长 26km，完成土方 23.5 万 m³。泗河及运河工程，共征用民夫 6

万多人，完成土方 30 万 $m^3$。

民国期间，在规划和实施治理工程的同时，对解决北运河水源和运河穿黄地点的选择问题进行了较深入的研讨。其中对解决北运河水源问题，张敬承提出在运河第凿井和修筑水柜（蓄水库）；汪胡桢提出引清水河（即今金堤河）等济运；英国人摩利生，美国工程师费礼门、李伯来、卫根等人提出引汶水穿黄济运；孔令瑢提出引黄和引卫（河）济运。对于运河穿黄地点的选择，费礼门、李伯来、卫根及整理运河讨论会进行了研讨，提出了各自的建议。

20 世纪前半期，水利界的前辈，为改变水利事业长期停滞不前和国家贫弱的局面，艰苦奋斗，在引进外国科学技术，发扬我国水利的固有成就，做了大量的工作。但因政治腐败，战乱频繁，实际成就甚微。但这一段水利科技工作在中国水利发展史上却占有十分重要地位，它是中国几千年延续的传统水利向现代水利不可缺少的过渡阶段，为中华人民共和国成立后水利事业的蓬勃发展做了必要的准备。

# 第三章 中国水利发展现状

## 第一节 近 代 水 利

19世纪后期和20世纪初,腐朽的清王朝已无力与世界列强并肩而立,在先进的枪炮威逼之下只能任人宰割。中国人民在奋起反击侵略、追求国家独立和强盛的同时吸收和消化一切先进的理念和技术发展经济势必所然,古代传统的水利到了必须改革的历史关头。

### 一、西方科技与中国水利特点相结合

近代西方水利科学技术引进中国,大致从鸦片战争开始。1840年,鸦片战争失败,中国闭关锁国的大门被打开,列强的入侵使中国进入了半殖民地半封建社会,人民遭受极大的苦难,但在客观上也使中国人看到了一个真实的世界。有人认为要"尽得西洋之长技为中国之长技",提出要学习制造"西洋奇器"。清末民国初年,到外国的留学生日渐增多,其中有相当一些人从事水文、气象、土木工程或水利工程等学科的学习和研究,在引进外国先进的水利技术方面做出了许多努力。外国的学者、工程师到中国来的也越来越多,西方的技术随之而来,中国的水利产生了深刻的变化。

近代学者李仪祉先生是我国近代水利事业的开拓者和水利科学奠基人。他走出国门,致力于学习和研究国外先进的水利科学与实践,致力于引进技术与中国的国情和古代的水利技术相结合。他有大量的译文和著作,涉及范围从水文、水力、灌溉、航运到河道治理,从基本理论到计算方法,内容是多方面的。"凡与水工学术有关的基本科学,如水工实验、最小二乘法、宇冰学说、诺莫术、实用水利学等重要学理莫不尽先译著,教我国人,启我民智。"进入民国之后,外国人对于黄河的考察活动很多。德国的方休斯、美国的费礼门、萨凡奇等都做过这些方面的工作。德国著名的河工模型实验专家恩格斯,虽未曾到过中国,他却"素以研究黄河为志",于1920—1934年间,"广集黄河史料悉心研究",并先后三次为黄河做模型试验,提出著名的"固定中水河槽"的治黄方策。他的基本思想就是要缔造一个比较稳定的水中位河槽,在两岸大堤之内构成复式河床,中常洪水时把河流限制在河槽之内,大涨时两岸滩地漫水落淤。这样使滩地慢慢淤高,河槽便随之变深,整个河床也就会渐渐地稳定下来。他的学生方修斯也支持这一观点。美国工程师费礼门于1919年来黄河考察,也做过许多工作。他提出在原有旧的大堤之内"另筑直线新堤,在此新旧二堤之间,存留空地,任洪水溢入,俾可沉淀淤高,可资将来之屏障。如遇特别洪涨,并于新堤与河槽之间建筑丁坝,以防新堤之崩溃"。但他又指出,"解决黄河问题,需要长久之分析与大力之研究,而不宜立即拟出计划实行之"。20世纪30年代中期在淮河上也开展了水工模型试验。

李仪祉非常重视外来技术在中国的利用。他说："泰西各国之水成法，可供吾国人效仿者多，因其地理之关系，各有所特长。论中下游之治导，则普鲁士诸河可为法也。论山溪之制驭，则奥与瑞可为师也。论海洋影响所及河口一段之整治，则英、法及北美诸河流可资效仿也。论防止土壤冲刷，则美国及日本今正在努力也。"他对黄河治理与西北水利的研究尤深，在他的《黄河之根本治法商榷》等文和西北水利实践中有深刻的表现。他的治河主要内容是"蓄洪以节其源，减洪以分其流，亦各配定其容量，使上有所蓄，下有所泄，过量之有所分"。主张在上、中游植树造林，较少泥沙的下泄量，同时在各支流"建拦洪水库，以调节水量"，并且于"宁夏、绥远、山西、陕西各省黄河流域及各省内支流，广开渠道，振兴水利"，以进一步削减下游洪水。至于下游防洪，他认为应尽量为洪水"筹划出路，务使平流顺轨，安全泄泻入海"。其具体意见是，一是开辟减河，以减异涨；二是整治河槽，依据恩格斯的办法"固定中常水位河槽依各段中常水位之流量，规定河槽断面，并依修正河线，设施工程，以求河槽冲深，滩地淤高"。我国传统治河方略只着重于下游。近代外国人则多把上、中游植树造林视为治理黄河的主要办法。李仪祉提出上、中、下游全面治理的主张，使我国的治河方略向前推进了一大步。李仪祉是我国近代水利科学的代表。他的理论和主张，影响深广。

20世纪前半期，与水利科技和建设的进展相适应，水利管理、科研和教育也有了新的发展。各流域和一些省相应成立了水利管理机构，有的还成立了水利工程局。1930年和1942年先后颁布了《河川法》和《水利法》。

1915年，在南京设立河海工程专门学校，是我国最早的水利专业学校；1931年成立中国水利工程学会，并创办《水利》月刊；1933年在天津开始筹建第一水工实验所，1935年在南京建立中央水工实验所，1940年在陕西建立武功水工实验室，水利科学技术的研究有了基础。

## 二、中国近代水利的主要内容

### （一）水利工程的勘测及规划

19世纪以来，西方水利科学与技术的传入，刺激着中国传统文化的水利工程技术的改造和发展。在水利工程运用大地测量、水文测量及地质钻探技术首先始于通航水道的整治，继而用于防洪治河、农田水利及水电工程中，范围由最初各河江干流的中下游扩展到上游或全流域，对当时和后来水利建设有着重要的影响。

#### 1. 大地测量

根据第二次鸦片战争后签订的不平等条约，中国一些通商口岸渐次对外开放，出于整治通航水道的需要，河口段及河道的测量首先引起注意。咸丰十一年（1861年），英国海军测绘长江航道，9年后据此编织成长江计里全图。光绪十五年（1889年），河南、山东河道总督在开封设立河图局，召集津、沪、闽、粤测绘等专业人才20多人进行河南至山东利津海口的河道测绘工作。光绪十九年（1893年），张之洞调广东测绘会员劳颖安、学生潘元普测绘长江湖北藕池段，为规划荆江南岸堤防做准备。

辛亥革命以后，各流域相继设水利机构，测量工作由配合河道疏浚而进行的河道地形测量转向为防洪、农田水利、水电、航运规划前期工作服务。1923年以来，黄河流域先后完成了河南、山东境内1：5000和1：1万流域局部地形图及主要支流河道地形图；配合 20 世纪 30 年代及 40 年代陕西引泾、引洛、引渭等农田水利工程规划设计，开展了这些地区的局部地形测量。30 年代以来为开展长江流域水利开发规划，在长江三峡段、金沙江及岷江、嘉陵江等干支河流上进行坝区、库区、局部河流等专题测量。珠江流域测量工作自 1914 年广东治河处开始，亦由广州河口段，分别向东江、西江的广东、广西境内扩展，这一时期浙江的钱塘江流域、福建的闽江流域等都相继开展了多目标的水利测量。

近代，中国大地测量零点高程基准点均为通商口岸海关所设，海河和黄河流域多采用天津河口"大沽零点"。长江流域下游采用"吴淞零点"，是 1871—1990 年出现的最低潮位；中游有湖北藕池口相对零点；上游多采用支流岷江灌县（今都江堰市）假设高程。淮河流域则有江淮水利局设置的运河惠济闸基准点，黄河故道假设零点（又称废黄河口零点）等坐标系统。测量基准点各河不相统属，且精密水准点布点少，相应水利测量精度亦不高，施测数量也很有限，这种状况延至 20 世纪 50 年代才逐渐改进。

航空测量是 20 世纪初开始兴起的用于大地测量的一种技术，它采用飞机摄影得到的地形图片，利用少量的地面控制点做平面纠正，再做中心投影而为平面地形图。中国 1928 年引进这一技术，并首先用于水利测量。经过筹备，1930 年在浙江浦阳江试行航测成功，飞机飞行高度 400～2000m，长度 36km，制成地形图比例 1∶1.5 万、1∶3 万。1933 年对河南长垣大车集至石头庄施行了长 27km 黄河堤防段的航测，测得 1∶7500 黄河堤防图 1∶2.5 万平面地形图。

2. 水文测量

首先开始的水文测量项目是水位及雨量观测。1841 年俄国教会在北京设雨量站，进行连续降雨量及其他气象观测，是可考证的我国最早的水文观测记载。咸丰十年（1860年），上海海关在长江口外吴淞口设置潮位站。同治四年（1865 年），海关在汉口长江干流上设水位站。光绪六年至宣统三年（1880—1911 年）海关在长江干流上已设有重庆、宜昌、沙市、城陵矶、汉口、九江、芜湖、南京、镇江、吴淞 10 处水位站。

20 世纪 20 年代，水位测验开始由水位、雨量观测向综合测验发展。海河流域理船厅和海河工程局自光绪二十八年（1902 年）至 1920 年在潮白河、温榆河、永定河、滹沱河上建立水位站四处。至 1937 年，全流域有水文站 19 处（其中汛期水文站 10 处），水位站 22 处，雨量站 158 处（含汛期临时站），测量内容包括流量、含沙量、雨量及蒸发量。淮河流域水文测验站最早一批设于 1913 年，主要分布在苏北。据 1937 年统计资料，其实淮河全流域水位站 117 处，雨量站 97 处，流量及含沙量站 18 处，初步形成淮河全流域水文站网。

黄河水文测验是在清代水位站的基础上发展起来的。乾隆三十年（1765 年），在河南陕州黄河万锦滩、巩县洛河口、武涉木奕店分设水志桩，相当于近代的水位站。1933 年黄河水利委员会成立以后，黄河干流及陕西境内各支流水文站才有大的增加。1937 年以后开始在上游山西、内蒙古、甘肃境内设站。据 1949 年统计，黄河流域有水文站 33 个、水位站 28 个，开展了流量、泥沙、汛期水位等水文测验项目。

1941 年始在流经一省以上河流上设水文总站。1946 年抗日战争胜利后，各流域机构、各省水利机构相继恢复旧有的水文站，1948 年统计，全国有水文总站 18 处、水文站 191

处、水位站 245 处。

3. 水利发展规划及前期设计

清末，淮河治理首开其端。1918 年孙中山以英文发表了《国际共同发展中国实业计划——补助世界战后整顿实业之方法》，三年后以中文发表，改名为《建国方略之二——实业计划（物质建设）》。这是一个以国家工业化为中心，使民国经济全面发展的建设规划。其中水利方面以民国初年江、河、海初步勘测成果为依据，提出了兴建北方、东方、南方三大海港；整治长江、黄河、海河、淮河、珠江五大江河，发展通航、水电、灌溉等方面的水利全面开发发展规划。

淮河规划始于清末，1855 年黄河由铜瓦厢向北改道后，淮河下游河道的治理更引起注意。清末至民国初年主要的倡导者是江苏咨议局议长张謇等人。在他的主持下，自 1914 年至 1920 年提出了四种治理规划：这些规划以河道治理、导淮入江、入海为主要目的，进行闸坝、堤防、排洪河道的初步设计及经费预算，由于这四个方案设计流量相差大，且公费预算和工程效益亦有很大出入。1929 年导淮委员会成立，李仪祉担任公务长兼总工程师，在他的领导下次年提出《导淮工程计划书》。依据 1912—1926 年水文测验资料及江淮水利测量局的地形测量结果，选用 $15000 \mathrm{m^3/s}$ 作为设计标准。这是一项包含防洪、航运、灌溉、水电综合治理、综合开发的规划设计。

1925 年，由顺直水利委员会制定的《顺直河道治本计划报告书》，为海河流域第一个治理规划。这个计划采取减河分流入海工程措施，主要规划工程有挽潮白河归北运河的苏庄、龙凤、土门等泄水闸，马厂减河、独流减河、子牙河泄洪水道等。

20 世纪 20—30 年代进行的工程规划中较大的还有扬子江水道整理委员会的《整治武汉至上海长江口水道计划》、广东治河委员会的《珠江各河整治计划》、整理运河讨论会的《整理运河计划》、黄河水利委员会的《整治黄河下游计划》和《三门峡、宝鸡峡水库工程规划》等。

20 世纪 30 年代以来，开展了对长江干流的水电开发规划，1932 年国防设计委员会组织了由电力水利测量工程师晖震、曹瑞之、宋希尚、史笃培（美国人）、陈晋模 5 人组成的长江三峡勘测队，当年 10—12 月在长江三峡段进行为期 2 个月的勘察，提出了《扬子江上游水力发电勘测报告》。1944 年，当时的国家资源委员会邀请美国垦务局设计总工程师萨凡奇来华协助查勘长江水利资源。经过实地查勘，他在四川长寿完成了《扬子三峡计划初步报告》，提出了包括葛洲坝、皇陵庙在内的 5 个坝址方案。规划中最大电站的发电量为 1056 万 kW，相当于水库防洪库容 270 亿 $\mathrm{m^3}$，建成后万吨海轮可达重庆，全部工程造价包括淹没损失共计约 9 亿美元。

20 世纪 30—40 年代期间，全国水利机构主持了湘西、云、贵、川、宁、甘、新等省农田水利工程规划及设计，并制定了一些旧有农田水利工程的改造规划，但能够付诸实现的极为有限。

（二）水利工程机械和新型建筑材料

清朝末年及民国年间相继引进水利工程机械和水泥、钢材等新型建筑材料，并开始自己制造。光绪十四年（1888 年）黄河河南长垣、山东东明堤防段施工中使用小铁路运输涂料，同年亦用于郑州堵口；次年九月，又用于封堵山东章丘大寨决口。

光绪十四年（1888 年），黄河堤工中首次使用水泥。这批水泥一部分由旅顺调拨而来，一部分购于上海、香港，是舶来品。光绪十九年（1893 年）为防御长江洪水，调运唐山生产的水泥 300t，重修湖南常德城墙及防洪石堤。宣统三年（1911 年）葫芦岛港地基工程已用钢筋混凝土桩。20 世纪 20 年代采用钢筋混凝土结构的水工建筑物已日见普遍。

20 世纪 20 年代浙江石质海塘的维修用水泥灌浆加固，或工程堵漏。绍兴三江闸原用条石砌筑，用铁钉上下连锁，无胶结材料。由于水流长期淘刷、渗漏，闸底板逐渐淘空，严重漏水；闸墩及翼墙也因风化开裂，裂缝最宽达 5cm，漏水严重。1932 年开工修复，主要采用灌浆技术用水泥浆填充。灌浆机全套设备系德国进口，喷射压力 2.5～3.5kg/cm²，灌浆能力 0.75m³/h，采用国产水泥，历时 52 天，共灌水泥砂浆 158m³。

（三）新型水利工程的兴建

中国新型水利工程的修建，20 世纪 20 年代后，数量有较大的增加，类型呈多向发展，但是工程规模一般较小。

1. 防洪治河及船闸工程

1888 年始用小铁路运输工程用料，用电灯照明，用水泥抹面、灌浆。1899 年疏浚海口，开始使用挖泥船。1888 年，河南开始使用电报传递汛情，1902 年山东防局设电报局及分局若干处，次年，敷设济南以下电报线。1909 年陕州始用电报报汛，代替旧有的驿马报汛等制度。民国初年，防洪工程中出现了钢筋混凝土结构，采用启闭工程机械、配备钢板闸门的新型水闸。1923 年，山东利津宫家坝曾用新法堵口。1929 年，山东第一次虹吸管放淤、淤灌，后来各地陆续效仿。1932 年顺直水利委员会修建潮白河上的苏庄闸，由 39 孔泄水闸、10 孔进水闸组成，闸孔宽 6m，可宣泄洪水 600m/s，1939 年 7 月毁于洪水。

中国修建的新型船闸，以导淮委员会在淮扬运河上修建的邵伯、淮阴、刘老涧闸为早期。这些船闸净长 100m，以木桩、钢板为基础。邵伯船闸上、下游水位差 7.7m，淮阴、刘老涧上、下游水位差 9.2m，闸门为钢质双扇对开式，闸室为钢筋混凝土结构。40 年代导淮委员会主持长江上游支流航道整治，在沟通黔的重要水道綦江及其支流蒲河上实施渠化工程，共建船闸 11 座，其中以綦江车滩大利船闸为最大，落差 6.5m，船闸净长 60m。在技术、工程规模等方面基本接近 20 世纪 30 年代的同类工程水平。

2. 水电站工程

据载，1905 年在台湾已建了装机容量为 600kW 的龟山水电站。1910 年 7 月，云南石龙坝水电站开工，历时 2 年 11 个多月投产，与于 1882 年建成的美国威斯康星世界第一座水电站的诞生相距 30 年。石龙坝水电站位于滇池出水道螳螂川上，为引水径流式水电站，引用流量 4m³/s，落差 15m。石龙坝水电站为商人和官方合资兴办，聘请德国工程师为技术顾问。电站装机 2 台，单机容量 412kW。1925 年建成四川泸县龙溪河上的洞窝水电站。这是由中国技术人员勘测、设计的引水式电站，落差 39m，装机容量 140kW，用 6kV 线路输往泸州。西藏拉萨河上的夺地水电站，建成于 1928 年，装机容量为 125 马力。

20 世纪 30 年代以后，我国西南地区水电站建设成绩较大，建成的多是径流引水式水电站，由中国技术人员主持修建。较大的水电站有：四川长寿县境内龙溪河上的桃花溪水电站，装机容量 876kW；下峒电站，装机容量 3000kW。1945 年在四川江津白沙镇由民间集资兴建的高洞水电厂，是中国修建较早的地下式电站，装机容量 120kW。1944 年水利委员会筹资兴建成的重庆北碚高坑岩水电站，设计水头 31m，装机容量 160kW，是全部采用国产设备的一个水电站。1945 年建成的贵州桐梓境内赤水河支流天门河上的天门河水电站，水位落差 30m，引水流量 2～3m³/s，装机容量 1000kW，全部机电设备由中国技术人员安装。20 世纪 40 年代中国解放区也建设了几座小型水电站。建在第二松花江上的丰满水电站则是大型电站，1937 年开工，1943 年第一台机组发电，直至 1959 年竣工。

### 3. 农田水利工程

泾惠渠是中国引进西方水利技术的最著名的工程，是在古郑白渠的基础上由李仪祉于 1930—1932 年主持修建的，计划灌溉面积 64 万亩，1953 年实灌达 59 万亩。取水枢纽为混凝土溢流坝和具有平面钢闸门、螺旋启闭机的进水闸、退水闸所组成。相继修建的灌溉工程还有渭惠渠、洛惠渠等 7 个灌区。其他地区也有类似的工程出现，例如，海河流域的苏庄闸、龙凤闸，珠江流域的卢苞闸、马嘶闸等。

中国最早使用机电灌排的是江苏武进县。1915 年常州开始制造内燃机，拖带水车戽水，使这一带的器械排灌逐渐普遍。据统计，至 1929 年有抽水站 42 处，专用电线近 50km，灌排面积近 4 万亩。

1927 年开工修建的福建长乐县莲柄港灌溉工程，工程分两期实施，第一期建两级扬水站，每级扬水 6.3m，引水量 130m³/s，灌溉山原南、中部农田 6 万亩；第二期工程延长干渠，增设抽水站，灌溉北部农田 4 万亩。架设由福州至莲柄港长 23km 的 30kV 高压输电线，工程规模和难度在当时影响都很大。

### 三、中国近代水利的历史地位

20 世纪前半期，水利界的前辈为改变水利事业长期停滞不前和国家贫弱的局面而艰苦奋斗，在引进外国科学技术、发扬我国水利的固有成就方面，做了大量的工作。但因政治腐败、战乱频繁，实际成就甚微。到 1949 年，中华人民共和国成立前夕，仅有防洪堤坝 42000km，且多残缺不全，防洪能力很低；库容超过 1 亿 m³ 的大型水库 6 座，超过 1000 万 m³ 的中型水库 17 座，以及少量的小水库和塘坝；灌溉面积仅 24000 万亩，保证程度较低；机电排灌、水力发电寥寥无几。整个国家仍是水旱灾害连年不断。

但这一阶段水利科技的工作在中国水利发展史上却占有十分重要地位，它是中国几千年延续的传统水利向现代水利不可缺少的过渡阶段，为中华人民共和国成立后水利事业的大发展做了必要的准备。

### 四、新中国水利的蓬勃发展

中华人民共和国成立后，在党和政府的统一组织下对大江大河及其他主要河流编制了综合治理规划，组织人民进行大规模水利建设，水利事业走向全面发展。经过几十年的奋斗，做了大量的勘测、规划、设计、科研工作，建设了众多工程，科学技术水平得到全面提高，一些领域已进入世界前列。成为中国历史上水利建设规模最大、效益最显著的时期。水利作为国民经济和社会发展的重要基础设施的地位和作用越来越突出。

新中国成立后的水利发展，大体上可分为 7 个时期。

（一）新中国成立初的"三年恢复"和"第一个五年计划期间"（1949—1957年）

中华人民共和国成立初期，我国水旱灾害频繁，尤其是黄淮海地区灾情严重。从1949—1952年，水灾不断，灾民从整个苏北到淮北有几千万。此时，国家首要的任务是恢复生产、安定社会。控制水旱灾害成为一项极为重要的工作。每年国家动员上千万的人进行水利建设，恢复水利工程。水利工作的方针任务是防治水害、兴修水利。重点是防洪排涝、治理河道、恢复灌区。在受洪水威胁的地区着重于防洪排水，在干旱地区着重于开渠灌溉，以发展农业生产，达到发展生产力的目的；依照国家经济建设计划和人民需要，根据不同的情况和人力、财力等技术条件，分轻重缓急，有计划、有步骤地恢复并发展各项水利事业；统筹规划，相互配合，统一领导，统一水政；对各河的治本工作，首先研究各重要水系原有的治本计划，以此为基础制订新的计划；积极充实水利机构，有计划地培养水利人才，提高水利建设的科技水平。以上方针任务，使新中国成立后的水利事业得到全面发展。

这个时期，水利工程得到了全面恢复和发展，对农业和国民经济起到了良好的推动作用。所开展的水利工程重点建设包括：大规模治理淮河；修建官厅水库以减轻永定河对北京市的威胁；修建大伙房水库减轻浑河、太子河对沈阳市的压力；整修独流减河等以解决海河的出路问题；修建了荆江分洪工程、汉江下游的独家台分洪工程；对黄河下游堤防进行了全面整修加固；洞庭湖、鄱阳湖、太湖、珠江三角洲等圩区进行了加强圩堤建设，提高防洪灌溉能力。全国灌溉面积发展到了2666万hm²。这些水利工程，极大地缓解了水旱灾害的严重局面，对安定社会、恢复生产发挥了巨大作用。另外，从1953年起，全面开展了江河流域规划的制定工作，各省、市、自治区还进行了大量的中小型河流的规划，这些都为以后的发展打下了基础。

（二）"大跃进"时期（1958—1960年）

全国范围兴起了大炼钢铁、大办水利的运动。水利工作提出了以小型水库为主、以蓄水为主、以社队自办为主的"三主方针"，兴起了大规模的兴修水利群众运动，在许多地方取得了相当成绩，建设了大量工程。按照1961年的统计，"大跃进"期间，修建了900多座大中型水库，主要集中在淮河、海河和辽河流域。灌溉面积从2666.67万hm²增加到3333.33万hm²，对当时的防洪、抗旱、排涝等起到很大作用。

尽管取得了很大成绩，但也存在严重的片面性，主要是片面地强调小型工程、蓄水工程和群众自办的作用，忽视甚至否定小型与大型、蓄水与排水、群众自办与国家指导的辩证统一关系。在水利建设中规模过大，留下了许多半拉子工程，许多工程质量很差，留下了许多后遗症。例如"大跃进"期间由于兴建水利工程而搬迁的大约300万移民，大多数没有得到很好的安置，遗留问题严重；再如，由于盲目的建设蓄水和灌溉工程，而忽视了排水工程，一度在黄淮海平原造成严重的涝碱灾害和排水纠纷等。

（三）大跃进后的三年调整和第三个五年计划时期（1961—1966年）

经过1961—1963年对"大跃进"时期遗留问题的调整，再加上1963年、1964年海河流域的大水，水利工作得到了迅速恢复。为了解决粮食问题，全国开始大搞农田基本建设。水利工作提出了"发扬大寨精神，大搞小型，全面配套，狠抓管理，更好地为农业增产服务"，简称"大、小、全、管、好"的"三五"工作方针，要求纠正"四重四轻"即重建轻管、重大轻小、重骨干轻配套、重工程轻实效的缺点，建设高压稳产农田，并积极解决"大跃进"中的遗留问题，使水利工程重新走上健康发展的道路，为这个时期的农业和国民经济的恢复及发展做出了贡献。

（四）"十年动乱"时期（1966—1976 年）

随着人口的增加，粮食问题成了我国的重大问题。对此，全国展开了大规模农田水利基本建设。这个时期，在全国开展的"农业学大寨"运动中，群众性水利建设得到发展。通过建设旱涝保收、高产稳产农田，将治水和土改相结合，山、水、田、林、路综合治理，大量的平整土地、耕地田园化、山地改梯田、农田防护林建设等都取得了很大成绩，农业的生产条件得到改善，许多地方的粮食产量得到大幅度提高。黄淮海平原初步解决旱涝碱灾害，粮食生产达到自给有余，扭转了我国历史上"南粮北调"的局面。对大江大河的治理包括：对海河进行了治理，加大了排洪入海能力，在淮河和辽河上继续修建控制性水库，长江上修建了丹江口水库，对黄河三门峡水库的泥沙问题进行了处理，葛洲坝水利枢纽开工建设，同时，大规模整治疏浚了黄淮海平原的排水问题。灌溉面积增加到了 4666.67 万 $hm^2$。

这个时期，水利的正常管理同其他行业一样，也遭到大破坏，各级水利机构被撤销，大部分人员被下放，特别是科技力量受到严重摧残，教育中断，基础工作停顿，规划制度废弛，管理工作混乱。在农田基本建设中，有不少形式主义和瞎指挥现象，造成浪费；许多地方的农民劳动积累过多，影响生活质量的提高；有些地方的水利建设，再次违反基本建设程序，造成新的遗留问题。

（五）党的十一届三中全会到 20 世纪 80 年代末的改革开放时期（1977—1989 年）

20 世纪 80 年代是我国改革开放、经济体制转变的时期。在拨乱反正，消除"左"的思想影响后，水利工作也进行了相应的反思和探索。随着农村人民公社的解体和中央地方财政的分开，原来主要靠农民义务修水利和中央财政投入办水利的模式已经无法适应形势的变化，通过深入地探索，得出了如下认识：水利一定要办；水利工作的任务主要包括：合理开发利用和保护水资源，防治水害，充分发挥水资源的综合效益，适应国民经济发展和人民生活的需要。水利工作的方针是：加强经营管理，讲究经济效益。其改革方向是："转轨变型，全面服务"。即从以服务农业为主转到为社会经济全面服务的思想；从不讲投入产出转到以提高经济效益为中心的轨道；从单一生产型转到综合经营型。在水利工程管理中，推行"两个支柱，一把钥匙"。即以水费收入和综合经营为两个支柱，以加强经济责任制为一把钥匙。中国通过改革，使水利逐步建立良性运行的机制。

这一时期，水利投入下降。灌溉面积 10 年基本上徘徊不前，重点水利工程建设主要是黄河大坝建设和引滦入津工程等。

1988 年我国颁布了第一部水的基本法——《中华人民共和国水法》。

（六）20 世纪 90 年代初到 1998 年长江、嫩江、松花江洪水前时期（1990—1997 年）

进入 20 世纪 90 年代，全国水旱灾害呈现增加的趋势。1991 年、1994 年、1995 年、1996 年连续发生严重的洪涝灾害，水利的重要地位和重要作用日益被全社会所认识，水利投入逐年增加，大江大河的治理明显加快。

1997 年国务院印发《水利产业政策》（国发〔1997〕35 号），确定了水利在国民经济中的基础设施和基础产业地位。第二条指出："水利是国民经济的基础设施和基础产业。各级人民政府要把加强水利建设提到重要的地位，制定明确的目标，采取有力的措施，落实领导负责制。"

这个时期，论证了近半个世纪的长江三峡水利枢纽工程得到全国人大批准，开工建设；同时小浪底、万家寨、江垭、飞来峡等一批重点工程也相继开工建设；观音阁、桃林口、引黄（河）入卫（河）、引碧（碧流河）入连（大连）、引大（大通河）入秦（秦王川）等一批工程建成；治淮（河）、治太（湖）、洞庭湖治理工程等取得重大进展。农业灌溉面积结束了 10 年徘徊的局面，新增灌溉面积 533.33 多万 hm²；城乡供水、农村饮水、水电、水土保持等都取得了较快的进展；同时，水利在投入、管理体制等方面进行了大胆的探索。这些成就，对于我国战胜严重的洪涝灾害、保障粮食产量和各行各业对水的需求、改善生态环境等方面提供了巨大的保障作用。

（七）1998 年长江、嫩江、松花江洪水至今（1998 年至今）

1998 年，发生了亚洲金融危机，对我国经济冲击很大，为了拉动内需，我国政府采取了积极的财政政策，大规模地增加了包括水利设施在内的基础设施建设，水利投入大幅度增加。

1998 年，长江、嫩江和松花江流域发生了罕见的洪涝灾害。解放军、武警部队投入长江、松花江流域抗洪抢险的总兵力达 36.24 万人。最高峰时，全国有 800 万干部群众奋战在抗洪抢险一线，98'大水引起了党、政府和全国人民对水利的高度重视。1998 年 10 月召开的党的十五届三中全会，把兴修水利摆在全党工作的突出位置，提出了水利建设的方针和任务，指出："水利建设要坚持全面规划、统筹兼顾、标本兼治、综合治理的原则，实行兴利除害结合，开源节流并重，防汛抗旱并举。"洪水过后，党中央、国务院下发了关于灾后重建、整治江湖、兴修水利的若干意见，对水利工作提出了明确的任务，国家加大了对水利的投入。水利部门对我国防洪建设进行了全面总结，认为：我国抗御洪水灾害的能力还很低，防洪建设是长期而紧迫的任务；防洪建设必须坚持综合治理；水利建设必须高度重视质量和管理问题；治水必须正确认识和处理人与自然的辩证关系。

于是，在全国范围内迅速掀起了以防洪工程为重点的水利建设高潮，水利工程建设进入历史新阶段。在工程建设中推行了项目法人责任制、招标投标制、建设监理制（"三项制度"），突出抓好工程质量，完善了工程建设标准和规范，水利水电工程建设取得了辉煌成就。

# 第二节　现 代 水 利

## 一、防洪减灾成效显著

受特有的地理、气候条件影响，水旱灾害一直是中华民族的心腹之患，是对我国经济社会发展影响最大的自然灾害。新中国成立后，国家加强了现代防洪体系建设，经过 60 多年的不断发展和完善，在工程体系、管理模式、法律法规以及防洪规划方面均取得了很大的进展。

（一）治河与防洪成效显著

新中国成立 60 多年来，国家先后投入上万亿元用于防洪建设，防洪工程规模和数量跃居世界前列，防洪工程体系初步形成，江河治理成效卓著。目前，长江、黄河干流重点堤防建设基本达标，治淮 19 项骨干工程基本完工，太湖防洪工程体系基本形成，其他主要江河干流堤防建设明显加快。黄河干流小浪底水利枢纽的建成，大大缓解了花园口以下的防洪压力，使黄河下游防洪标准从原来的不足百年一遇提高到千年一遇，同时，基本解除了黄河下游凌汛的威胁。长江三峡工程的投入运行，使长江荆江河段的防洪标准达到百年一遇。淮河临淮岗、入海水道等一批骨干工程的建设，较大程度地减缓了淮河多年来洪患频发的压力。我国大江大河主要河段已基本具备了防御新中国成立以来发生的最大洪水的能力，中小河流具备防御一般洪水的能力，重点海堤设防标准提高到 50 年一遇，防洪工程保护人口 5.7 亿，保护耕地 4600 万 $hm^2$。全国 639 座有防洪任务的大、中、小型城市，有 299 座通过防洪工程建设达到设防标准。据不完全统计，全国防洪减灾直接经济效益累计（1949—2009 年）约 4 万亿元，死亡人数由 20 世纪 50 年代的年均 8900 多人，降低到 2001 年以来的年均 1500 人。防洪建设为保障经济社会持续平稳的发展做出了巨大贡献。

"十二五"期间，我国防汛抗旱减灾取得重大胜利。成功应对了 2012 年长江三峡水库建库以来最大洪水、黄河上游干流洪水和 2013 年黑龙江、松花江、嫩江发生的流域性大洪水，有效防御了"菲特""海燕""威马逊""苏迪罗"等强台风和洪涝灾害，最大程度减轻了 2011 年北方冬麦区、长江中下游和西南地区大范围严重干旱影响，以及 2014 年黄淮、华北和西北干旱损失。全国防洪减淹耕地近 1.86 亿亩，累计避免城市进水受淹 551 座次，解决了 7000 多万城乡居民因旱临时饮水困难，完成抗旱浇地面积 12.9 亿多亩。与"十一五"相比，洪涝灾害死亡失踪人数、受灾人口、农作物受灾面积分别减少 64%、38%、28%，因洪灾死亡失踪人数为新中国成立以来最少。

（二）形成了较完备的防洪减灾体系

我国是一个洪涝灾害严重而频繁的国家。自 19 世纪下半叶至 20 世纪上半叶的大约 100 年间，洪涝灾害达到最为严重的时期。1949 年新中国成立以来的 60 多年间，投入了巨大资金和人力，兴建了空前规模的防洪工程，形成了以防洪工程为核心的大江大河防洪体系，对经济发展、社会稳定发挥了巨大作用，取得了巨大的社会经济和环境效益。新中国成立以来，我国在防洪减灾体系建设方面取得了以下成就。

1. 建立了水情、灾情、工情的评价体系

水情、灾情和工情都是处于自然环境和人类活动多种因素影响不断变化的动态之中。与过去曾经发生过的洪水特点完全重复出现的洪水是不存在的，每年发生的洪水灾害其发生、分布和严重程度也是差异很大的，工程设施状况也处于老化、局部毁损和不断养护、维修、完善的过程之中。因此，在防洪减灾体系中，首先必须掌握水情、灾情、工情可能的变化趋势和当前所存在的具体状况。经过几十年的努力，充分利用当代信息技术（包括计算机，通信 GPS、GIS 和 RS 技术），基本建立了一套完善的及时掌握水情、灾情、工情的调查、分析工作机制；一套分析评价的科学方法和评价指标体系；建立了明确的工作目标、具体要求和一套完善的工作程序。

2. 建成了防洪工程体系

受特殊的自然地理条件和季风气候的影响，我国有 2/3 的国土面临着不同类型和不同程度的洪水灾害威胁，洪水发生频次高、量级大、影响广，造成损失巨大。新中国成立以来，全国各大流域以历次防洪规划为指导进行了较为系统的治理，开展了大规模的流域防洪建设，目前已初步建成了以堤防、蓄滞洪区、干支流水库为主体的流域防洪工程体系，流域整体防洪能力有了较大提高，在抗御新中国成立以来历次大洪水和特大洪水中发挥了重要作用。

新中国成立以后，我国防洪工程体系的建设历程体现了不同历史时期的治水思路与导向，基本上与我国经济社会发展阶段相对应，大致上可以分为 3 个阶段。

20 世纪 50—70 年代为第一阶段。新中国成立之初各大江河流域缺乏控制性工程，河道失治，堤防残破，水旱灾害极为频繁，这一时期的治水思路确定了蓄泄兼筹的江河治理方针。防洪治理以保障农业生产与重要城市的安全为导向，以修筑控制性水利枢纽工程及农田水利基本建设为主要建设内容。采取的防洪措施主要为整修加固堤防、连圩并垸建闸、开挖排涝渠系、兴修防洪水库等，以提高流域整体防洪排涝能力。同时疏浚河道、控导河势、增强过洪能力，并安排建设相关分蓄洪工程。这一时期的防洪工程体系建设成效非常显著，极大地缓解了全国频繁遭受洪水灾害的严峻局面，对稳定社会秩序、保障农业生产安全发挥了巨大作用。

这一时期，国家还对主要江河均开展了流域综合规划编制工作，防洪规划是这次流域综合规划的重点，防洪规划思路主要是蓄泄兼筹、以泄为主。在这一思想指导下，开展了大规模的河道水系整治和综合治理。其中，在中下游修筑加固堤防，增辟排洪河道，巩固和扩大蓄滞洪区；在下游开辟和扩大泄洪入海通道；在上中游开展水土保持，修建水库拦洪；同时结合水资源开发利用，修建了大量的水资源调控工程，初步建立了以河道堤防、水库和蓄滞洪区为主的防洪工程体系。

20 世纪 80—90 年代为第二阶段。我国进入了改革开放的新时期，改革开放极大地促进了国民经济的高速发展，为防洪工程建设提供了强大的物质保障，江河流域防洪能力的提高又为经济社会发展提供了安全保障。随着城市化进程的不断加快，城市防洪问题被提到重要的议事日程。防洪不再仅局限于保障人民生活、生产安全，而是要从国土利用、维护人类和自然生态环境的高度，把防洪纳入国家防治重大自然灾害的长远规划之中。1998 年长江大水之后，按照保障经济社会可持续发展对防洪减灾工作的要求，根据防洪法的规定，全国各大流域开展了新一轮的防洪规划工作。这次规划根据可持续发展的治水思路，站在全局和战略的高度，从妥善处理改造自然与适应自然、控制洪水与给洪水出路、防洪与减灾等关系出发，制定了国家防洪减灾目标和总体战略；运用洪水风险分析以及风险管理的理论和技术，构建了以防洪工程体系和非工程体系组成的综合防洪减灾体系框架，明确了全国防洪区划、防洪总体布局及分区防治对策与重点、洪水管理制度与政策建议、防洪建设总体安排等战略性和政策性问题。全国七大江河等国家确定的重要江河的防洪，主要建制城市的防洪、沿海受风暴潮威胁地区的防洪（潮）、山洪威胁地区的防洪、部分重要中小河流的防洪以及易涝地区的治理，对有效防治洪水，减轻洪涝灾害，维护人民生命和财产安全，保障经济社会全面、协调、可持续发展做出了部署。这一时期的防洪治理坚持全面规划、统筹兼顾、标本兼治、综合治理的原则，实行兴利与除害结合，工程措施与非工程措施并重，防洪工程体系建设取得了飞速发展。在进一步加强主要江河防洪工程建设、巩固和完善已有防洪工程体系的同时，开始了对江河的综合治理，并逐步加强了流域管理工作。随着水法、防洪法、河道管理条例等一系列法律法规的出台，防洪减灾工作逐渐走上了有法可依的轨道。

1998年至今为第三阶段。1998年长江、松花江大洪水后，水利部调整治水思路，按照科学发展观的理念坚持人与自然和谐发展，实行防洪减灾从控制洪水向洪水管理转变的战略调整。在重视江河治理、开发的同时，重视水资源配置、节约、保护和生态环境建设，在加强防洪建设的同时，逐步推进洪水风险管理，有效克服了单纯控制洪水的缺陷和不足。主要体现在：通过科学规划和建设，制定合理可行的防洪标准和洪水调度方案，提高流域洪水的调控能力；重视和增强风险意识，适度承担洪水风险，实施风险管理；加强防洪区、堤防保护区和洪泛区的社会化管理，规范经济社会活动，通过建立社会保障机制化解和承受风险；深入研究洪水资源利用的技术和方法，在确保防洪安全的前提下，合理利用洪水，实现洪水资源化，以缓解水资源紧缺局面。

3. 建成了非工程防洪体系

新中国成立以来，国家非常重视非工程防洪体系建设，将其与工程体系放在同等地位对待。一是各流域和区域均建立了完善的水情测报、预报、警报系统，为防汛指挥系统提供可靠的水情预报。二是建立了高效的防汛指挥调度系统，根据水情、灾情（或可能发生的灾情）、工情的动态变化进行防洪调度运用方案的制订，并及时准确下令各级防汛指挥系统和工程管理部门具体执行，并对执行的过程进行监督、执行的结果进行评估。三是建立防洪工程设施的管理系统，除对各种防洪工程设施进行经常性的养护维修、更新改造，并执行防汛调度工作外，对河湖水域行洪蓄洪的河湖洲滩进行严格管理，控制利用方式，严禁设置行洪障碍，同时要对防洪保护和可能经常遭受洪水淹没地区进行风险分析，制定各种减少风险的措施。

4. 建立了洪水灾害的保障体系

洪水灾害具有破坏性大、损失严重、发生突然等特点。按照上述洪水灾害特点，建立完善的洪灾保障体系，并将它纳入国家社会保障体系之中，是合理要求和防洪减灾的迫切需要。新中国成立以来，国家先后成立了负责灾后抢救、临时撤退安置生活救助组织；防疫、卫生保障组织；灾后恢复、重建和经济发展援助组织；以及物资供应体系、资金筹措体系等，形成了完备的洪水灾害的保障体系。

**二、农村水利蓬勃发展**

旱灾从古至今都是人类面临的主要自然灾害。即使在科学技术如此发达的今天，干旱造成的灾难性后果仍然比比皆是。尤其值得注意的是，随着人类的经济发展和人口膨胀，水资源短缺现象日趋严重，这也直接导致了干旱地区的扩大与干旱化程度的加重，干旱化趋势已成为全球关注的问题。农村水利包括农田水利工程和农村饮水工程。

（一）农田水利设施日趋完善

农田水利工程是农业发展的最基础的条件，是实施农业可持续发展的关键，同时在面对恶劣的地质气候情况，出现的大面积干旱时，健全的农田水利工程体系和完善的管理措施，将在很大程度上缓解自然灾害给人民群众生活带来的不便，减少农业生产的损失。

新中国成立以后，我国农田水利事业得到了巨大发展，全国有效灌溉面积万亩以上的灌区共 5844 处，农田有效灌溉面积 2.96 万 $hm^2$。按有效灌溉面积达到万亩划分，其中，3.33 万 $hm^2$ 以上灌区 125 处，农田有效灌溉面积 0.11 万 $hm^2$；2 万～3.33 万 $hm^2$ 大型灌区 210 处，农田有效灌溉面积 0.05 万 $hm^2$。全国农田有效灌溉面积达到 5.93 万 $hm^2$，占全国耕地面积的 49.4%。全国工程节水灌溉面积达到 2.58 万 $hm^2$，占全国农田有效灌溉面积的 43.5%。在全部工程节水灌溉面积中，渠道防渗节灌面积 1.12 万 $hm^2$，低压管灌溉面积 0.62 万 $hm^2$，喷、微灌面积 0.46 万 $hm^2$，其他工程节水灌溉面积 0.37 万 $hm^2$。万亩以上灌区固定渠道防渗长度所占比例为 24.7%，其中干支渠防渗长度所占比例为 35.2%。全国已累计建成各类机电井 529.3 万眼，其中，安装机电提水设备可正常汲取地下水的配套机电井 482.6 万眼，装机容量 4986 万 kW。全国已建成各类固定机电抽水泵站 41.4 万处，装机容量 4301 万 kW。全国累计建成灌溉配套机电井 450.8 万眼，装机容量 4236 万 kW，固定机电排灌站 44.6 万处，装机容量 2447 万 kW，流动排灌和喷滴灌设施装机容量 207 万 kW。

进入 21 世纪以来，大型灌区节水改造项目取得显著成效，提高了农业综合生产能力并降低了灌溉用水量。从 1998—2004 年年底，国家累计安排专项资金 136 亿元对大型灌区进行续建配套与节水改造，对 255 个大型灌区进行了配套与改造。新增、恢复和改善灌溉面积 386690 万 $hm^2$，新增粮食生产能力 58 亿 kg；灌溉水利用系数从 0.42 提高到 0.50，由此新增节水能力 70 亿 $m^3$。

"十五"期间，农村水利现代化探索取得初步成果，现代化建设开始起步。2000 年，水利部首次正式提出农村水利现代化问题，经过几年的探索，初步完成《农村水利现代化指标体系》《农村水利园田化建设标准》的编制工作，因地制宜地开始了农村水利现代化建设的试点和推广工作。

"十五"至"十一五"期间，农村水利改革继续深化。水利部全面开展农村水利改革，制定出台了《水利工程管理体制改革实施意见》等一系列政策、制度和标准。截至 2011 年 3 月，全国 26 个省（自治区、直辖市）出台了小型农村水利工程产权制度改革实施办法，700 多万处小型工程通过承包、租赁、股份合作等形式实现产权流转。水价改革已经完成由传统计划经济体制下无偿或福利型向有偿或商品型的历史性转变。以县为单位探索建立农村饮水安全工程专管机构、维修基金和水质检测中心三项良性运行机制取得实效，大型灌区管理体制改革扎实推进，发展农民用水合作组织 5.2 万个，其中位于大型灌区范围内有 1.7 万多个。在全国大型灌区中，由协会管理的田间工程控制面积占有效灌溉面积的比例达 40% 以上。到 2009 年年底，占全国耕地面积的 49.4% 的灌溉土地生产了约占全国总产量 3/4 的粮食、3/5 的经济作物和 4/5 的蔬菜，而且产量稳定。可见，农村水利工程建设不仅为我国农业生产的物质基础，也是我国国民经济建设的基础产业。

"十二五"期间，我国农田水利基础设施持续加强，粮食安全水利基础不断夯实。实施 344 处大型灌区、637 处重点中型灌区和 184 处大型灌排泵站更新改造，新建东北三江平原等 24 处大型灌区，新增农田有效灌溉面积 7500 万亩、改善灌溉面积 2.8 亿亩。实施东北节水增粮、西北节水增效、华北节水压采、南方节水减排等区域规模化高效节水灌溉，发展高效节水灌溉面积 1.2 亿亩。开展四批 2450 个小型农田水利重点县和 256 个项目县建设，基本覆盖主要农牧业县。冬春农田水利建设蓬勃开展，"五小水利"工程建设加快推进，农田灌溉水有效利用系数提高到 0.532，为全国粮食产量"十二连增"提供了有力支撑。

我国灌溉排水建设的蓬勃发展，创造和积累了许多有益的成功经验，主要有 3 点：一是在大力发展灌溉的同时，充分重视排水，做到灌排并重，蓄泄兼顾；二是充分利用水资源，节约水资源；三是因地制宜，针对不同地区的具体情况，采取不同的治理措施。

特别是进入 21 世纪以来，现代农田水利工程技术在我国有了较大发展，如喷灌、滴灌技术、低压管道输水灌溉技术，竖井排水和暗管排水技术，均得到了不同程度的推广应用；电子计算机、遥测、遥控等自动化管理技术和系统工程优化技术也已开始应用于灌排工程；而在田间灌排基本理论的研究方面，例如土壤水、盐运动规律和大气-植物-土壤连续体中水分传输规律的研究，灌排工程系统分析和灌排工程经济的研究，作物需水规律和各种节水灌溉方法的理论研究等，也都取得了较大的进展。

（二）农村饮水安全问题得到有效解决

饮水安全包括两方面：一是供水水量有保障；二是供水水质达标。实施农村饮水安全工程，是社会主义新农村建设的重要任务。目前我国一些农村地区饮水不安全的问题仍然比较突出，不少地方供水方式落后，局部地区饮用水严重不足。据联合国有关统计数据，目前全球有 17 亿人喝不到干净的饮用水，每天约有 2.5 万人因水质低劣而死亡。我国有关研究报告指出：癌症发病率与水源水的污染程度呈正相关性。受污染的水还会传播肠道疾病，如伤寒、痢疾等。2003 年统计表明，我国不足 18% 的人能喝到符合卫生标准的水，有 58.4% 的人口在饮用混浊、苦咸、受工业污染或能传播疾病的水，大约 6.2 亿人饮用大肠杆菌超标的水，1.4 亿人在饮用受有机物污染的水。水是生命之源泉，保证饮水安全，让人民群众喝上清洁无污染的水，是建设好社会主义新农村的迫切需要，是构建和谐社会的基本要求。

农村饮水安全是农村广大农民群众迫切需要的一项民生水利工程，经过多年努力，农村饮水解困工作取得历史性成就。我国农村饮水工作主要经历了以下几个阶段。

20 世纪 70—80 年代，解决农村饮水问题列入政府工作议事日程，采取以工代赈的方式和在小型农田水利补助经费中安排专项资金等措施支持农村解决饮水困难。国务院于 1984 年批准了《关于加速解决农村人畜饮水问题的报告》以及《关于农村人畜饮水工作的暂行规定》，逐步规范了农村饮水解困工作。

20 世纪 90 年代，解决农村饮水困难正式纳入国家规划。1991 年国家制定了《全国农村人畜饮水、乡镇供水 10 年规划和"八五"计划》，1994 年把解决农村人畜饮水困难纳入《国家八七扶贫攻坚计划》，通过财政资金和以工代赈渠道增加投入。至新中国成立 50 年时，全国共建成各类农村供水工程 300 多万处，累计解决了 2.16 亿人的饮水困难。

到 2004 年年底，我国基本结束农村饮用水难的历史。21 世纪以来，特别是 2000 年 9 月联合国千年发展目标提出在 2015 年前使饮水不安全人口减少一半，我国政府对此作出了庄严承诺。2005 年，经国务院批准实施的《2005—2006 年农村饮水安全应急工程规划》，实现了农村供水工作从"饮水解困"到"饮水安全"的阶段性转变。2001—2005

年，国家共投入资金 223 亿元，解决了 6700 万人的饮水解困和饮水安全问题。

从 2006 年开始，农村饮水安全工程全面实施。根据《全国农村饮水安全工程"十一五"规划》，"十一五"时期全国解决 1.6 亿农村居民饮水安全问题。到 2009 年，全国可累计解决 1.95 亿人的饮水安全问题，占 2000 年 3.79 亿饮水不安全人数的 51%，提前 6 年实现联合国千年宣言提出的目标。

"十二五"期间，我国农村饮水安全任务超额完成，民生水利发展惠及亿万群众。全面完成"十二五"农村饮水安全工程规划任务，3.04 亿农村居民和 4133 万农村学校师生喝上安全水，农村饮水安全问题基本解决。农村集中式供水受益人口比例由 2010 年年底的 58% 提高到 2015 年年底的 82%，农村自来水普及率达到 76%，供水水质明显提高。完成 5400 座小（1）型、15891 座重点小（2）型病险水库除险加固，基本完成 25378 座一般小（2）型病险水库除险加固，实施大中型病险水闸除险加固，开展 156 条主要支流和 4500 多条中小河流重要河段治理，建成 2058 个县级山洪灾害监测预警系统，防洪薄弱环节得到明显加强。

实施农村饮水解困和饮水安全工程，农民切身感受到了四个方面的巨大变化。一是减少了疾病，提高了项目区群众的健康水平。据调查，吃上洁净水后，可使肠道传染病等发病率降低 47%。二是解放了农村生产力，促进了农村经济的发展。据调查，在实施了农村饮水解困工程的地方，户均年节省 53 个挑水工日，通过实施饮水解困工程，86% 的农户增加了收入。三是改善了农村生活环境，促进了新农村建设。据调查，自来水到户的地方，46% 的农户购置了洗衣机，90% 以上的农户生活用水量增加。农村生活环境的改善，为新农村建设和全面建设小康社会打下了良好基础。四是加强了基层民主建设，增进了农村社会和谐，增强了政府的凝聚力和号召力。

### 三、水资源优化配置效益显著

水是人类生活和生产活动不可缺少的重要资源，是经济社会可持续发展的基础。新中国成立 60 多年来，在党和政府的领导下，经过全国人民的艰苦努力，水利事业得到迅速发展，初步形成了与社会主义现代化建设相适应的水资源开发、利用、保护与管理体系，使水资源发挥了巨大的社会效益、经济效益和环境效益，有效地保障了国民经济的发展和社会进步。

#### （一）健全水资源优化配置体系

水资源优化配置是指在一个特定流域或区域内，工程与非工程措施并举，对有限的不同形式的水资源进行科学合理的分配，其最终目的就是实现水资源的可持续利用，保证社会经济、资源、生态环境的协调发展。水资源优化配置的实质就是提高水资源的配置效率，提高水的分配效率，合理解决各部门和各行业（包括环境和生态用水）之间的竞争用水问题。

##### 1. 水资源优化配置的内容

实现水资源优化配置是水资源可持续利用的重要内容，它包括两方面的含义：一方面，对于水资源充足的区域，水资源优化配置主要体现在区域产业结构的优化上，以达到充分提高水资源的利用率的目的；另一方面，对于水资源短缺的区域，水资源优化配置是指区域水资源在各个需水单位间的合理分配和区域产业结构优化调整之间的相互耦合，以追求区域的最高效益和促进区域的经济协调发展。

2. 水资源优化配置的特点及作用

水资源优化配置，是以可持续发展为指导，利用系统科学方法、决策理论和先进的计算机技术，将流域水资源进行最优化分配，从而获得最大的社会、经济、环境综合效益。

水资源短缺和洪涝灾害要求水量在时间和空间上合理调配，水环境污染要求水量水质之间的协调统一。水资源优化配置可为水量和水质在时间和空间上的合理调配和使用提供科学依据和对策、措施。因此，水资源优化配置在解决我国水资源问题、实现水资源的可持续利用等方面均占有重要的地位，对促进经济社会的可持续发展具有重要理论和实际意义。

3. 水资源优化配置的原则与方法

根据当前水资源短缺和用水竞争的现实，确定配置水资源的基本原则如下：

（1）系统原则：流域是由水资源、社会经济和生态环境系统复合而成的复杂系统，水资源优化配置应注重兴利与除害、水量与水质、开源与节流、工程与非工程措施相结合。

（2）公平原则：公平是水资源优化配置的前提，河流上下游和左右岸的各用水部门对水资源都有共享的权利。

（3）高效原则：水资源具有稀缺性，一方面通过水资源优化配置工程提高水资源的开发利用效率；另一方面通过经济等手段提高水资源利用效率。

（4）协调原则：协调是水资源优化配置的核心，包括生活、生产与生态用水之间的协调，近期和远期用水之间的协调，流域或区域之间水资源利用的协调，以及各种水源开发利用程度的协调。

采取综合方法措施有效配置水资源。一是工程手段。加快以水资源优化配置为主导的水利工程的规划和建设，提高水资源优化配置能力。二是行政手段。要运用新型工业化思维，走可持续发展之路。在项目选比时，不能以牺牲社会效益、生态效益为代价，换取眼前的经济利益。缺水区高耗水项目、水源地重污染项目不能过行政审批关。三是经济手段。要充分发挥市场对水资源配置的基础性作用，以经济效益为主的用水需求，要用价值规律引导水资源配置。四是法律手段。要进一步完善水法规体系，规范水事行为，依法治水。五是科技手段。要用信息化带动现代化，打造"数字水利"，加强水资源配置的高新技术研究和推广，提高水资源优化配置水平和水资源综合利用效率。

"十二五"期间，我国制定并落实水资源开发利用控制、用水效率控制、水功能区限制纳污"三条红线"，并将指标逐级分解到省、市、县三级行政区，建立水资源管理责任制，开展最严格水资源管理制度考核工作。开展53条主要江河水量分配方案制定工作。开展大型煤电基地、城市新区等规划水资源论证，强化重大建设项目水资源论证。制定南水北调东中线一期工程水量调度方案并启动水量调度工作，继续推进黄河、黑河、塔里木河、石羊河等重点流域水量统一调度。制定《全国重要江河湖泊水功能区划》，完成全国重要水功能区纳污能力核定，提出了限制排污总量意见。启动重要饮用水水源地安全达标建设，按照《地表水环境质量评价标准》，2014年全国175个重要饮用水水源地水质达到或优于Ⅲ类标准的占98.8%。

**（二）构建现代水网**

**1. 构建现代水网的意义**

构筑现代水网工程体系，是立足于基本水情国情，加快建设现代水利，为经济社会可持续发展提供水安全保障的迫切需要。现代化水网建设考虑了多水源、跨流域、多工程的特点，利用渠道或河道将不同水源连成一体，充分发挥出地下水和地表蓄水工程的调节作用，将丰水期和丰水年的水留到枯水期和枯水年用，将水资源相对充足流域的水调到用水量大且水资源贫乏的流域。同时，水网的形成可以实现地表水和地下水的联合调度。在地表水少时多供地下水，减少系统的水资源浪费。通过水网建设和多种水资源的调度，在一定程度上提高系统供水的可靠性和供水保证率。

**2. 现代水网的内涵**

所谓水网，是指以水库湖泊为调蓄中枢，河渠沟涵为传输载体，连通各个水系（人工和自然）及用户，通过各类水工建筑物（闸坝、泵站、倒虹吸及配水工程），形成多水源、多水系互为调配的水工程体系。所谓现代水网，是指在现有水利工程架构的基础上，以现代治水理念为指导，现代先进技术为支撑，通过建设一批控制性枢纽工程和河湖库渠连通工程，将水资源调配、防洪调度和水系生态保护"三网"有机融合，使之形成集防洪、供水、生态等多功能于一体的复合型水利工程网络体系。

**3. 建设山东现代水网**

新中国成立以来，在历届省委、省政府的领导下，山东省人民坚持疏浚河湖、建库蓄水、修渠引水、治山改水，建成了一大批水利工程，有力地夯实山东现代水网建设基础，为全省经济社会的快速发展提供了坚实的支撑和保障。

当前，加快山东现代水网建设十分重要而迫切。增强抵御自然灾害综合能力、确保防洪安全迫切要求加强现代水网建设；保障和改善民生，确保供水安全迫切要求加强现代水网建设；提高农业综合生产能力、确保粮食安全迫切要求加强现代水网建设；维护和改善生态环境、保障生态安全迫切要求加强现代水网建设。

**（三）水资源开发利用成就巨大**

我国地表水年均径流总量约为 2.7 万亿 $m^3$，相当于全球陆地径流总量的 5.5%，居世界第 5 位，低于巴西、苏联、加拿大和美国。我国还有年平均融水量近 500 亿 $m^3$ 的冰川，约 8000 亿 $m^3$ 的地下水及近 500 万 $m^3$ 的近海海水。

新中国成立以来，在水资源的开发利用、江河整治及防治水害方面都做了大量的工作，取得了较大的成绩。

在城市供水上，目前全国已有 300 多个城市建起了供水系统，自来水日供水能力为4000 万 t，年供水量 100 多亿 $m^3$；城市工矿企业、事业单位自备水源的日供水能力总计为 6000 多万 t，年供水量 170 亿 $m^3$；在 7400 多个建制镇中有 28% 建立了供水设备，日供水能力约 800 万 t，年供水量 29 亿 $m^3$。

农田灌溉方面，全国现有农田灌溉面积近 0.48 亿 $hm^2$，林地果园和牧草灌溉面积约0.02 亿 $hm^2$，有灌溉设施的农田占全国耕地面积的 48%，但它生产的粮食却占全国粮食总产量的 74%。

防洪方面，现有堤防 28.69 万 km，保护着耕地 5 亿亩和大、中城市 100 多个。现有大中小型水库 8.6 万座，总库容 4400 多亿 $m^3$，控制流域面积约 150 万 $km^2$。

水力发电方面，我国水电装机近 3000 万 kW，在电力总装机中的比重约为 29%，在发电量中的比重约为 20%。

"十二五"期间，我国重大水利工程建设全面提速，水资源调控能力大幅提升。全力推进 172 项节水、供水重大水利工程建设，西江大藤峡、淮河出山店、陕西引汉济渭等工程开工建设，大江、大河、大湖治理加快实施，黑龙江、松花江、嫩江流域防洪治理全面启动，南水北调东中线一期工程建成通水，广东乐昌峡、江西峡江、西藏旁多以及辽宁大伙房输水二期、甘肃引洮一期等工程基本建成，现代水利工程体系进一步完善。

**四、生态水利建设成就斐然**

新中国成立以来，特别是改革开放以来，我国在水土流失防治、水污染防治、水生态体系建设等方面取得了举世瞩目的成就，对我国"建设生态文明，基本形成节约能源资源和保护生态环境的产业结构、增长方式、消费模式"打下了良好的基础。

（一）水土流失得到有效控制

新中国成立后，党和政府高度重视水土保持工作，特别是改革开放以来，水土流失防治工作取得了显著成就。

1. 重点治理工程成效显著，局部地区生产条件大为改善

20 世纪 80 年代开始，水利部在国家发改委、财政部的支持下先后在黄河中游、长江上游等水土流失严重地区实施重点治理工程。1998 年以来，国家又相继实施了退耕还林、退牧还草、京津风沙源治理等一系列重大生态工程，效果十分明显。截至 2009 年年底，全国累计完成水土流失初步治理面积 105 万 $km^2$，其中建设基本农田 1413.33 万 $hm^2$，建成淤地坝、塘坝、蓄水池、谷坊等小型水利水保工程 740 多万座（处），营造水土保持林 5033.33 万 $hm^2$。经过治理地区的群众生产生活条件得到明显改善，有近 1.5 亿人从中直接受益，2000 多万贫困人口实现脱贫致富。水土保持措施每年减少土壤侵蚀量 15 亿 t，其中黄河流域每年减少入黄河泥沙 4 亿 t 左右。黄河的一级支流无定河经过多年集中治理，入黄泥沙减少 55%。嘉陵江流域实施重点治理 15 年后，土壤侵蚀量减少 1/3。曾有"苦瘠甲于天下"之称的甘肃定西安定区和有"红色沙漠"之称的江西兴国县等严重流失区，通过治理，改善了生态环境，土地生产力大幅度提高，区域经济得到发展，改变了当地贫穷落后的面貌。

2. 依法监管初见成效，人为水土流失加剧的趋势得到缓解

1991 年《中华人民共和国水土保持法》颁布实施后，通过广泛的宣传贯彻，全社会对人与自然关系的认识有了重大转变，保护生态与环境的意识逐步增强。水利部联合相关部门细化管理措施，依法对城镇化、工业化过程中扰动地表强度大，造成水土流失的建设项目实施了水土保持方案管理，水土保持措施与主体工程同时设计、同时施工、同时验收的"三同时"制度逐步得到落实。全国已有 25 万多个项目实施水土保持方案，其中国家大中型项目 2000 多个。生产建设单位治理水土流失面积 8 万 $km^2$，减少水土流失量 17 亿 t。青藏铁路、西气东输、西电东送、南水北调等一大批国家重点工程实施了水土保持方案。

3. 注重发挥生态自我修复能力，大面积植被得到迅速恢复

进入 21 世纪后，水利部适应新形势，积极调整工作思路，基于对人与自然关系的科学认定，做出了在加大水土流失综合治理力度的同时，充分依靠大自然的自我修复能力，加快植被恢复、减少水土流失、改善生态环境的战略选择。水利部先后启动实施了两批水土保持生态修复试点工程，涉及 29 个省（区）的 200 多个县，并在青海省"三江"源区安排了专项资金，实施了水土保持预防保护工程，封育保护面积 3000 万 $hm^2$，初步探索出不同地区开展水土保持生态修复的模式和措施，成为各地开展生态修复工作的示范和样板。到目前为止，全国共实施生态自然修复 7200 万 $hm^2$，其中 3900 万 $hm^2$ 的生态环境已得到初步修复。

4. 加强监测预报和科技支撑，水土保持现代化和信息化水平逐步提升

新中国成立以来，我国水土保持科技水平逐步提升，监测工作逐步强化，数字化、信息化、现代化进程明显加快。水利部先后开展了三次全国水土流失遥感普查，基本摸清了全国水土流失情况和动态趋势。全国水土保持监测网络和信息系统工程建设取得重大进展，初步建成了由水利部水土保持监测中心、7 个流域中心站、29 个省级总站和 151 个分站组成的水土保持监测网络，建立了全国、大流域和省区水土保持基础数据库，水土流失监测预报能力明显增强。从 2003 年起连续七年发布全国及部分省区的水土保持公报。先后建立了一批水土保持科学研究试验站、国家级水土保持试验区和土壤侵蚀国家重点实验室。开展了一大批水土保持重大科技项目攻关，建成了一批起点高、质量精、效益好，集科研、推广、示范、教育、休闲和产业开发为一体的水土保持科技示范园。

5. 经过数十年的实践探索，在治理水土流失方面积累了成功经验

在长期的实践中，我国水土保持工作积累了丰富的防治经验，走出了一条具有中国特色的水土流失防治之路。最主要的有两条：一是坚持以小流域为单元的综合治理，形成综合防护体系。在重点治理区，因地制宜，科学规划，工程措施、生物措施和农业技术措施优化配置，山水田林路村综合治理。目前这条技术路线在实践中取得了巨大的成功，受到广大干部群众的欢迎，已成为我国生态建设的一条重要技术路线。二是坚持生态、经济和社会效益统筹。在治理中妥善处理国家生态建设需求、区域社会发展需求与当地群众增加经济收入需求三者的关系，把治理水土流失与群众脱贫致富紧密地结合起来，调动群众参与治理的积极性。

（二）水生态体系建设成效显著

我国水生态体系建设成就主要表现在以下方面。

1. 划分水功能区

水功能区的划分有利于水资源的合理开发利用和保护。随着水利部发布《全国水功能区划技术大纲》，各省市认真研究当地水资源现状，划分各水功能区。例如，山东省根据国家规范确立了 178 个重点水功能区，其中淮河流域 140 个，黄河流域 19 个，海河流域 19 个，水功能区的划分给水生态保护提供了管理的依据。

2. 开展水生态保护与修复试点工作

从 2005 年开始水利部先后确定了江苏无锡市、湖北省武汉市、广西桂林市、山东莱州市、浙江丽水市、辽宁新宾县、湖南凤凰县、吉林松原市、河北邢台市、陕西西安市

10 个城市作为全国水生态系统保护和修复试点。试点城市的选择充分考虑了河流、城市水网、湖泊、地下水、湿地等多种生态系统类型。这些城市通过建设或利用已有工程措施保护或修复当地水生态系统，在社会效益、生态效益和经济效益等方面取得了一定效果，为全国开展水生态系统保护与修复工作提供了很好的工作经验。

3. 建设水生态保护管理体系

近年来，国家从生态系统保护和修复的角度进一步完善了水资源管理和水利工程运行管理制度，加强了技术标准体系建设，出台了一系列法律法规，通过法律、制度和技术标准的建立与实施，逐步实现了水生态系统保护工作的规范化、制度化和法规化。例如，山东省早在 1989 年根据水利部统一要求，制定了《山东省水资源管理条例》；2002 年山东省第九届人民政府通过了《山东省水路交通管理条例》；2006 年山东省人大常委会审议通过了《山东省南水北调工程沿线区域水污染防治条例》等，为山东省水生态系统保护工作的规范化、制度化和法规化奠定了基础。

4. 开展水生态保护基础研究工作

近年来我国选择一部分热点区域，针对典型问题进行水生态系统保护和修复的研究，并提出可推广应用的成果，例如，中国水利水电科学研究院、浙江省水利厅合作，结合我国水利部科技创新项目和科技成果推广项目，进行"浙江海宁市河流生态修复示范工程"建设、"北京市永定河引水渠生物浮床示范工程"建设等。山东省在黄河三角洲、南四湖、洙赵新河等地积极探索水生态修复的保护方法，取得了一系列科技成果，为水生态系统保护与修复工作提供了坚实的技术支持。

5. 建设水利风景区和水生态文明城市

"十二五"期间，我国建成了 719 个国家级水利风景区，开展了 105 个水生态文明城市建设试点工作。加强河湖生态补水和重要江河水量调度，实施引江济太、珠江压咸补淡、南四湖和白洋淀应急补水等，改善河湖水生态环境。强化地下水保护和管理，完成全国地下水超采区评价，实施南水北调工程受水区、汾渭盆地等地区地下水超采治理，开展河北省地下水超采区综合治理试点，启动实施国家地下水监测工程。推进长江中上游等重点区域水土流失治理，加快坡耕地综合整治和生态清洁小流域建设，新增水土流失综合治理面积 26 万 km²。太湖水环境综合治理初见成效，主要水质指标明显改善。塔里木河近期治理、石羊河重点治理任务基本完成，加强敦煌水资源合理利用与生态保护，流域生态环境得到初步改善。

**五、水法制建设日趋完善**

水是最重要的生态环境要素和最宝贵的自然资源，既是人类生存不可或缺的生命之源，也是现代工农业生产的物质基础，为了水利可持续发展，必须建立健全水法律法规体系，做到有法可依、执法必严、违法必究。作为国家法制建设的重要组成部分，水法律法规体系建设历经 60 余年不懈探索和努力，凝聚了几代人的心血和奉献，开创了中国治水史上的新时代，实现了从无法可依到依法治水的历史性飞跃。新中国水法律法规体系建设大致经历了四个阶段。

**（一）水法律法规体系建设开始起步（1949—1977 年）**

新中国成立初期，水利面临百废待兴的局面，国家根据当时水利亟待解决的突出问题，明确提出了水利工作的指导方针，出台了一系列单项法规或规定。1949 年 9 月中国人民政治协商会议第一次全体会议把"兴修水利，防洪抗旱"写进《共同纲领》。1949 年 11 月，解放区水利联席会议召开，这是中华人民共和国成立后第一次全国水利会议，会议上提出："河流湖泊均为国家资源，为人民公有，应统一水政统筹规划，统筹建设，统筹管理，相互配合"。1950 年中央人民政府政务院发布《关于治理淮河的决定》，这是中华人民共和国成立后中央政府就大江大河治理作出的第一个决定。并于 1955 年，第一届全国人民代表大会第二次会议通过了《关于根治黄河水害和开发黄河水利的综合规划的决议》，编制完成《淮河流域规划》。

1956 年首次制定《饮用水水质标准》。1957 年党中央、国务院对水利建设提出"必须切实贯彻执行小型为主，中型为辅，必要和可能的条件下兴修大型工程"的水利建设方针，并提出"还必须注意掌握巩固与发展并重，兴建和管理并重，数量和质量并重的原则"。

1958—1960 年，"大跃进"时期，全国兴起大办水利的建设运动。《中共中央关于水利工作的指示》中提出了水利工程的"三主"建设方针。

中共中央成都会议形成了《中共中央关于三峡水利枢纽和长江流域规划的意见》。长江流域规划办公室提出《长江流域综合利用规划要点报告》，明确三峡水利枢纽是治理、开发长江的关键工程，成为长江流域综合开发、利用、保护水资源和防治水害活动的基本依据。1963 年毛泽东题词"一定要根治海河"。国务院作出《关于黄河中游地区水土保持工作的决定》。

1965 年，全面总结了"四重四轻"的水利建设特点，制定了"大、小、全、管、好"的水利工作方针。国务院批准《水利工程税费征收使用和管理试行办法》，这是第一个全国统一的水费制度。

1973—1976 年，先后颁布了《生活饮用水卫生规程》《关于保护和改善环境的若干规定（试行草案）》。并编制完成了《南水北调近期工程规划报告》，选定东线工程作为南水北调近期工程。

这个时期，山东省也先后颁布了一系列有关水利的规范规程，如《山东省水利工程管理养护办法》（1957 年）、《山东省水利基本建设施工管理暂行办法》（1959 年）、《关于进一步贯彻灌区收取水费的规定的通知》（1963 年）、《水利基本建设工程试行投资包干意见》（1973 年）等，这些法规性文件，曾在当时的水利管理中发挥了很大作用。

（二）水法律法规体系恢复重建阶段（1978—1987 年）

经过"文化大革命"，国家水法律法规建设处于停滞和受破坏状况，有些法律法规已不能适应水利发展的需要，为尽快奠定依法治水、依法管水的制度基础，按照党中央确定的"有法可依、有法必依、执法必严、违法必究"的社会主义法制建设 16 字方针，水利部门高度重视水利立法工作，1978 年 4 月，水利部开始组织起草水法，并启动了水土、水资源保护等方面的工作，到 20 世纪 80 年代中期取得了一批重要成果。1984 年，全国人大颁布了《水污染防治法》，1982 年、1985 年国务院发布了《水土保持工作条例》《水利工程水费核定、计收和管理办法》，水利部出台了《河道堤防工程管理通则》《水闸工程管理通则》《灌区管理暂行办法》《水利水电工程管理条例》等一批规章和规范性文件，内容涉及水资源管理和保护。

随着经济的发展、人口的增加，不少地区水源短缺，有的城市饮用水水源污染严重，居民生活饮用水安全受到威胁。1985 年发布的《生活饮用水卫生标准》满足了保障人民群众健康的需要。

在这段时间内，随着国家法制建设的恢复和发展，山东省也先后颁布了《山东省灌区管理试行办法》《关于防汛责任制的规定》《山东省水利工程管理办法》《山东省水利工程水费计收和管理办法》等 60 余个法规性文件，这些文件对规范山东省水利工作起到了重要作用。

（三）水法律法规体系建设快速发展（1988—2001 年）

这个时期，国家先后颁布了一系列与水有关的基本法律。1988 年 1 月 21 日，在第六届人大常委会第二十四次会议上，《中华人民共和国水法》正式通过实施；1989 年 12 月第七届人大常委会第十一次会议通过了《中华人民共和国环境保护法》；1991 年 7 月由第七届人大常委会第二十次会议通过了《中华人民共和国水土保持法》；1984 年 5 月第六届人大常委会第五次会议通过了第一部《中华人民共和国水污染防治法》；1997 年 8 月第八届人大常委会第二十七次会议通过了《中华人民共和国防洪法》。这些基本法律的颁布实施，标志着我国水利事业进入了依法治水的新时期，水行政立法也日趋走向正轨。同时，为水事管理立法提供了重要法律依据。

以基本法律为依据，国家先后出台了一系列水行政法规和规章。如颁布实施的《中华人民共和国河道管理条例》《中华人民共和国水污染防治法实施细则》《水库大坝安全管理条例》《中华人民共和国防汛条例》《水利产业政策》《取水许可制度实施办法》等。

针对国家出台的一系列法律法规，山东省人民政府及省水利厅结合本省实际，也先后出台了《山东省水资源管理条例》《山东省实施河道管理条例办法》《山东省节约用水管理办法》等 70 余件水规范性文件。各市县人大、政府也根据国家和省发布的法律法规，结合当地水行政管理和水利行政执法的需要，制定了相应的地方性水管理法规文件，使各项水事活动初步做到了有法可依。

（四）水法律法规体系建设逐步完善（2002 年至今）

2002 年 8 月经第九届全国人大常委会二十九次会议修订通过了新的《中华人民共和国水法》。为落实新《中华人民共和国水法》，水利部确定了配套法规建设重点，修订了《水法规体系总体规划》，突出了水资源配置、节约、管理和保护的制度建设。

2006 年，国务院先后颁布实施了《取水许可和水资源费征收管理条例》《大中型水利水电工程建设征地补偿和移民安置条例》《黄河水量调度条例》三部行政法规，对于促进水资源的科学管理、合理配置和节约利用，做好移民工作，开发利用好黄河水资源等具有十分重要的意义，对今后水利发展全局也具有深远、重大的影响。

同时，进一步加强了水行政许可配套制度建设。在已有制度的基础上，2006 年水利部又颁布实施了《水行政许可听证规定》《关于印发水利部实施行政许可工作管理规定的通知》和《关于印发水行政许可法律文书示范格式文本的通知》，进一步规范水行政许可的实施，推进水行政许可的规范化管理。

同年，水利部又颁布实施了《水利工程建设监理规定》《水利工程建设监理单位资质管理办法》《水利工程建设项目验收管理规定》和《水量分配暂行办法》。

2008年2月《中华人民共和国水污染防治法》再次修订，并经第十届全国人民代表大会常务委员会第三十二次会议通过实施。

《中华人民共和国抗旱条例》已经于2009年2月11日国务院第49次常务会议通过，自公布之日起施行。

2010年12月《中华人民共和国水土保持法》经第十一届全国人民代表大会常务委员会第十八次会议修订通过。

"十二五"期间，依法治水、管水得到加强。水法规体系进一步健全，修订后的《水土保持法》正式施行，《太湖流域管理条例》《南水北调工程供用水管理条例》颁布实施。大力推进水利综合执法，开展河湖管理范围划定及水利工程确权划界，启动河湖管护体制机制创新试点，加强河道采砂、河湖管理等监督执法。水利规划体系不断完善，国务院先后批复七大流域综合规划（修编）、水资源综合规划、水土保持规划等重大规划，组织编制全国水中长期供求规划、水资源保护规划、现代灌溉发展规划、地下水利用与保护规划等一批重要规划。

# 第三节  现代著名水利工程

## 一、南水北调工程

### （一）南水北调工程的根本目标

南水北调工程的根本目标是改善和修复北方地区的生态环境。由于黄淮海流域的缺水地域主要分布在黄淮海平原和胶东地区，因而优先实施东线和中线工程势在必行；在黄淮海平原和胶东地区的缺水量中，又有60%集中在城市，城市人口和工业产值集中，缺水所造成的经济社会影响巨大。因此，确定南水北调工程近期的供水目标为：解决城市缺水为主，兼顾生态和农业用水。

南水北调东线和中线工程涉及7省、直辖市的44座地级以上城市，受水区为京、津、冀、鲁、豫、苏的39座地级及其以上城市、245座县级市（区、县城）和17个工业园区。

从20世纪50年代提出"南水北调"的设想后，经过几十年研究，南水北调的总体布局确定为：分别从长江上、中、下游调水，以适应西北、华北各地的发展需要，即南水北调西线工程、南水北调中线工程和南水北调东线工程。南水北调工程分东、中、西三条调水线路。建成后与长江、淮河、黄河、海河相互连接，将构成我国水资源"四横三纵、南北调配、东西互济"的总体格局。

### （二）西线工程

从长江上游引水入黄河，是解决我国西北地区和华北部分地区干旱缺水的战略性工程。

自1952年黄河水利委员会（简称黄委会）组织考察队开始，60多年黄委会与有关单位做了大量勘测和规划研究工作。1987年国家计委将西线调水工程列为超前期工作项目，要求用10年时间回答西线调水的可能性和合理性问题。黄委会等单位在边远高寒缺氧地带的艰苦环境中对调水区和邻近地区进行大量基础工作，先后提出了《南水北调西线工程初步研究报告》和《雅砻江调水工程规划研究报告》，经国家计委、水利部评审验收。通天河、大渡河调水工程规划研究工作也基本完成，计划 1996 年提出《南水北调西线工程规划研究综合报告》。

1. 可调水量与供水范围

20 世纪五六十年代曾考虑从通天河、雅砻江、大渡河、澜沧江、怒江五条河调水方案，因其工程规模过大，可作为远景轮廓设想。

根据对通天河、雅砻江、大渡河三条河引水方案的规划研究，从三条河年最大可调水量约为 200 亿 $m^3$，其中从长江上游通天河调水 100 亿 $m^3$；从长江支流雅砻江调水约 50 亿 $m^3$；从大渡河调水 50 亿 $m^3$。供水范围初步考虑为青海、甘肃、宁夏、陕西、内蒙古和山西六省区。

2. 工程布置

黄河与长江之间有巴颜喀拉山阻隔，黄河河床高于长江相应河床 80~450m。调水工程需筑高坝壅水或用泵站提水，并开挖长隧洞穿过巴颜喀拉山。引水方式考虑自流和提水两种。无论采取哪种引水方式，都要修建高 200m 左右的高坝和开挖 100km 以上的长隧洞。

引水线路初步研究如下：

(1) 雅砻江引水线。从雅砻江长须附近修建枢纽，自流引水到黄河支流恰给弄。枢纽坝高 175m，线路全为隧洞，全长 131km。

(2) 通天河引水线。此方案系与雅砻江引水联合开发，即在雅砻江引水先期开发条件下的二期工程。在通天河同加附近建枢纽自流引水到雅砻江，再由雅砻江引水到黄河支流恰给弄。枢纽坝高 302m，线路全为隧洞，全长 289km，其中同加到雅砻江 158km，雅砻江到黄河 131km。

(3) 大渡河引水线。在大渡河上游足木足河斜尔尕附近修建枢纽抽水到黄河支流贾曲。枢纽坝高 296m，线路全长 30km，其中隧洞长 28.5km。泵站抽水扬程 458m，年用电量 71 亿 $kW \cdot h$。

3. 工程效益

西线工程三条河调水约 200 亿 $m^3$，可为青、甘、宁、蒙、陕、晋六省区发展灌溉面积 3000 万亩，提供城镇生活和工业用水 90 亿 $m^3$。促进西北内陆地区经济发展和改善西北黄土高原的生态环境。

4. 技术可行性

西线工程地处青藏高原，海拔 3000~5000m，在此高寒地区建造 200m 左右的高坝和开凿埋深数百米，长达 100km 以上的长隧洞，同时这里又是我国地质构造最复杂的地区之一，地震烈度大都在 Ⅵ~Ⅶ度，局部 Ⅷ~Ⅸ度，工程技术复杂，施工环境困难。还须加深前期工作，积极开展科学研究和技术攻关解决这些难点。

（三）中线工程（见图 3-1）

近期从长江支流汉江上的丹江口水库引水，沿伏牛山和太行山山前平原开渠输水，终点北京。远景考虑从长江三峡水库或以下长江干流引水增加北调水量。中线工程具有水质好、覆盖面大、自流输水等优点，是解决华北水资源危机的一项重大基础设施。

图 3-1    中线的滹沱河倒虹吸工程

中线工程的前期研究工作始于 20 世纪 50 年代初，40 多年来，长江水利委员会与有关省市、部门进行了大量的勘测、规划、设计和科研工作。

1994 年 1 月水利部审查通过了长江水利委员会编制的《南水北调中线工程可行性研究报告》，并上报国家计委建议兴建此工程。

1. 可调水量与供水范围

中线工程可调水量按丹江口水库后期规模完建，正常蓄水位 170m 条件下，考虑 2020 年发展水平在汉江中下游适当做些补偿工程，保证调出区工农业发展、航运及环境用水后，多年平均可调出水量 141.4 亿 m³，一般枯水年（保证率 75%），可调出水量约 110 亿 m³。

供水范围主要是唐白河平原和黄淮海平原的西中部，供水区总面积约 15.5 万 km²。因引汉水量有限，不能满足规划供水区内的需水要求，只能以供京、津、冀、豫、鄂五省市的城市生活和工业用水为主，兼顾部分地区农业及其他用水。

2. 工程布置

南水北调中线主体工程由水源区工程和输水工程两大部分组成。水源区工程为丹江口水利枢纽后期续建和汉江中下游补偿工程；输水工程即引汉总干渠和天津干渠。

3. 工程效益

中线工程可缓解京、津、华北地区水资源危机，为京、津及河南、河北沿线城市生活、工业增加供水 64 亿 m³，增供农业 30 亿 m³。大大改善供水区生态环境和投资环境，推动我国中部地区的经济发展。

丹江口水库大坝加高提高汉江中下游防洪标准，保障汉北平原及武汉市安全。

（四）东线工程

从长江下游引水，基本沿京杭运河逐级提水北送，向黄淮海平原东部供水，终点天津。

东线工程（见图 3-2）自 20 世纪 50 年代初就有设想，1972 年华北大旱后，水电部组织进行研究。二十多年来由南水北调规划办公室牵头，淮河水利委员会、海河水利委员会、水利部天津勘测设计院与有关省市、部门协作做了大量勘测、设计、科研工作。1976年提出《南水北调近期工程规划报告》，上报国务院，并进行初审。1983 年 3 月国务院批准了水电部上报的《南水北调东线第一期工程可行性研究报告》。1993 年 9 月水利部会同有关省市共同审查并通过《南水北调东线工程修订规划报告》和《南水北调东线第一期工程可行性研究修订报告》。

图 3-2　东线的三阳河潼河宝应站工程

东线工程可为苏、皖、鲁、冀、津五省市净增供水量 143.3 亿 $m^3$，其中生活、工业及航运用水 66.56 亿 $m^3$，农业 76.76 亿 $m^3$。

东线工程实施后可基本解决天津市、河北省黑龙港运东地区、山东鲁北、鲁西南和胶东部分城市的水资源紧缺问题，并具备向北京供水的条件。促进环渤海地带和黄淮海平原东部经济发展，改善因缺水而恶化的环境。

为京杭运河济宁至徐州段的全年通航保证了水源。使鲁西和苏北两个商品粮基地得到巩固和发展。

南水北调工程是实现我国水资源优化配置的战略举措。受地理位置、调出区水资源量等条件限制，西、中、东三条调水线路各有其合理的供水范围，相互不能替代，可根据各地区经济发展需要、前期工作情况和国家财力状况等条件分步实施。

**二、三峡水利枢纽工程**

三峡工程全称为长江三峡水利枢纽工程（见图 3-3）。1992 年 4 月 3 日，七届人大五次会议审议并通过了《关于兴建长江三峡工程决议》。1994 年 12 月 14 日，三峡工程在前期准备的基础上正式开工。

（一）工期

三峡工程分三期，总工期 17 年。

图 3-3  三峡水利枢纽工程

一期工程 5 年（1993—1997 年），除准备工程外，主要进行一期围堰填筑、导流明渠开挖等。

二期工程 6 年（1997—2003 年），工程主要任务是修筑二期围堰、左岸大坝的电站设施建设及机组安装等。导流明渠截流是二期工程转向三期工程建设的重要标志。

三期工程 6 年（2003—2009 年），本期进行的右岸大坝和电站的施工，并继续完成全部机组安装。届时，三峡水库将是一座长达 600km，最宽处达 2000m，面积达 10000km²，水面平静的峡谷型水库。

（二）巨大效益

三峡工程是中国也是世界上最大的水利枢纽工程，是治理和开发长江的关键性骨干工程。它具有防洪、发电、航运等综合效益。

防洪：兴建三峡工程的首要目标是防洪，可有效地控制长江上游洪水。经三峡水库调蓄，可使荆江河段防洪标准由现在的约 10 年一遇提高到 100 年一遇。

发电：三峡水电站总装机容量 1820 万 kW，年平均发电量 846.8 亿 kW·h。它将对华东、华中和华南地区的经济发展和减少环境污染起到重大的作用。

航运：三峡水库将显著改善宜昌至重庆 660km 的长江航道，万吨级船队可直达重庆港。航道单向年通过能力可由现在的约 1000 万 t 提高到 5000 万 t，运输成本可降低 35%～37%。

（三）三峡工程的综合效益

1. 防洪

三峡工程是减轻荆湖地区洪涝灾害的重要工程，防洪库容在 73 亿～220 亿 m³ 之间。如遇 1954 年那样的洪水，在堤防达标的前提下，三峡能减少分洪 100 亿～150 亿 m³，荆江至武汉段仍需分洪 350 亿～400 亿 m³。如遇 1998 年洪水，可有效防御。长江三峡水利枢纽工程可以有效阻挡百年一遇的大洪水。

2. 发电

装机（26+6）×70 万（26×70 万+6×70 万=1820 万+420 万）kW，年发电 846.8

（1000）亿 kW·h。主要供应华中、华东、华南、重庆等地区。长江三峡水利枢纽工程的发电量可以照亮大半个中国。

3. 航运

三峡工程位于长江上游与中游的交界处，地理位置得天独厚，对上可以渠化三斗坪至重庆河段，对下可以增加葛洲坝水利枢纽以下长江中游航道枯水季节流量，能够较为充分地改善重庆至武汉间通航条件，满足长江上中游航运事业远景发展的需要。

长江三峡水利枢纽工程在养殖、旅游、保护生态、净化环境、开发性移民、南水北调、供水灌溉等方面均有巨大效益。

（四）枢纽布置

枢纽主要建筑物由大坝、水电站、通航建筑物三大部分组成。三峡工程枢纽示意图如图 3-4 所示。

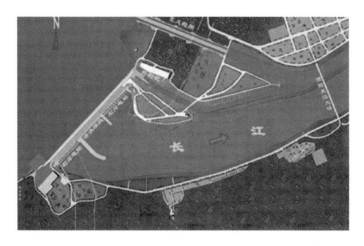

图 3-4　三峡工程枢纽示意图

大坝位于河床中部，即原主河槽部位，两侧为电站坝段和非溢流坝段。水电站厂房位于两侧电站坝段之后。永久通航建筑物均布置于左岸。

大坝即拦河大坝为混凝土重力坝，坝轴线全长 2309.47m，坝顶高程 185m，最大坝高 181m。设有 23 个泄洪深孔，底高程 90m，深孔尺寸为 7m×9m，其主要作用是泄洪。

电站坝段位于大坝两侧，设有电站进水口。枢纽最大泄洪能力可达 102500m³/s。

水电站采用坝后式布置方案，共设有左、右两组厂房。共安装 26 台水轮发电机组，机组单机额定容量 70 万 kW。

通航建筑物包括永久船闸和升船机。永久船闸为双线五级连续梯级船闸。单级闸室有效尺寸为 280m×34m×5m，可通过万吨级船队。

升船机为单线一级垂直提升式，一次可通过一条 3000t 的客货轮。承船厢运行时总重量为 11800t，采用全平衡钢丝绳卷扬方式提升，总提升力为 6000N。

（五）水淹范围

三峡工程正常蓄水至 175m 时，三峡大坝前会形成一个世界上最大的水库淹没区——三峡库区。

三峡水库预计淹没陆地面积约 632km²，淹没城市 2 座、县城 11 座、集镇 116 个，涉及湖北省夷陵区、秭归县、兴山县、巴东县和重庆市主城区及所辖的巫山县、巫溪县、奉节县、云阳县、万州区、石柱县、忠县、开县、丰都区、涪陵区、武隆县、长寿县、渝北区、巴南区、江津市等。其中秭归、兴山、巴东、巫山、奉节等 9 座县城和 55 个集镇全部淹没或基本淹没。

（六）构成三峡工程的三大主要建筑物

三峡工程作为世界上最大的水利水电工程，其建筑物由大坝、电站以及船闸和升船机构成，如图 3-5 所示。

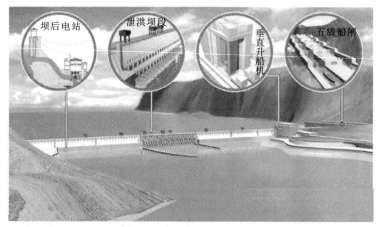

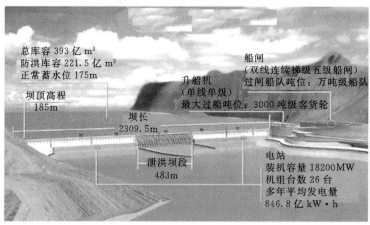

图 3-5  三峡工程示意图

1. 大坝

修筑在长江河床上的拦河大坝是用 1800 多万 m³ 混凝土浇筑而成的混凝土重力坝。大坝全长 2309.47m，坝顶海拔高程 185m，最大坝高 181m。为了保证三峡大坝修建过程中的正常通航，大坝分两段浇筑。2002 年在建的大坝有 1600 多 m，位于三峡导流明渠以左部位。它由 23 个泄洪坝段、布置有 14 台发电机组的厂房坝段和非溢流坝段组成。由于这段大坝是在三峡二期工程期间浇筑的，所以也被称为"二期大坝"。2002 年这段大坝的

混凝土浇筑工作基本完成，并从 9 月开始挡水过流。三峡大坝的另一段，全长 600 多 m
的右岸大坝，要在 2002 年 11 月导流明渠截流后，在截流所形成的围堰保护下进行浇筑。
这段大坝在三峡三期工程浇筑，也称为"三期大坝"。这段大坝由布置有 12 台机组的电站
厂房坝段和挡水的非溢流坝段组成，在 2009 年建成并同左岸大坝连成一体。

2. 电站

三峡电站采用坝后式，分为左、右两座厂房，共安装有 26 台单机容量 70 万 kW 的发
电机组，年均发电量 847 亿 kW·h。其中，靠近长江南岸的是右岸电站，装有 12 台机
组；靠近长江北岸的是左岸电站，装有 14 台机组。这些机组运行水头最大变幅达
52m，是世界上最大的机组。2002 年左岸电站 14 台机组制造工作正在加紧进行，部分
机组已开始安装。2003 年有 4 台机组发电。右岸电站将在导流明渠截流后开始建设。
此外，在大坝右岸的山体内，还留有为后期 6 台扩机的地下电站位置，其进水口将与工
程同步建成。

3. 船闸和升船机

三峡工程永久性通航建筑物包括永久船闸和升船机，均位于左岸山体内。

永久船闸为双线五级连续梯级船闸，是在花岗岩山体中开凿出来的。其上下游引航道
与长江主河床相连，船闸本身长 1607m，加上引航道，全长 6.4km，可通过万吨级船队。
无论是船闸规模还是水头，永久船闸都居世界之首。船闸由 6 个闸首和 5 个闸室组成，每
个闸首均安装有两扇"人字门"，双线五级共有 24 扇。

为了保证旅客快速过坝，三峡工程将从 2005 年开始修建垂直升船机。三峡升船机也
是世界上最大的升船机。它是用一个巨大的承船厢装上船只，连同水一起垂直提升起来。
它一次可提升一艘 3000t 级的客货轮，提升最大高度 113m，最大重量 1.13 万 t。船舶经
过升船机通过三峡大坝只需半个小时。

**三、葛洲坝水利枢纽工程**

葛洲坝水利枢纽工程（见图 3-6）是我国万里长江上建设的第一个大坝，是长江三
峡水利枢纽的重要组成部分。这一伟大的工程，在世界上也是屈指可数的巨大水利枢纽工

图 3-6  葛洲坝水利枢纽工程

程之一。水利枢纽的设计水平和施工技术，都体现了我国当前水电建设的最新成就，是我国水电建设史上的里程碑。

葛洲坝水利枢纽工程位于湖北省宜昌市三峡出口南津关下游约 3km 处。长江出三峡峡谷后，水流由东急转向南，江面由 390m 突然扩宽到坝址处的 2200m。由于泥沙沉积，在河面上形成葛洲坝、西坝两岛，把长江分为大江、二江和三江。大江为长江的主河道，二江和三江在枯水季节断流。葛洲坝水利枢纽工程横跨大江、葛洲坝、二江、西坝和三江。

葛洲坝水利枢纽工程由船闸、电站厂房、泄水闸、冲沙闸及挡水建筑物组成。船闸为单级船闸，一、二号两座船闸闸室有效长度为 280m，净宽 34m，一次可通过载重为 1.2 万～1.6 万 t 的船队。每次过闸时间约 50～57min，其中充水或泄水约 8～12min。三号船闸闸室的有效长度为 120m，净宽为 18m，可通过 3000t 以下的客货轮。每次过闸时间约 40min，其中充水或泄水约 5～8min。上、下闸首工作门均采用人字门，其中一、二号船闸下闸首人字门每扇宽 9.7m、高 34m、厚 27m，质量约 600t。为解决过船与坝顶过车的矛盾，在二号和三号船闸桥墩段建有铁路、公路、活动提升桥，大江船闸下闸首建有公路桥。两座电站的厂房，分设在二江和大江。二江电站设 2 台 17 万 kW 和 5 台 12.5 万 kW 的水轮发电机组，装机容量为 96.5 万 kW。大江电站设 14 台 12.5 万 kW 的水轮发电机组，总装机容量为 175 万 kW。电站总装机容量为 271.5 万 kW。二江电站的 17 万 kW 水轮发电机组的水轮机，直径 11.3m，发电机定子外径 17.6m，是当前世界上最大的低水头转桨式水轮发电机组之一。二江泄水闸共 27 孔，是主要的泄洪建筑物，最大泄洪量为 83900m³/s。三江和大江分别建有 6 孔、9 孔冲沙闸，最大泄水量分别为 10500m³/s 和 20000m³/s，主要功能是引流冲沙，以保持船闸和航道畅通；同时在防汛期参加泄洪。挡水大坝全长 2595m，最大坝高 47m，水库库容约为 15.8 亿 m³。

葛洲坝水利枢纽工程的研究始于 20 世纪 50 年代后期。1970 年 12 月 30 日破土动工。

1974 年 10 月主体工程正式施工。整个工程分为两期，第一期工程于 1981 年完工，实现了大江截流、蓄水、通航和二江电站第一台机组发电；第二期工程于 1982 年开始，1988 年年底整个葛洲坝水利枢纽工程建成。

**四、广东飞来峡水利枢纽工程**

飞来峡水利枢纽工程（见图 3-7）于 1994 年 3 月动土，1999 年 10 月试运行。建设时采用河床分二期导流方案，纵向围堰为土石围堰，其临水面坡脚在初设时采用铅丝笼块石衬护，考虑到其在导流明渠仍处河流的凹岸，流速较大，流态紊乱，特别是为保证业主提出的"六年工期五年完成"的艰巨任务，在技术设计时，将纵向围堰外侧的河床护底段的铅丝笼块石，修改为施工简便快速的扩张金属网水利笼箱块石，笼箱尺寸为 1200mm×2000mm×600mm。施工前曾做过破坏性试验：将装满石块的笼箱用吊车吊起 8m 高自由落下，另外，用同样的笼箱从 30m 坡上自由滚下，结果网丝没有一根断裂，经验收合格被正式使用。经过四年洪流枯水的多次运行考验，达到了固床、稳定纵围边坡目的，确保了主体工程顺利安全施工，取得了预期效果。

飞来峡水利枢纽工程是广东省最大的水利工程，用于纵向围堰防冲固堰，位于广东省北江干流中游清远市飞来峡管理区内，坝址控制流域面积 3.41 万 km²，占北江流域面积

图 3-7 飞来峡水利枢纽工程

的 73%，水库总库容 19.04 亿 m³，防洪库容 13.36 亿 m³，多年平均年发电量 5.54 亿 kW·h。飞来峡水利枢纽工程的开发目标以防洪为主，兼顾航运、发电、养殖、供水、旅游和改善生态环境。

飞来峡水利枢纽工程为一等工程，挡水建筑物为 1 级。枢纽建成筑物由主坝、船闸、厂房和副坝等组成，根据地形、地质、施工等条件，从左岸向右岸依次布置为船闸、厂房、溢流坝和土坝等。主坝由两部分组成：溢流坝为混凝土重力坝，共设 16 个流孔，采用弧形钢闸门，其中 15 孔为带胸墙的泄洪孔，另一孔为排漂表孔；土坝为均质土坝，坝顶长度 1826m，最大坝高 28.8m。副坝共 3 座。总长 539.3m，最大坝高 27m。船闸为单线一级船闸，最大过闸船队 2×500t，上引航道长约 1300m，下引航道约 1500m。厂房类型为河床式，安装 4 台单机容量为 3.5 万 kW 的灯泡贯流式机组，该机组的转轮直径和单机容量为全国之首。工程初设概算总投资 23.6 亿元（1993 年），1997 年 7 月经国家计委批准的调整概算总投资 53.4 亿元。

飞来峡水利枢纽工程建成后近期可将北江下游的防洪标准从 50 年一遇提高到 200 年一遇，远期在北江大堤加固后可防御 300 年一遇洪水，为北江下游提供更可靠的防洪安全保障。除结合发电调节下泄流量改善下游通航条件外，还在库区形成干、支流渠化河道 116km，使通航标准大大提高，可通航 300～500t 级船舶，年货运量可达 475 万 t。工程距广东省内用电负荷中心近，有条件进行调峰运行。对缓和广东省电力供需矛盾有一定的作用。库区上、下游有丰富的旅游资源，此外，工程还可以改善库区的生态环境，促进养殖业的发展。飞来峡水利枢纽工程是北江流域综合治理和开发利用的关键性工程。对保障广州市、佛山市和珠江三角洲及其他地区的防洪安全，促进粤北山区经济发展，具有十分重要的作用。

**五、百色水利枢纽工程**

百色水利枢纽工程（见图 3-8）位于中国广西壮族自治区百色市的郁江上游右江河段上，坝址在百色市上游 22km 处，是一座以防洪为主，兼有发电、灌溉、航运、供水等综合利用的大型水利枢纽。是珠江流域综合利用规划中治理和开发郁江的一座大型骨干水利工程，该项目已列入我国"十五计划"，是国家实施西部大开发的重要标志性工程之一。

图 3-8    百色水利枢纽工程

百色水利枢纽的建成使广西首府南宁市的防洪能力由堤防防洪 20 年一遇提高到结合水库防洪调度达到 50 年一遇,还使右江沿岸的百色、田阳、田东、平果、隆安五市县的防洪能力提高到 50 年一遇标准;使南宁市下游郁江沿岸的邕宁、横县、贵港、桂平等市县的防洪能力从堤防防洪 10 年一遇提高到 20 年一遇以上的防洪标准。按以上防洪效益计算,工程共保护人口 187.3 万、耕地 7.28 万 hm²,多年平均防洪效益将达到 7.75 亿元(按 2000 年价格水平)。同时使下游九个梯级电站枯水期电能增加 367MW·h。

百色水利枢纽工程位于百色市上游 22km 的右江比较平直开阔的"V"形斜向谷河段上,河水自北向南流。平水年河宽 45~110m,水深 0~12m。百色水库坝址以上集雨面积 1.96 万 km²,多年平均流量 263m³/s;年径流量 82.9 亿 m³。水库正常蓄水位 228m,相应库容 48 亿 m³;最高洪水位 233.45m,相应总库容 56 亿 m³;防洪限制水位 214m,防洪库容 16.4 亿 m³,死水位 203m,死库容 21.8 亿 m³;水库调节库容 26.2 亿 m³,属不完全多年调节水库。

枢纽主要建筑物包括碾压混凝土主坝一座、地下厂房一座、副坝两座、通航建筑物一座。主坝为全断面碾压混凝土坝,坝高 130m,坝顶长 720m,坝顶宽度 10m,坝顶高程 234m。副坝为 39m 的银屯土石坝和 26m 的香屯均质土坝,位于坝址上游左岸,距离坝址约 5km。碾压混凝土主坝最大坝高 130m。地下厂房布置在坝址左岸,装机 4×135MW,由进水渠、进水塔、引水隧洞、主厂房、主变室、尾水洞、交通洞及高压出线洞等组成。其中主厂房总长 147m、宽 19.5m、高 49m。

机组额定水头 88m,水轮机转轮直径 4.3m,额定转速 166.7r/min,水轮机安装高程 115.2m,总装机容量 540MW,年利用小时 3150h,多年平均发电量 17.01 亿 kW·h,枯水期保证出力 12.3 万 kW;调峰电量占年发电量的 64% 以上;可缓解电网峰谷差矛盾和电力供需矛盾。另外,在水库调蓄作用下,将使下游九个梯级的枯水期电能增加 3.67 亿 kW·h,其中已建的西津、贵港、桂平三个梯级及同步建设的那吉梯级将增加枯水期电能 1.87 亿 kW·h。通航建筑物为垂直升船机,其通航规模为 2×300t 级。工程总投资约

60 亿元人民币。

百色工程电站建设总工期 6 年，单位千瓦投资 9381 元/kW，单位电能投资 2.98 元/（kW·h），经济内部收益率 27.22%，财务内部收益率 FIRR 4.73%；以还贷期 20 年测算，电站上网电价为 0.26 元/（kW·h），具有较强的市场竞争力。

**六、小浪底水利枢纽工程**

小浪底水利枢纽（见图 3-9）位于河南省洛阳市孟津县与济源市之间，三门峡水利枢纽下游 130km、河南省洛阳市以北 40km 的黄河干流上，控制流域面积 69.4 万km²，占黄河流域面积的 92.3%。坝址所在地南岸为孟津县小浪底村，北岸为济源市蓼坞村，是黄河中游最后一段峡谷的出口，是黄河干流三门峡以下唯一能取得较大库容的控制性工程。

图 3-9 小浪底水利枢纽工程

黄河小浪底水利枢纽工程是黄河干流上的一座集减淤、防洪、防凌、供水灌溉、发电等为一体的大型综合性水利工程，是治理开发黄河的关键性工程。小浪底水利枢纽是国家4A 级旅游景区，河南省十大旅游热点景区，更被誉为"小千岛湖"。

小浪底水利枢纽位于三门峡水利枢纽下游 130km、河南省洛阳市以北 40km 的黄河干流上，控制流域面积万 69.4 万 km²，占黄河流域面积的 92.3%。坝址所在地南岸为孟津县小浪底村，北岸为济源市蓼坞村，是黄河中游最后一段峡谷的出口。

小浪底水利枢纽坝顶高程 281m，正常高水位 275m，库容 126.5 亿 m³，淤沙库容75.5 亿 m³，调水调沙库容 10.5 亿 m³，长期有效库容 51 亿 m³，千年一遇设计洪水蓄洪量 38.2 亿 m³，万年一遇校核洪水蓄洪量 40.5 亿 m³。死水位 230m，汛期防洪限制水位254m，防凌限制水位 266m。防洪最大泄量 17000 亿 m³/s，正常死水位泄量略大于8000m³/s。小浪底水库正常蓄水位时淹没影响面积 277.8km²，施工区占地 23.33km²，共涉及河南、山西两省的济源、孟津、新安、渑池、陕县、平陆、夏县、垣曲 8 县（市）33个乡镇，动迁年移民 20 万人。1991 年 9 月，小浪底水利枢纽工程前期工程开工。2009 年

4月，全部工程通过竣工验收，是国家"八五"重点建设项目。

工程全部竣工后，水库面积达 272.3km²，控制流域面积 69.42 万 km²；总装机容量为 180 万 kW，年平均发电量为 51 亿 kW·h；每年可增加 40 亿 m³ 的供水量。小浪底水库两岸分别为秦岭山系的崤山、韶山和邙山；中条山系、太行山系的王屋山。它的建成将有效地控制黄河洪水，可使黄河下游花园口的防洪标准由 60 年一遇提高到 1000 年一遇，基本解除黄河下游凌汛的威胁，减缓下游河道的淤积，小浪底水库还可以利用其长期有效库容调节非汛期径流，增加水量用于城市及工业供水、灌溉和发电。它处在承上启下控制下游水沙的关键部位，控制黄河输沙量的 100%，可滞拦泥沙 78 亿 t，相当于 20 年下游河床不淤积抬高。

1994 年 9 月主体工程开工，1997 年 10 月 28 日实现大河截流，1999 年年底第一台机组发电，2001 年 12 月 31 日全部竣工，总工期 11 年，坝址控制流域面积 69.42 万 km²，占黄河流域面积的 92.3%。水库总库容 126.5 亿 m³，长期有效库容 51 亿 m³。工程以防洪、减淤为主，兼顾供水、灌溉和发电，蓄清排浑，除害兴利，综合利用。小浪底工程由拦河大坝、泄洪建筑物和引水发电系统组成。小浪底工程拦河大坝采用斜心墙堆石坝，设计最大坝高 154m，坝顶长度为 1667m，坝顶宽度 15m，坝底最大宽度 864m。坝体启、填筑量 51.85 万 m³、基础混凝土防渗墙厚 1.2m、深 80m。其填筑量和混凝土防渗墙均为国内之最。坝顶高程 281m，水库正常蓄水位 275m，库水面积 272km²，总库容 126.5 亿 m³。水库呈东西带状，长约 130km，上段较窄，下段较宽，平均宽度 2km，属峡谷河道型水库。坝址处多年平均流量 1327m³/s，输沙量 16 亿 t，该坝建成后可控制全河流域面积的 92.3%。

由于地形、地质条件的限制和进水口防淤堵等运用要求、泄洪、排沙、引水发电建筑物均布置在左岸，形成进水口、洞室群、出水口、消力塘集中布置的特点。在面积约 1km² 的单薄山体中集中布置了各类洞室 100 多条。9 条泄洪排水洞、6 条引水发电洞和 1 条灌溉洞的进水口组合成一字形排列的 10 座进水塔，其上游面在同一竖直面内，前缘总宽 276.4m，最大高度 113m。各洞进口错开布置，形成高水泄洪排污，低水泄洪排沙、中间引水发电的总体布局，可防止进水口淤堵、降低洞内流速、减轻流道磨蚀、提高闸门运用的可靠性。其中 6 条引水发电洞和 3 条排沙洞进口共组成 3 座发电进水塔，每座塔布置两条发电洞进口，其下部中间为一条排水洞进口，高差 15～20m，可使粗沙经排沙洞下泄，减少对水轮机的磨蚀。9 条泄洪排沙洞由 3 条导流隧洞改建的 3 条孔板洞、3 条明流洞、3 条排沙洞组成，与 1 条溢洪道在平面上平行布置，其出口处设总宽 356m、总长 210m、最大深度 28m 的 2 级消力塘，对以上 10 股水流集中消能，经泄水渠与下游黄河连接。进水塔和消力塘开挖形成的进出口高边坡最高达 120m。为保证高边坡稳定，采用了减载、排水及 1100 多根预应力锚索支护、竖直抗滑桩加固的综合治理措施，取得了良好的效果。

引水发电系统也布置在枢纽左岸。包括 6 条发电引水洞、地下厂房、主变室、闸门室和 3 条尾水隧洞。厂房内安装 6 台 30 万 kW 混流式水轮发电机组，总装机容量 180 万 kW，多年平均年发电量 45.99 亿 kW·h/58.51 亿 kW·h（前 10 年/后 10 年）。

小浪底水利枢纽主体工程建设采用国际招标，以意大利英波吉罗公司为责任方的黄河承包商中大坝标，以德国旭普林公司为责任方的中德意联营体中进水口泄洪洞和溢洪道群标，以法国杜美兹公司为责任方的小浪底联营体中发电系统标。1994 年 7 月 16 日合同签字仪式在北京举行。开发目标以防洪（防凌）、减淤为主，兼顾供水、灌溉和发电，蓄清排浑，除害兴利，综合利用。小浪底水利枢纽战略地位重要，工程规模宏大，地质条件复杂，水沙条件特殊，运用要求严格，被中外水利专家称为世界上最复杂的水利工程之一。

**七、溪洛渡水电站**

溪洛渡水电站（见图 3－10）是国家"西电东送"骨干工程，位于四川和云南交界的金沙江上。工程以发电为主，兼有防洪、拦沙和改善下游航运条件等综合效益，并可为下游电站进行梯级补偿。电站主要供电华东、华中地区，兼顾川、滇两省用电需要，是金沙江"西电东送"距离最近的骨干电源之一，也是金沙江上最大的一座水电站。

图 3－10　溪洛渡水电站

溪洛渡水电站装机容量与原来世界第二大水电站——伊泰普水电站（1400 万 kW）相当，是中国第二、世界第三大水电站。2005 年年底开工，2007 年实现截流。2009 年 3 月大坝主体工程混凝土浇筑开工，计划 2013 年首批机组发电站在左、右两岸各布置一座地下厂房，各安装 9 台单机容量 77 万 kW 的巨型水轮发电机组，总装机 1386 万 kW，仅次于三峡水电站和伊泰普水电站。

截至 2014 年 4 月溪洛渡左岸电站 3 号机组结束试运行并完成停机检修，正式投产发电，剩余 4 台机组正在进行安装调试，将于 2014 年汛前全部投送。2014 年 6 月 30 日 21 时 50 分，溪洛渡左岸 1 号机组结束 72h 试运行，进入投产运行状态。至此，溪洛渡水电站所有机组全部投产。

水库坝顶高程 610m，最大坝高 285.5m，坝顶中心线弧长 698.09m；左右两岸布置地下厂房，各安装 9 台单机容量 77 万 kW 的水轮发电机组，年发电量为 571 亿～640 亿 kW·h。溪洛渡水库正常蓄水位 600m，死水位 540m，水库总容量 128 亿 m³，调节库容 64.6 亿 m³，可进行不完全年调节。水库长约 200km，平均宽度约 700m，正常蓄水位

600m 以下，库容 115.7 亿 m³，水库总库容 126.7 亿 m³，水库淹没涉及四川省雷波、金阳、布拖、昭觉、宁南和云南永善、昭阳、鲁甸和巧家 9 个县（区）。

## 第四节　中国现代水利名人

1. 钱正英（见图 3-11）

钱正英（1923—　），全国政协副主席，水利水电专家，主持完成了《中华人民共和国水法》《中华人民共和国水土保持法》的起草工作，主持审定、决策了许多重大的水利水电工程建设项目，并具体参与研究解决建设中的重大技术问题，主持领导了三峡工程的可行性论证工作，主编出版了《中国百科全书水利卷》《中国水利》（中、英文版）等。

20 世纪 50 年代起，钱正英主持研究、制定了一系列关于我国水资源开发利用管理及保护的方针、政策和管理办法，组织起草《中华人民共和国水法》《中华人民共和国水土保持法》（均已颁布实施），使中国水利工作逐步走上规范化、法制化的轨道，她主持编制了黄河、长江、淮河、海河等江河治理规划和全国水利建设长远发展纲要。

图 3-11　钱正英

钱正英针对黄河特点，组织专家全面研究治理问题，除工程措施外，她亲自部署狠抓流域的综合治理，特别是水土保持工作，不断总结经验，修订治黄规划，选择了以粗沙区为水保治理重点，对减轻下游河道淤积起到一定作用，同时确定关键性大型工程建设步骤，40 余年黄河大堤安全，灌溉面积不断扩大。三门峡水库是在新中国成立初期委托苏联设计的，由于缺乏经验，修建后，泥沙淤积严重，钱正英在深入调查总结经验教训的基础上，协助周恩来总理妥善完成了三门峡大坝的两次改建，获得成功。

1949 年 10 月 24 日，汛期发生 7 次洪水，第五次最大，洛口水位达到 32.33m，流量 7410m³/s，河水漫滩，大堤偎水，堤防漏洞、管涌、渗水险情迭出，险工埽坝接连掉蛰坍塌，险情十分严重。沿黄党政军民总动员，调集 35 万余人的防汛大军巡堤查水，抢险堵漏，运送料物，顽强奋战，力挽狂澜。这个时期的钱正英部长正是在滨州惠民的天主教周村教区姜楼总堂——原山东黄河河务局办公旧址办公，她就是在这里与江衍坤、田浮萍、张汝淮等新中国第一代治黄元勋，成功地组织了迎战洪水的艰苦斗争。

钱正英部长曾经和新中国的黄河防汛抗洪和治理事业结缘，她卓越的工作能力以及关于她神奇的传说，使她成为山东黄河无法超越的巾帼英雄。她腰扎武装带，身挎盒子枪，骑着大白马，在黄河大堤上一闪而过的矫健身影，永远定格在了山东黄河的史册上，成为山东河务局永远的亮光，成为山东黄河历史上永远的亮光，成为黄河职工心里永远的亮光。

葛洲坝工程由于开工后遇到挫折，于 1971 年 10 月被迫停工，重新修改设计，周恩来总理指示，起用林一山同志主持技术工作，钱正英作为技委会主要成员，深入现场，抓住重点，组织专家攻关，解决了一系列难题，如航道泥沙淤积、大江截流、软基处理、大流量消能等，成功地修改设计、组织实施，使工程胜利建成。20 世纪 80 年代钱正英负责三峡工程的论证工作，组织全国 400 余位各领域的专家，进行历时三年的全面深入论证，完成论证任务，为三峡工程在全国人民代表大会获得通过并组织实施奠定了基础。

她于 1990 年组织全国 20 位专家编写《中国水利》百万字巨著，是新中国水利事业全面的总结。其中"中国水利的决策问题"系她亲笔撰写，其他各章均亲自统稿。钱正英先后发表论文、报告数十篇，并主编《中国大百科全书水利卷》。

2. 潘家铮（见图 3-12）

潘家铮（1927—2012），男，浙江绍兴人，中共党员，1950 年 8 月毕业于浙江大学土木工程专业。中国著名水利水电工程专家，土木工程学家，中国科学院、中国工程院资深院士，科幻作家。2012 年 6 月，获得第九届光华工程科技奖"成就奖"。2012 年 7 月 13 日中午 12 时 01 分，潘家铮院士因病在北京逝世，享年 85 岁。

其设计的流溪河是中国第一座坝顶泄洪的薄拱坝，新安江是中国第一座自行设计施工的大型水电站，并在设计中采用世界最大的溢流厂房、宽缝重力坝、大底孔导流等新技术并首创抽排理论，为大量节省工程量，提前发电做出贡献。龙羊峡是中国已建的最高大坝（178m），二滩是在建世界第三高双

图 3-12 潘家铮

曲拱坝（240m），三峡枢纽更为跨世纪的巨型工程。擅长结构力学，多年来结合实际对混凝土坝和土石坝的分析，地下结构、边坡稳定及滑坡产生的涌浪计算等课题做出了系统研究，提出的新理论和计算方法在水电设计中得到广泛采用。

作为国内外知名的水电工程专家，毕生从事中国的水电建设和科研工作，曾参与设计和指导过新安江、三峡等许多重大水利工程。繁忙的工作之余，他还从事文学和科幻创作，是中国唯一一位院士科幻作家。出版过《春梦秋云录》《千秋功罪话水坝》《潘家铮院士文选》《一千年前的谋杀案》和《偷脑的贼》《老生常谈集》等。他的科幻作品构思巧妙、想象大胆、令人惊心动魄、遐想联翩，在传播科学精神和知识的同时，也涉及社会生活的方方面面，深受读者喜爱。

潘家铮先生既是一位国内外知名的科学家，同时也是一位热心于科幻创作的作家。他的科幻小说构思巧妙、大胆，科学性严密、人情味浓，文笔生动凝练，语言幽默调侃，选材和描写不落俗套，读起来令人惊心动魄，遐想联翩。

潘家铮先生热心于青少年教育和科学普及，走的是一条"本土化的科幻路子"。在传

播科学知识、理念的同时，他的作品也涉及社会生活的方方面面，被人称之为"社会科幻小说"，读者阅读之后，除了增加了科学知识、愉悦身心以外，还增强了辨别美丑善恶的能力。《潘家铮院士科幻作品》分为四册，共约 70 万字。收集了潘家铮先生的短篇、中篇科幻作品共 30 篇。四册书名分别是《蛇人》《吸毒犯》《地球末日记》《UFO 的辩护律师》。

图 3-13    张光斗

3. 张光斗（见图 3-13）

张光斗（1912—2013），出生于江苏省常熟市，水利水电工程专家和工程教育家，中国水利水电事业的主要开拓者之一，清华大学原副校长，中国科学院和中国工程院资深院士。

1934 年毕业于上海交通大学获学士学位，1936 年获美国加利福尼亚大学土木系硕士学位，1937 年获哈佛大学工程力学硕士学位，并得到了攻读博士学位的全额奖学金，1955 年当选为中国科学院院士，1994 年当选为中国工程院院士，1954 年加入九三学社。

张光斗主要工作是在水利水电工程建设、科研和工程教育等方面做出了突出的、系统的、创造性的贡献。主持设计了密云水库、渔子溪水电站等工程，为黄河和长江水利工程规划设计和葛洲坝、丹江口、三门峡、小浪底、二滩、三峡、龙滩等多座大型水利水电工程建设提供技术指导，编写了《水工建筑物》等学术著作，参与主持了《中国可持续发展水资源战略研究》。

长期从事科研工作，创建水工结构实验室，在中国较早进行结构模型试验，如流溪河拱坝、响洪甸拱坝等结构模型试验，解决结构问题。发展了腹拱坝新坝型，得到了实际工程的应用，取得经济效益。进行拱坝抗震、岩基稳定等研究，在拱坝抗震理论上有所突破。

张光斗奉献中国水利水电建设和教育事业 70 多年，在水利水电方面做出了卓越贡献。他负责修建中国自行设计的第一批水电站，负责设计密云水库和渔子溪水电站，参加人民胜利渠、荆江分洪、丹江口工程、三门峡工程、葛洲坝工程、二滩水电站、小浪底工程和三峡工程等的设计和咨询工作，帮助解决复杂工程技术问题，发挥了重要作用，被誉为"当代李冰"。他努力发展中国的水利水电科研事业。在国内首创水工结构模型试验，为国内大中型工程做了大量光弹性力学和地质力学模型的试验。他长期从事拱坝坝肩岩体稳定研究，任中美科技合作项目"地震时拱坝与库水和地基相互作用"的中方负责人。他不仅在实验室内做了大量理论分析及实验工作，还多次现场实测，提出了有创见性的报告。

4. 谭靖夷（见图 3-14）

谭靖夷（1921—2016），湖南省衡阳县人，水利水电工程施工专家。

民国 35 年（1946 年）毕业于交通大学唐山工学院获学士学位，1982 年 9 月 3 日加入了中国共产党，1989 年批准为享受教授研究员同等有关待遇的高级工程师，1992 年批准享受政府特殊津贴，1997 年当选为中国工程院院士。

谭靖夷长期从事水利水电工程建设。从业 67 年来，他的足迹踏遍了祖国的江河湖川，福建古田溪、广东流溪河、湖南柘溪、贵州乌江渡、湖南东江等大中型水电站的建设以及湖南韶山灌区、欧阳海灌区、桃江水库等水利工程都留下了他的名字。他亲自参与建设和参与技术咨询的水电大坝有 80 余座，被人誉为"从江河里走来的院士"。

图 3-14　谭靖夷

谭靖夷历任施工总工程师 33 年，他主持建成流溪河、柘溪、乌江渡、东江等大中型水电站大坝 8 座，水电站总装机 163 万 kW，灌溉农田 150 万亩。其中高 78m 的流溪河拱坝，高 165m 的乌江渡拱形重力坝和高 157m 的东江双曲拱坝中国特色的高压灌浆技术，用于该工程中取得了罕见的防渗效果，水库蓄水 17 年来，一昼夜渗水仅 30m³，该项高压灌浆技术已在全国推广。近十余年他继续为包括长江三峡的十余座大型水电工程倾注心力，参与提交咨询报告 70 余份，做出了重大贡献。

流溪河水电站工程建设中，在中国首次采用大坝混凝土预冷及坝内冷却等温度控制技术和隧洞开挖光面爆破技术；乌江渡水电站工程建设中，为解决强岩溶地层的渗漏问题，首创了有中国特色的高压灌浆技术，取得了罕见的防渗效果，其成功经验和技术为中国在岩溶地区建设高坝开辟了道路。

# 第五节　山东省水利发展成就

## 一、山东省水利发展状况

山东是中华文明的重要发祥地之一，具有几千年的悠久治水史。从尧"筑台而居"，到大禹"疏九河定九州"，从白英"南旺分水工程"，到潘季驯"束水攻沙"，都谱写了光辉的治水篇章。

新中国成立后，历届山东省委、省政府高度重视水利工作。经过几代人的艰苦奋斗，水利事业取得了辉煌的成就。先后建成各类灌区 3 万多处，机井 111 万眼，有效灌溉面积 7645 万亩，其中旱能浇、涝能排高标准农田 5380 万亩，在连续多年保持农业灌溉用水零增长的情况下，保障了山东省粮食"十连增"。修筑 5 级以上达标堤防 15247km，河道防洪标准普遍达到 10～20 年一遇，为保障防洪安全奠定了坚实的工程基础。修建各类水库 6424 座，其中大型 37 座、中型 207 座、小型 6180 座。各类水资源调配工程 123 万处。

为经济社会发展提供了水资源保障。

### 二、山东省水利改革发展取得的基本成就

**（一）骨干水网建设加速推进，水资源调配能力大幅提升**

山东省湖库河渠连通、供排蓄泄兼筹的现代水网工程体系初步建立，南水北调山东段干线工程通水成功，胶东调水主体工程基本贯通，辐射全省的"T"形水网骨干框架基本形成，一批区域水网陆续建成使用，建成水资源调配工程123万处，水资源调配能力大幅提升。

**（二）防汛抗旱体系日趋完善，防灾抗灾减灾成效突出**

山东省完成了158座大中型和4170座小型病险水库除险加固任务，集中治理154条重点河道，以水库、河道、蓄滞洪区为骨干的防洪减灾体系初步建成。

**（三）农村水利建设连创佳绩，基层水利公共服务能力明显增强**

山东省在全国率先实施村村通自来水工程，农村自来水普及率达到92％，提前完成基层水利服务体系建设任务。在全国率先颁布实施了《农田水利管理办法》，探索提出了"四化、六统一"的农田水利发展思路，相继有101个县实施了小农水重点县建设。

**（四）最严格水资源管理制度体系基本建立，节水型社会建设全面推进**

山东省率先制定出台用水总量控制管理办法、实行最严格水资源管理制度实施意见及考核办法等17项配套文件，基本构建起省市县三级"三条红线"指标体系，初步形成了"一控双促"（通过控制用水总量，促进用水方式和发展方式转变）的倒逼机制。

2012年，全省万元GDP用水量44.35m³，万元工业增加值用水量12.33m³，企业取水计量率100％，规模以上工业企业水重复利用率达91％，农田灌溉水有效利用系数提高到0.614，各项用水指标均居全国领先水平。

**（五）水系生态建设扎实推进，水生态文明城市创建全面启动**

山东省制订并实施了水系生态规划，大规模展开水系生态建设和小流域综合治理，水土保持措施面积3.3万km²，建成国家级水利风景区77处、省级173处，位居全国首位。

山东省在全国率先制定出台了《山东省水生态文明城市评价标准》（DB37/T 2172—2012）。启动实施水生态文明试点科技支撑计划，济南、青岛、临沂、滨州、泰安、烟台6市被确定为全国水生态文明建设试点城市，另有4市、19县启动省级水生态文明城市创建试点。山东省明确提出，到2020年，要在全国建成水资源持续利用、水生态体系完整、水生态环境优美，江河湖泊休养生息的示范省。

**（六）水利改革创新逐步深化，行业能力建设不断加强**

山东省稳定增长的水利投入机制初步建立，省市县三级水利建设基金全部开征，利用外资1.5亿美元用于水资源科学配置和地下水漏斗区综合治理示范项目。确立了基本水价、计量水价、超定额用水累进加价征收水资源费等制度。大中型水管单位体制改革进入收管阶段，省重点调度的212个大中型水管单位人员经费落实率达99％。

近几年，山东省争取省部级以上水利科技项目50项，获得省部级以上科技进步奖37项，110项先进技术得到有效推广。"金水工程"建设有序展开，水文服务体系不断完善，发展水文站点5000多处。水利移民管理机构建设进展顺利，11个市、46个县（市、区）设立了移民管理机构。县级专职水政监察队伍全面建立，90％以上的市县实行了水利综合

执法，建立水利与公安联合执法机构 191 个。

　　"十二五"期间，山东省水利系统认真贯彻落实"节水优先、空间均衡、系统治理、两手发力"的新时期治水方针，按照省委、省政府的部署要求，坚持以增强水利对经济社会发展支撑保障能力为主线，开源与节流并重、兴利与除害统筹、城乡供水保障与生态保护并行、公益化支撑与市场化运作结合，持续推进现代水利示范省建设，加快构建具有山东特色的水安全保障体系，为全省粮食连年增产、促进经济文化强省建设提供了有力支撑，这在全省治水史上留下了浓墨重彩的一笔。具体体现在八个方面：一是狠抓水利建设投资计划落实，投资规模进一步提升；二是狠抓最严格水资源管理，节水型社会建设水平进一步提升；三是狠抓雨洪资源利用，水资源保障能力进一步提升；四是狠抓骨干水网体系建设，水资源调配能力进一步提升；五是狠抓防汛抗旱体系建设，防灾减灾能力进一步提升；六是狠抓农村水利建设，水利公共服务能力进一步提升；七是狠抓水生态文明建设，水生态环境质量进一步提升；八是狠抓重点领域和关键环节改革创新，水利行业能力进一步提升。

# 第四章 中国水利前景展望

## 第一节 我国水利人才队伍建设前景

当前，党中央、国务院高度重视技能人才队伍建设，把加强高技能人才培养，作为增强我国核心竞争力和自主创新能力、建设创新型国家的重大举措。水利部把"建设一支高素质的水利人才队伍"作为水利长期发展的目标之一，把技能人才队伍建设作为人才工作的重要方面着力加强。2016年6月水利部颁布了《全国"十三五"水利人才队伍建设规划》（以下简称《人才规划》），对"十三五"时期我国水利人才队伍建设工作进行了全面部署。《人才规划》全面总结了"十二五"水利人才工作经验，深入分析了"十三五"时期推进水利现代化发展、提升水安全保障能力，水利人才队伍建设面临的新形势新任务，明确了"十三五"水利人才队伍建设的指导思想、基本原则和总体目标，提出了四项主要任务、六项重点工程、三项保障措施，对于培养造就一支数量充足、布局合理、结构优化、富有活力、勇于创新的水利人才队伍，具有十分重要的意义。

近年来，水利部深入贯彻中央的决策部署，坚持党管人才原则，把实施水利人才战略作为推动水利发展的重大战略举措，先后制定实施了"十五""十一五""十二五"水利人才规划，以高层次、高技能人才和基层人才为重点，统筹推动水利人才队伍建设，不断完善政策机制，营造水利人才发展环境，加强人才工作基础建设，水利人才队伍建设取得了明显成效，有力推动了水利改革事业不断向前发展。但是我们也清醒地看到，当前水利人才队伍现状还不能满足水利事业发展需要，人才队伍整体文化水平仍然偏低，专业技术人才层级结构不尽合理，高层次领军人才、创新人才不能满足水利现代化建设需要，高技能人才作用发挥不充分，水利重点领域急需人才明显不足，基层水利专业人才尤为短缺，贫困地区水利人才严重匮乏，与水利跨越发展的要求还有很大差距。"十三五"时期是全面建成小康社会的决胜阶段，也是推进水利现代化进程、提升水安全保障能力至关重要的五年。党中央、国务院高度重视水利，出台了加快水利改革发展的决定，党的十八届五中全会把水利作为推进五大发展的重要内容，做出了一系列战略部署，提出了新的明确要求。水利人才是推动水利改革发展的第一资源，水利人才队伍建设要围绕"十三五"水利改革发展的新形势、新任务，以科学发展观和人才观为指导，坚持问题导向，引领水利人才队伍建设向纵深推进。

### 一、水利人才队伍建设的指导思想

"十三五"时期水利人才队伍建设要深入贯彻党的十八大及十八届三中、四中、五中全会精神，紧紧围绕"四个全面"战略布局，牢固树立"五大发展理念"，积极践行新时期水利工作方针，坚持党管人才原则，把服务水利发展作为人才工作的根本出发点和落脚点，深入实施人才优先发展战略，以体制机制改革创新为动力，以高层次创新人才、急需紧缺人才、基层人才、贫困地区人才为重点，着力提升人才队伍素质和能力，协调推进各类人才队伍建设，为水利改革发展提供强有力的人才保障和智力支持。这是水利人才工作的总方向和根本遵循，进一步明确了水利人才工作着力点和落脚点，我们要深入领会贯彻，牢牢把握水利人才工作的正确方向。

**二、水利人才队伍建设的目标**

"十三五"时期水利人才队伍建设的总体目标是：紧紧围绕"四个全面"战略布局，牢固树立五大发展理念，以新时期中央水利工作方针为指导，以体制机制改革创新为动力，以高层次创新型人才、急需紧缺人才、基层人才、贫困地区人才为重点，按照政治坚定、敢于担当、能力过硬、作风优良、纪律严明、清正廉洁的要求，着眼于水利事业发展需要，培养造就一支具有"献身、负责、求实"的水利行业精神、数量充足、布局合理、结构优化、富有活力、勇于创新的水利人才队伍，为水利改革发展提供强有力的人才保障和智力支持。这个总目标具体分解为：一是人才数量充足，区域分布合理。人才规模、区域分布满足水利改革发展新任务的需要，着力提升基层、贫困地区水利人才的素质和能力。二是人才素质明显提高，结构进一步优化。水利人才政治素质、能力素质、文化素质、心理素质得到全面提升，学历结构、能级结构、专业结构进一步优化。三是人才效能发挥明显，创新能力进一步增强。优化人才资源配置，构筑适合人才发展的良好环境，使人才能够充分体现价值，发挥效能，围绕水利改革发展重点难点，实施创新驱动，不断提升水利人才创新能力。四是人才开发体系不断完善，培养能力进一步提升。进一步健全完善人才培养、评价、使用、激励、引进机制，构建适应新时期水利发展的人才开发体系，加强人才培养能力建设，为水利人才持续发展奠定坚实基础。

"十三五"时期水利人才队伍发展的主要具体指标，包括：水利人才队伍中具有中专以上学历人员比例由69％提高到75％；党政人才队伍中具有大学本科以上学历人员比例由58％提高到70％；专业技术人才队伍中具有高级专业技术资格人员比例由13％提高到15％；技能人才队伍中具有技师和高级技师职业资格人员比例稳定在10％；基层水利人才队伍中具有中专以上学历人员比例由65％提高到70％，具有中级以上专业技术资格人员比例由37％提高到40％，县（市）水利局领导班子中大学本科以上学历人员比例由54％提高到60％；贫困地区水利人才队伍中具有中专以上学历人员比例由63％提高到70％，具有中级以上专业技术资格人员比例由37％提高到40％，具有中级工以上职业资格人员比例由65％提高到70％。

**三、水利人才队伍建设的主要任务**

"十三五"时期水利人才队伍建设的主要任务必须既要立足水利人才队伍发展现状，又要充分满足今后五年水利改革发展事业需求，既要贯彻落实党中央、国务院对人才工作、对水利发展做出的新部署、提出的新要求，又要深入研究水利人才队伍发展规律，不断探索创新，推动水利人才队伍又好又快发展。为此，确立了着力提升人才队伍素质能力、合理补强人才队伍薄弱环节、大力推进人才机制体制改革、强力夯实人才队伍发展基础四个方面的主要任务。这四个方面的主要任务既抓住整体建设，统筹提升党政人才、专业技术人才、技能人才、经营管理人才等各类人才队伍的素质能力，又瞄准薄弱不足，适应发展需求，加快基层水利人才、贫困地区水利人才、急需紧缺人才等环节的建设，协调推进，保证水利改革发展各项任务得到有效落实。

水利人才队伍建设要深入贯彻《中共中央关于深化人才发展体制机制改革的意见》精神，破除不适应水利人才队伍发展的机制体制障碍，大力推进水利人才机制体制改革，加强制度创新，进一步完善人才管理和流动机制，进一步创新人才教育和培养机制，进一步改进人才评价和激励机制。要加强人才队伍基础建设，通过加强人才教育培训实施体系建设，加强水利后备人才培养体系建设以及人才工作基础建设，为水利人才队伍的不断发展提供强有力的支撑。

## 第二节　山东省水利人才队伍建设前景

据山东省水利厅调查资料显示，山东省水利技能人才队伍薄弱、基础较差，尤其是基层水利建设管理人才相对匮乏。主要表现在三个方面：一是队伍学历层次低、年龄偏大；二是特有工种技能人才总量偏少、分布不均、工种不全；三是高端技能人才短缺，已经滞后于水利事业的发展，越来越不能满足山东省水利大投入、大建设、大发展的需要，制约了水利事业又好又快地发展。大量培养水利工程建设与管理所急需的高质量基层应用人才势在必行。山东省委、省政府从树立和落实科学人才观、大力实施人才强省战略、建设制造业强省的高度，把高技能人才队伍建设提升到战略层面，大力加强县乡两级基层水利队伍建设，山东省水利技能人才队伍作为全省人才队伍的重要组成部分，面临着前所未有的发展机遇。

《山东省国民经济和社会发展第十三个五年规划纲要》指出：坚持党管人才原则，牢固树立人才第一资源理念，大力实施人才强省战略，以改革完善人才使用、培养和引进机制为着力点，推动人才结构战略性调整，充分激发各类人才创新活力，实现人尽其才、才尽其用、用有所成，抢占未来发展制高点。强化人才发展分类指导，培养造就规模宏大、结构优化、布局合理、素质优良的人才队伍。以提高执政能力和领导水平为核心，建设善于推动科学发展、促进社会和谐的高素质党政人才队伍。以提高现代经营管理水平和市场竞争能力为核心，建设具有战略思维和国际视野的企业家和经营管理人才队伍。以提高专业水平和创新能力为核心，建设规模合理、素质优良的专业技术人才队伍。以服务产业转型升级为核心，建设结构合理、技艺精湛、作风过硬的高技能人才队伍。以提高科技素质和致富能力为核心，建设农村实用人才队伍。以增强服务意识、提高服务能力为核心，建设社会工作人才队伍。

《山东省水利发展"十三五"规划》指出：大力引进、培养和选拔各类人才，不断培育壮大水利党政干部队伍和技术技能人才队伍，着力提升全省水利人才队伍整体素质。健全人才向基层流动、向艰苦地区和岗位流动、在水利一线创业的激励机制。积极发挥水利部"5151"人才和山东省有突出贡献中青年专家等高层次技术人才的作用。加强省属水利院校建设，加大水利职业教育投入，推进校企合作，探索建立全省水利系统干部及专业技术人员培训基地，加强水利职工教育。加强思想政治建设、党风廉政建设、作风建设和水文化建设，推进机关事务规范化建设，深入开展精神文明创建活动，大力弘扬"献身、负责、求实"的水利行业精神。

# 第三节　水利类骨干专业发展趋势及建议

## 一、水利工程专业发展趋势及建议

### 1. 专业发展趋势

随着"十三五"水利规划的出台，增强水利支撑保障能力，实现水资源可持续利用，加快防洪能力建设，加大农田水利工程的投入，加强水利工程短板建设，仍然是今后5年水利建设的重要任务，每年资金投入仍保持4000亿元以上。山东省也紧紧围绕水利现代化建设目标，全面推进现代水利示范省建设。大投入需要大量的水利建设一线人才，建设一支高素质的水利人才队伍是水利长期发展的目标之一，今后一定时期山东基层水利单位需要补充大量的技术技能型人才，大量培养水利工程建设所急需的高质量基层应用人才势在必行。目前全省高职类水利工程专业在校生平均为500人，全省水利工程施工企业大约有360多家，平均每年可以接纳的毕业生还不到2人，人才需求较大，因此应保持现有规模并适度增加招生人数。

### 2. 专业发展建议

水利工程专业采用"多方向、活模块、开放式、多轮顶岗"人才培养模式，培养方向设定为施工方向、监理方向和工程运行管理方向，从当前水利发展来看，培养的方向还需要进一步增加，例如山洪防治、水土保持治理、农业灌溉技术不断发展，这方面的专门人才略有增加。建议今后专业建设过程中加强这方面的调研，增加教学模块，使培养的方向更多更灵活，更能适应未来行业企业的需求。

## 二、水利水电工程管理专业发展趋势及建议

### 1. 专业发展趋势

水利水电工程管理专业依托山东省南水北调建设管理局、山东省水利工程建设监理公司等大型企事业单位，进一步完善"行企校"联动体制机制，创新人才培养模式、优化人才培养方案，进而带动专业持续健康发展。

水利水电工程管理专业的发展趋势是"大专业、宽基础、多方向"。"大专业"是指专业面向从事水利水电工程管理的水利、建筑、农业和环境等多行业；"宽基础"是指专业技术岗位所需的预算、招投标、监理等基本技能相同，可按统一标准进行培养；"分方向"是指根据学生就业面向的工程项目管理、工程造价与招投标和工程运行管理等不同就业岗位进行差别化培养。

### 2. 专业发展建议

（1）拓宽专业口径，丰富专业内涵。

（2）建立专业设置的柔性机制，完善专业建设和发展的自适应性系统。

（3）拓宽专业基础，分方向招生培养。

## 三、水利水电建筑专业发展趋势及建议

### 1. 专业发展趋势

以提升职业教育、服务地方和行业发展为目标，立足本专业人才培养和需求的社会背

景和行业背景，以提高办学质量和突出办学特色为宗旨，加强品牌专业建设，提升专业人才培养规格，优化培养方案和教育资源配置，完善人才培养模式，为山东省邻近省份水利建筑市场提供强有力的人才支撑和智力支撑，建成具有一定社会影响力的特色专业。

2. 专业发展建议

（1）抓住国家大力发展职业教育的契机，继续深化校企合作机制体制、完善工学结合人才培养模式，加强进一步优化课程体系和课程结构，保证专业持续稳健地发展。

（2）进一步促进工学结合的深度，坚定不移地走开放式办专业的方针，积极主动地走出去，呼吁社会、行业、企业的支持。利用专业人才优势，积极、深入开展行业、企业技术咨询、技能技术培训、技术推广、技术研发，为行业、企业输送更多、更好的合格人才，充分取得行业、企业的认可，以服务促进工学结合的进一步发展，使行业、企业主动承担起工学结合的相应责任和义务，真正实现工学结合的目标。

# 第五章 水利工程专业简介

## 第一节 专业背景与发展沿革

### 一、水利类专业人才培养标准和指导方案制定的依据

遵循党和国家教育方针，依据《国家中长期教育改革和发展规划纲要（2010—2020年）》《中共中央 国务院关于加快水利改革发展的决定》（中发〔2011〕1号）、《教育部关于推进高等职业教育改革创新引领职业教育科学发展的若干意见》（教职成〔2011〕12号）、《水利部 教育部进一步推进水利职业教育改革发展的意见》（水人事〔2013〕121号）、《国务院关于加快发展现代职业教育的决定》（国发〔2014〕19号）、《教育部关于深化职业教育教学改革全面提高人才培养质量的若干意见》（教职成〔2015〕6号）、《高等职业教育创新发展行动计划（2015—2018年）》（教职成〔2015〕9号）等文件精神，按照加强行业对水利职业教育的指导作用、整体提升水利职业教育对水利事业的人才支撑能力的要求，以深化水利工程专业建设、提升专业发展水平和专业服务水利行业发展能力为出发点，制定而成水利类专业人才培养标准和指导方案。

### 二、水利类专业设置的基本依据

（1）专业论证报告：通过对区域和行业的人才需求调查分析，确立专业方向，预测毕业生的就业前景，论证本专业方向的人才培养规格与区域经济、行业发展的适应性，最后由有企业技术人员参与的"专业建设指导委员会"进行全面论证。

（2）专业建设规划：有切实可行的专业建设规划和实施办法。

（3）专业人才培养标准。

（4）专业人才培养指导方案。

（5）教育主管部门关于专业设置的有关规定或管理办法：例如教育部《普通高等学校高等职业教育（专科）专业设置管理办法》等。

### 三、水利类专业人才培养标准和指导方案制定的指导思想及基本原则

（一）指导思想

全面贯彻党和国家的教育方针，遵循教育教学工作的基本规律，充分吸收高等职业教育教学内容和课程体系改革的成果，坚持以就业为导向，主动适应市场变化，注重素质教育和个性发展，突出技术应用能力的培养，注重创新意识和实践能力的培养，德智体美有机结合，进一步强化办学特色，构建能主动适应经济社会发展需要、特色鲜明、科学优化的课程体系，使学生在思想道德素质、科学文化素质、职业能力、心理和身体素质方面有根本的保证，使人才培养质量有新的提高。充分体现学校的办学理念，准确定位专业培养

目标；深化校企合作，创新工学结合的人才培养模式；本着全面发展、整体优化、因材施教、体现特色的原则，重构基于工作过程的课程体系，做到课程设置突出职业性、教学内容突出前瞻性、知识构建突出针对性；要以职业能力培养为主线，能力培养突出应用性、培养过程突出实践性、教学环境突出开放性、质量评价突出社会性、培养方案突出操作性；注重推进全面素质教育，培养具有良好职业道德、较强专业技能和较强社会适应能力的高端技能型专门人才。

（二）基本原则

1. 坚持以市场需求和就业为导向

制定水利类专业人才培养标准和指导方案应广泛开展社会调查，注重分析和研究经济建设与社会发展中出现的新情况、新特点、新要求，特别要关注社会主义市场经济和本专业领域技术的发展趋势，坚持以市场需求和就业为导向，努力使人才培养标准和指导方案具有鲜明的时代特点。同时，要遵循教育教学规律，妥善处理好社会需求与教学工作的关系；处理好社会需求的多样性、多变性与教学工作相对稳定性的关系。

2. 坚持德、智、体、美等全面发展

制定水利类专业人才培养标准和指导方案必须全面贯彻党和国家的教育方针，正确处理好德育与智育、理论与实践的关系，正确处理好传授知识、培养能力、提高素质三者之间的关系。要注重全面提高学生的综合素质，实现教学工作的整体优化，切实保证培养目标的实现。

3. 突出应用性和针对性

要以适应社会需求为目标、以培养技术应用能力为主线制定水利类专业人才培养标准和指导方案；基础理论教学要以应用为目的，以"必需、够用"为度，以讲清概念、强化应用为教学重点；专业课教学要加强针对性和实用性；同时，应使学生具备一定的可持续发展能力。

4. 贯彻工学结合思想，校企合作深度融合

工学结合是培养高端技能型专门人才的基本途径，水利类专业人才培养标准和指导方案的制定和实施过程应主动争取企业参与，充分利用社会资源，按照指导方案的基本思路，实现校企合作模式下的"合作办学、合作育人、合作就业、合作发展"。课程体系的各个教学环节既要符合教学规律，又要根据企业的实际工作特点妥善安排，校企深度融合。

5. 设置模块化课程，突出实践能力培养

我国地域差异性大，各校在制订专业实施性计划时应充分考虑学校特点和区域差别，按照模块化课程，灵活设置课程。同时，要做到理论与实践、知识传授与能力培养相结合，能力培养要贯穿教学全过程；要加强实践教学环节，实践课程可单独设置，增加实训、实践的时间和内容，实践教学以安排生产性实习、实践为主，以使学生掌握从事专业领域实际工作的基本能力和基本技能。

在水利类专业人才培养标准和指导方案中，职业核心能力课程模块应按照国家有关规定执行，专业基本技能课程模块是水利工程专业必备的基本技能，两个模块应统一。专业

核心技能课程模块、专业选修课程模块则应充分考虑各院校特点和区域人才需求与定位的不同可以灵活选择。

6. 从实际出发，办出特色

在遵循上述指导思想的基础上，应从本专业的实际情况出发，积极探索多样化的人才培养模式，坚持工学结合，努力办出专业特色。工学结合的人才培养标准和方案校企双方应共同制定，教学做一体化的教学模式应在真实的工作情境下实施。教育教学过程中要突出实践性、开放性和职业性，高度重视校内学习与实际工作的一致性，探索课堂与实习地点的一体化、推行工学交替、任务驱动、项目导向、顶岗实习等有利于增强学生职业能力的教学模式。

# 第二节　专业内涵与培养目标

## 一、培养目标

本专业面向水利工程建设及农田水利基本建设、区域经济发展和社会发展，培养适应社会主义现代化建设需要的，水利工程建设、服务一线和水利基层单位管理需要的，德智体美等方面全面发展的高端技能型专门人才。使学生具有良好的职业道德、心理素质和诚信敬业精神，熟练的职业技能、精益求精的工作态度、可持续发展的基础能力，掌握必备的水利工程专业知识与专业技能，能从事中小型水利工程的规划、设计、施工及管理等工作。

## 二、专业定位

本专业是高等职业教育水利工程与管理类的核心专业，其服务面向为水利工程及农田水利工程建设、管理、服务第一线，主要从事中小型水利工程施工及施工组织管理、施工质量监控及管理、水利工程概预算、水利工程招投标、中小型水利工程规划及乡镇供水工程的初步设计、水利工程运行管理等工作，也可从事一般工民建施工与监理、市政工程施工与监理等工作。毕业生应具有"献身、负责、求实"的水利行业精神，热爱水利事业，能胜任水利工程建设生产一线和水利基层单位的专业岗位（群）工作。毕业生的初始岗位是：施工员、测量员、造价员、质检员、安全员、监理员和运行管理员等岗位。毕业生在获得一定工作经验后，可升迁的职业岗位或职务为项目经理、监理工程师、建造师等。专业定位与人才规格见表5-1。

表5-1　　　　　　　　　　　水利工程专业定位与人才规格

| 服务面向 | 水利行业、土建行业 |
| --- | --- |
| 就业部门 | 水利施工企业、水利工程管理单位、地方基层水利单位、土建施工企业等 |
| 工作范围 | 中小型水工建筑物设计、施工技术、施工安全管理、工程监理、施工组织与管理、乡镇供水工程设计、运行与管理等 |
| 首次就业岗位 | CAD辅助设计绘图员、施工员、监理员、安全员、材料员、测量员、造价员、质检员、资料员、运行管理员等岗位 |
| 发展岗位 | 项目经理、建造师、监理工程师、造价工程师、设计工程师、技师等 |

### 三、人才规格与质量标准

#### （一）人才规格

热爱水利事业，具有"献身、负责、求实"的水利行业精神，能胜任水利工程建设生产一线和水利基层单位的专业岗位（群）工作。首次就业岗位主要为：水利生产一线的施工员、质检员、监理员、造价员、材料员、测量员、CAD 辅助设计绘图员、水利工程运行管理员，其发展方向为建造师、造价工程师、设计工程师、监理工程师等。

#### （二）质量标准

通过对专业工作岗位的分析，归纳出了从事本专业工作应具备的知识、能力及素质标准如下。

##### 1. 知识结构及标准

毕业生应掌握一定的自然科学基础知识、人文和社会科学基础知识，辩证唯物主义的思维方法，英语、高等数学和计算机的基础知识；水利工程制图、工程测量、水力分析与计算、工程地质与土力学、水文分析与计算、建筑材料及检测、水工钢筋混凝土结构、工程力学等专业基础知识；水工建筑物基础、水利工程施工技术、工程建设项目管理、施工组织管理、建筑安全管理、合同管理与招投标、水泵与水泵站、灌溉与排水工程技术、水利工程运行管理等专业知识，具有可持续发展的基础能力。

具体要求如下：

（1）熟悉本专业必需的文化基础知识，了解相关国家法律法规的基本内容。

（2）掌握水利工程绘图、读图的基本方法；掌握 CAD 绘图的基本技能与方法。

（3）熟悉水利工程施工放样、控制测量方法和步骤。

（4）掌握典型水利工程中的水力分析与计算方法。

（5）掌握典型水利工程水文计算、水利计算方法。

（6）熟悉工程地质构造和土力学的基本知识，掌握工程中土压力、土体中应力、土的压缩、土的抗剪强度等计算方法。

（7）熟悉水工建筑材料的基本性能和实验检测方法与步骤。

（8）掌握工程力学基本知识和计算方法。

（9）掌握水工混凝土结构基本原理和计算方法。

（10）掌握水工建筑物基本构造和设计方法。

（11）掌握土石坝、重力坝、水闸、水泵站、小型乡镇供水工程、灌溉与排水工程等项目的设计计算方法、施工组织方案。

（12）掌握水利工程施工技术方法和工种施工方法。

（13）熟悉水利工程概算编制方法和步骤，熟悉招投标基本方法与程序。

（14）熟悉水利工程监理的基本知识和实施步骤。

（15）熟悉建筑安全管理的基本知识和方法。

（16）熟悉水利工程运行与管理的基本方法。

##### 2. 能力结构及标准

毕业生应具有熟练的职业技能，能够从事以下工作：能够熟练运用计算机进行文字处理及使用专业软件；阅读及绘制水利工程图；工程测量；常规土工及水工混凝土材料试验；土石坝、水闸、水泵站等中小型水工建筑物设计；工程造价、招投标文件的编制及合同管理；中小型水利工程施工与监理；水利工程运行管理。

也可从事小型水利工程规划、乡镇供水工程设计与管理、一般工民建施工与监理、市政工程施工与监理等。

具体要求如下：

（1）能正确阅读水利工程图、会绘制水利工程图；会熟练应用 CAD 软件绘制工程图。

（2）能利用水准仪、经纬仪、全站仪等测量仪器做水利工程施工放样、控制测量、建筑物沉降观测等基本测量工作。

（3）能利用常规实验仪器和设备做土工试验及水工混凝土材料检验检测。

（4）会做土石坝、重力坝、水闸、水泵站等典型建筑物设计中基本计算工作。

（5）会做水利工程施工应用技术和工种施工的工作，会做水利工程施工质量控制和检测的工作。

（6）会编制水利工程施工组织方案。

（7）会编制水利工程概算，能编制水利工程招投标文件。

（8）能做水利工程施工监理工作。

（9）会做水利工程运行与管理工作。

（10）能做小型农田水利工程规划工作。

（11）能做乡镇供水工程设计与管理工作等。

3. 素质结构及标准

（1）政治素质：能坚持正确的政治立场和政治方向，爱祖国、爱人民，具有社会主义的荣辱观。

（2）职业素质：具有良好的职业道德和职业素养。

（3）思想素质：积极要求进步，谦虚谨慎，具有团队协作精神。

（4）道德素质：遵守社会公德，具有良好的职业道德，诚实守信、遵纪守法。

（5）文化素质：具有广泛的人文科学和社会科学知识，语言与举止文明。

（6）身体素质：身体健康、能适应水利工程艰苦的工作环境。

（7）心理素质：具有积极的竞争意识、较强的自信心和强烈的进取心，情绪稳定，胸怀宽阔，有坚韧不拔的精神和抗挫折能力。

# 第三节　水利工程专业人才培养指导方案

## 一、知识和技能需求分析

### （一）岗位工作知识技能需求分析

本专业面向水利工程建设及农田水利基本建设、区域经济发展和社会发展，培养拥护党的基本路线，适应水利建设生产一线和水利基层单位需要的、德智体美全面发展的、具有综合职业能力的高端技能型人才。适应水利工程及农田水利第一线需要，并具备较强的综合运用所学知识和技能解决实际问题的能力、创业就业能力和可持续发展能力，具有良好的职业道德和诚信敬业精神。

学生应具有科学的世界观、人生观、价值观和爱国主义、集体主义、社会主义思想；具有基本的科学文化素养；在具有必备的基础理论知识和专业知识的基础上，重点掌握从事本专业领域实际工作的基本能力和基本技能，具有继续学习和适应职业变化的能力；具有良好的职业道德和身心素质。

毕业生主要面向水利基层一线单位，在水利施工企业、河道管理部门、水利基层单位等主要从事水利工程施工技术、水利工程施工组织与管理、水利工程造价分析、水利工程运行与维护、中小型水利工程规划设计等，也可从事乡镇供水工程设计与管理、一般工民建施工与监理、市政工程施工等工作。

本专业毕业生在校期间至少应取得一种对就业有实际帮助的国家职业资格证书，如CAD辅助设计绘图员、施工员、监理员、安全员、材料员、测量员、造价员、质检员、资料员、运行管理员等岗位职业资格证书；以及相应计算机和英语等级证书。

本专业的职业岗位分析见表5-2。

**表5-2　　　　　　　　　　水利工程专业工作岗位分析表**

| 工作岗位 | 业务范围 | 工作领域 |
|---|---|---|
| 中小型水利工程规划设计 | 节水灌溉工程规划设计 | 识读、绘制工程图<br>工程测量与放样<br>水力分析与计算<br>建筑材料的运用与检测<br>地质分析与土工试验<br>水利工程施工 |
| | 中小型灌区规划 | |
| | 小型农田水利设计 | |
| | 小型泵站设计 | |
| | 水土保持规划设计 | |
| | 乡镇供水工程设计 | |
| 水利工程施工与监理 | 水利工程施工 | 水利工程施工组织与管理<br>水利工程造价与招投标<br>建设项目管理<br>水利工程监理<br>土石坝、水闸、泵站、渠系建筑物设计<br>灌排工程、供水工程、河道整治工程运行及管理<br>水工建筑物观测<br>乡镇供水工程运行管理<br>水库调度<br>…… |
| | 建设项目管理 | |
| | 水利工程质量检测 | |
| | 水利工程安全管理 | |
| | 水利工程监理 | |
| 水利工程运行及管理 | 灌区运行及管理 | |
| | 水工建筑物观测 | |
| | 乡镇供水工程运行管理 | |
| | 水库调度 | |

通过对专业工作岗位的分析，得出了从事本专业工作应具备的知识、能力及素质结构及标准如下。

1. 知识结构及标准

本专业毕业生应掌握一定的自然科学基础知识、人文和社会科学基础知识，辩证唯物主义的思维方法，英语、高等数学和计算机的基础知识；水利工程制图、工程测量、水力分析与计算、工程地质与土力学、工程水文与水利计算、建筑材料及检测、水工钢筋混凝土结构、工程力学等专业基础知识；水工建筑物、水利工程施工技术、工程建设项目管理、施工组织、建筑安全管理、合同管理与招投标、水泵与水泵站、灌溉排水工程技术、水利工程运行管理等专业知识，具有可持续发展的基础能力。具体要求如下：

（1）熟悉本专业必需的文化基础知识，了解相关国家法律法规的基本内容。

（2）掌握水利工程绘图、读图的基本方法；掌握 CAD 绘图的基本技能与方法。

（3）熟悉水利工程施工放样、控制测量方法和步骤。

（4）掌握典型水利工程中的水力分析与计算方法。

（5）掌握典型工程水文计算、水利计算方法。

（6）熟悉工程地质构造和土力学的基本知识，掌握工程中土压力、土体中应力、土的压缩、土的抗剪强度等计算方法。

（7）熟悉水工建筑材料的基本性能和实验检测方法与步骤。

（8）掌握工程力学基本知识和计算方法。

（9）掌握水工混凝土结构基本原理和计算方法。

（10）掌握水工建筑物基本构造和设计方法。

（11）掌握土石坝、重力坝、水闸、水泵站、小型乡镇供水工程、灌溉与排水工程等项目的设计计算方法、施工组织方案。

（12）掌握水利工程施工技术方法和工种施工方法。

（13）熟悉水利工程概算编制方法和步骤，熟悉招投标基本方法与程序。

（14）熟悉水利工程监理的基本知识和实施步骤。

（15）熟悉建筑安全管理的基本知识和方法。

（16）熟悉水利工程运行与管理的基本方法。

2. 能力结构及标准

本专业毕业生应具有熟练的职业技能，能够从事以下工作：能够熟练运用计算机进行文字处理及使用专业软件；阅读及绘制水利工程图；工程测量；常规土工及水工混凝土材料试验；土石坝、水闸、水泵站等中小型水工建筑物设计；中小型水利工程规划设计；工程造价、招投标文件的编制及合同管理；中小型水利工程施工与监理；水利工程的运行管理。也可从事乡镇供水工程设计与管理、一般工民建施工与监理、市政工程施工与监理等。具体要求如下：

（1）能正确阅读水利工程图、会绘制水利工程图；会熟练应用 CAD 软件绘制工程图。

（2）能利用水准仪、经纬仪、全站仪等测量仪器做水利工程施工放样、控制测量、建筑物沉降观测等基本测量工作。

（3）能利用常规实验仪器和设备做土工试验及水工混凝土材料检验检测。

（4）会做土石坝、重力坝、水闸、水泵站等典型建筑物设计中基本计算工作。

（5）会做水利工程施工应用技术和工种施工的工作，会做水利工程施工质量控制和检测的工作。

（6）会编制水利工程施工组织方案。

（7）会编制水利工程概算，能编制水利工程招投标文件。

（8）能做水利工程施工监理工作。

（9）会做水利工程运行与管理工作。

（10）能做小型农田水利工程规划工作。

（11）能做乡镇供水工程设计与管理工作等。

3. 素质结构及标准

（1）政治素质：能坚持正确的政治立场和政治方向，爱祖国、爱人民，具有社会主义的荣辱观。

（2）职业素质：具有良好的职业道德和职业素养。

（3）思想素质：积极要求进步，谦虚谨慎，具有团队协作精神。

（4）道德素质：遵守社会公德，具有良好的职业道德，诚实守信、遵纪守法。

（5）文化素质：具有广泛的人文科学和社会科学知识，语言与举止文明。

（6）身体素质：身体健康，能适应水利工程艰苦的工作环境。

（7）心理素质：具有积极的竞争意识、较强的自信心和强烈的进取心，情绪稳定，胸怀宽阔，有坚韧不拔的精神和抗挫折能力。

（二）工作任务与职业能力分析

校企合作通过对专业人才基本工作领域所对应的基本工作任务和工作过程进行分析，得出毕业生应具备的职业能力，这是构建专业人才培养方案的基本依据。确定工作任务和职业能力，对专业课程进行设置。

水利工程专业工作任务与职业能力分析见表5-3。

表 5 - 3　　　　　　　　水利工程专业工作任务与职业能力分析表

| 工作领域 | 工 作 任 务 | 职 业 能 力 | 课 程 设 置 |
|---|---|---|---|
| 识读、绘制工程图 | 识读水利工程图<br>绘制水利工程图 | 正确识读水利工程施工图<br>熟练应用 CAD 绘图 | 水利工程制图<br>水工 CAD |
| 工程测量与放样 | 识读地形图<br>施工测量与放样 | 正确识读地形图<br>熟练操作常见测量仪器<br>精准施工放样与测量 | 水利工程测量 |
| 水力分析与计算 | 水流对建筑物的作用力<br>建筑物的过流能力计算<br>水能利用和能量损失<br>河渠水面曲线计算<br>水流的消能防冲计算<br>渗流计算 | 正确分析水流现象<br>解决水利工程设计、施工和运行管理方面所涉及的水力计算问题 | 水力分析与计算 |
| 建筑材料的运用与检测 | 建筑材料的运用<br>建筑材料质量检测与质量控制<br>水工混凝土配合比设计 | 能正确对材料取样<br>能对钢筋、水泥、骨料等材料进行检测<br>能设计水工混凝土配合比 | 建筑材料 |
| 地质分析、基础处理与土工试验 | 工程地质分析<br>选择地基处理方案<br>土工试验及土方工程质量控制 | 能进行工程地质分析<br>会选择地基处理方案<br>能进行土工试验及土方工程质量控制 | 地质与土力学基础 |
| 水工结构分析与计算 | 确定水工建筑物结构型式<br>进行建筑物结构分析与计算<br>识读结构图 | 会水工建筑物结构简化与力学分析<br>会水工混凝土基本结构计算<br>能识读结构图 | 工程力学<br>水工混凝土结构设计 |

续表

| 工作领域 | 工作任务 | 职业能力 | 课程设置 |
|---|---|---|---|
| 水利工程施工与监理 | 选择施工导截流方案<br>工种施工工艺和施工机械选择<br>施工资源管理，成本、进度、质量、安全、合同管理 | 能正确选择施工导截流方案<br>会工种施工工艺和正确选择施工机械<br>能进行施工质量控制<br>施工管理能力<br>资料整理能力<br>成本、进度、质量、安全控制能力和合同管理能力 | 水利工程施工技术<br>水利工程监理<br>建设项目安全管理 |
| 水利工程造价与投标文件的编制 | 招投标程序<br>投标文件编制 | 工程单价分析能力<br>投标文件编制能力 | 水利工程概预算<br>水利工程合同管理与招投标 |
| 中小型水利工程规划与设计 | 水文分析与计算<br>中小型水工建筑物规划<br>水工结构设计 | 正确进行水文分析与计算<br>熟悉水利工程基建程序<br>熟悉各类水工建筑物和结构构造<br>中小型水闸、泵站等结构设计能力 | 水文分析与计算<br>水工建筑物基础<br>土石坝设计与施工<br>水闸设计与施工<br>泵站设计与施工<br>…… |
| 水利工程的运行及管理 | 灌溉与排水工程的运行及管理<br>供水工程的运行及管理<br>河道整治工程的管理<br>水工建筑物观测<br>水库调度 | 会灌区工程的运行操作及管理<br>供水工程运行管理能力<br>水工建筑物观测及资料整编能力<br>水库调度及运行管理能力 | 灌溉与排水技术<br>乡镇供水工程<br>水闸设计与施工<br>土石坝设计与施工<br>泵站设计与施工<br>…… |

## 二、教学过程分析与设计

根据水利工程专业人才培养标准，分析岗位知识和技能要求，按照人才成长规律构建专业人才培养知识体系和技能体系。按照职业能力形成的逻辑关系，知识从简单到复杂、技能从专项到综合，身份由学生到员工的转变。参照国家职业技能标准，根据技术领域和职业岗位（群）的任职要求设置课程，开发本专业以工作过程为导向的主干课程体系，与行业、企业合作进行课程开发与设计。依据专业人才培养目标、毕业生的规格与质量标准，通过对水利工程专业的工作领域、工作任务、工作过程和职业能力分析，按照职业能力形成的逻辑关系，以工作过程为导向构建专业课程体系。根据区域、行业经济社会发展需求和职业岗位实际工作任务，依据有关职业资格标准，选取课程内容，构建课程评价体系。

课程教学与工作过程对接进行教学设计。

### （一）人才培养模式

依托水利行业、联合企事业单位共同构建"工学结合"的人才培养模式和"能力导向"的教学模式。改变由单一的学校包办培养为学校、企业、社会共同培养，由传统的重理论轻实践转为"教、学、练、做"一体，更加突出关键能力和综合素质的培养，在人才培养上更注重与社会、与市场接轨，加强校企合作制度建设，与企业（行业）共同制定专业人才培养方案，实现专业教学要求与企业（行业）岗位技能要求对接，努力培养出符合社会需求的具有较强的综合运用多种知识和技能解决实际问题的能力、创新能力和可持续发展能力，具有良好的职业道德和诚信敬业精神；强化教学过程的实践性、开放性和职业性，校企联合组织实训，创建真实的岗位训练、职场氛围和企业文化，使学生迅速成为具有中小型水利工程施工技术应用及组织管理人员、施工质量监控及管理人员、工程概预算和招投标人员，中小型水利工程及乡镇供水工程的初步设计人员、水利工程运行管理人员。

高等职业教育要依托行业、联合企业，采用工学结合的人才培养模式，结合区域特点，利用校内外实习实训基地，开展技能训练、顶岗实习，或采用工学交替的办法进行。校企深度合作共同制定人才培养方案，结合生产实际开展订单或准订单培养，校企合作共育人才。

**（二）课程体系构建**

按照职业核心能力课程、专业技术基础课程、专业核心能力课程、专业拓展课程、顶岗实习等模块形成专业课程模块构建表，见表5-4。

表5-4                              水利工程专业课程模块构建表

| 课程分类 | 课 程 名 称 | 相关证书（或引入的标准） | 实习实训项目 |
|---|---|---|---|
| 职业核心能力课程（公共课） | 思政 | 结合国家、本地区对能力的要求，结合学院实际情况合理选择合适的标准和要求，例如全国高职高专英语应用能力（A级或B级）测试标准、全国计算机等级考试、国家普通话水平测试大纲等 | 根据课程具体内容，按照知识系统性或行动导向开发训练项目 |
| | 高等数学 | | |
| | 实用英语 | | |
| | 计算机基础及应用 | | |
| | 体育与健康 | | |
| | 军事训练及入学教育 | | |
| 专业基本技能课程 | 水利工程测量 | 测量员 | 水利工程测量实训 |
| | 水利工程制图 | 制图员 | 水利工程制图实训 水工CAD实训 |
| | 水工CAD | | |
| | 建筑材料 | 材料员、质检员 | 建筑材料实训 |
| | 地质与土力学基础 | 实验员、质检员 | 地质与土力学实训 |
| | 工程力学 | 规划设计人员、施工员、监理员 | 水工混凝土结构设计 |
| | 水力分析与计算 | | |
| | 水文分析与计算 | | |
| | 水工混凝土结构设计 | | |
| | 水工建筑物基础 | | |
| | 土石坝、水闸设计与施工 | | |
| | 水利工程合同管理与招投标 | | |
| | 水利工程监理 | | |
| 专业核心技能课程 | 灌溉与排水技术 | 规划设计人员、施工员、造价员、管理员 | 灌溉与排水技术实训 水利工程概预算实训 水土保持技术实训 |
| | 水利工程概预算 | | |
| | 水土保持技术 | | |
| | 乡镇供水工程 | | |
| | 泵站设计与施工 | | |

续表

| 课程分类 | 课 程 名 称 | 相关证书（或引入的标准） | 实习实训项目 |
|---|---|---|---|
| 专业拓展课程 | 应用写作、水情教育、管理经济学、专业英语、专业导论、土木工程概论、公路与桥梁工程、水利工程经济、水利工程管理、工程资料整理、就业指导等 | | 根据课程具体内容，按照知识系统性或行动导向开发实训项目 |
| 顶岗实习 | | 严格按照岗位工作要求、作业规范和标准完成实际工作 | 完成相应的成果 |

1. 职业核心能力课程模块（公共课）

（1）理论教学课程：思政、高等数学、实用英语、计算机基础及应用和体育与健康等。

（2）实践性教学课程：军事训练与入学教育、专业认知实习及暑期社会实践、计算机基础及应用实训等。

（3）模块要求：培养基本能力，提高基本素质。例如，政治思想道德素质、人文素质；计算机应用及信息处理能力、语言文字表达能力、分析运算能力；团结协作精神和创新精神；锻炼健康的体魄和心理，为继续学习打下良好的科学文化基础知识。

2. 专业基本技能课程模块

（1）理论教学课程：工程力学、水利工程制图、水工CAD、建筑材料、水利工程测量、水力分析与计算、水工混凝土结构设计、地质与土力学基础、水文分析与计算、水工建筑物基础、水利工程合同管理与招投标和土石坝、水闸设计与施工等。

（2）实践性教学课程：进行专业基本技能训练，包括水利工程制图实训、水利工程测量实训、建筑材料实训、水工CAD实训、地质与土力学实训、水工混凝土结构设计、水利工程概预算实训等。

（3）模块要求：使学生获得一定的专业基础知识，掌握具有专业方面的基本运算技能和实践技能，能运用所学知识进行水利工程测量放样、水利工程图纸识读、中小型水利工程设计、水利工程材料检测与检查、土方工程检测与检查等。

3. 专业核心技能课程模块

（1）理论教学课程：灌溉与排水技术、水利工程概预算、水土保持技术、乡镇供水工程、泵站设计与施工、水利工程施工技术等。

（2）实践性教学课程：灌溉与排水技术实训、水利工程概预算实训、水土保持技术实训、岗前训练、顶岗实习等。

（3）模块要求：本模块通过紧密联系生产实际训练，培养和提高学生利用所学理论知识，解决实际问题的能力，使学生掌握较为熟练的职业技能，顺利走上工作岗位。

4. 专业拓展课程模块

专业拓展课程模块是为适应学生的个性发展和人才市场的需求变化开设的选修课程。专业拓展课程可以根据市场的需求变化和学生的需要进行调整。

（三）教学过程分析与设计

1. 教学过程分析

教学过程不仅仅是传授与学习文化科学知识的过程，同时也是促进学生全面发展的过程。要求教师在引导学生掌握知识的同时，全面发展学生的智力和体力，培养学生独立的学习能力、浓厚的学习兴趣和良好的学习习惯，以及从事创造性活动的能力。在学习知识的过程中，逐渐形成正确的世界观、人生观、价值观和优秀品德。教学过程要与生产过程对接，将工作岗位的工作流程设计为学习过程，在真实的职业情境中展开"学习过程"作为教学过程的设计原则，贯彻以"行动导向"为教学方法的"模块化""项目化"教学，培养学生的综合职业能力。

教学过程包括课程导入、学习组织、学习支持和教学评价，是教学过程的 4 个关键环节，如图 5-1 所示。

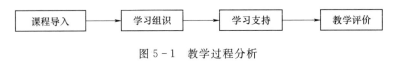

图 5-1　教学过程分析

课程导入包括教师准备、学生准备及教学资源准备等。课程导入还包括学生与教师通过一定的手段就学习目标和学习方法进行交流，以使师生就本课程的教学目标、学习组织形式、学习支持方法与考核评价方法达成共识。

学习组织是教学过程的主体，它由教学小组组织的一系列"学习活动"单元构成，不同的课程、不同的学习活动单元有不同的形式。教师需要采取一定的方法与手段让学生主动进行学习，学习中遇到问题和困难能主动寻求帮助。

另外，激发学生的学习动机也是学习组织的一项重要内容。唤起学生学习积极性，是保证学生主体作用得到充分发挥的前提条件。

学习支持是为解决学生在学习中遇到的困难所提供的学术性或非学术性的帮助。它对于学生顺利完成学习常常起到关键性的作用。

学习评价主要是对学生的评价和对教学效果的评价。评价主要目的是不断地给被评价的学生提出指导意见。帮助他们达到最终期望的目标。在教学过程中，应将形成性评价与总结性评价相结合。

2. 教学过程设计

教学过程设计是对于一门课程或一个单元，甚至一节课的教学过程进行的教学设计。教学过程设计分为课程教学设计和课堂教学设计。课程教学设计是对一门课程或单元的教学设计，课堂教学设计是对一节课或一个知识点的教学设计。

教学过程设计中包括了确定总教学目标、分析教学内容、分析教学对象、编写目标体系、制定教学策略、选择教学媒体、组织教学实践、进行教学评价 8 个环节。

（1）课程标准中规定的或根据教学大纲中教学目的所拟定的总教学目标是教学过程设计的出发点，同时又是教学过程设计的最终归宿。

（2）在进行设计时，各步骤基本上是按照顺时针方向进行的。必要时，可以跳过某些步骤重新排序。

（3）教学过程设计可以简化为两大部分：课程教学设计和课堂教学设计。

课程教学设计的最终结果是目标体系，包括该课程每一章、节（或每课）的教学目标和其中各知识点的学习目标，以及该学科的知识能力结构体系。课堂教学设计以目标体系为依据，在认真分析教学内容和教学对象的基础上，选择教学策略和教学媒体，确定教学结构流程和形成性练习，并进行教学实践。

（4）教学评价是随时进行的。同样，反馈-矫正也是随时进行的。

（5）最终教学效果的评价，以对课程标准或教学大纲中总教学目标的达标度来衡量。

### 三、教学计划编制

遵循职业教育规律，基本按照职业核心能力（公共课）模块、专业基本技能模块、专业核心技能模块、顶岗实习依次开展，专业核心技能课程模块中间穿插进行职业拓展课程模块，编制本专业人才培养的教学计划。

按照有关要求，教学计划总教学周在 110 周左右，总学时在 2800 学时左右，周学时在 22～26 学时为宜。包括课内实验实训、顶岗实习等，实践教学时间要超过理论教学。学时分配参见表 5-5，教学进程安排参见表 5-6 和表 5-7。

**表 5-5　　　　　　　　水利工程专业课程设置及教学学时分配表**

| 项　　　目 | | 学分 | 学时数 | 教学活动安排 | | | | | |
| | | | | 第一学年 | | 第二学年 | | 第三学年 | |
| | | | | 1 | 2 | 3 | 4 | 5 | 6 |
| 理论学时分配 | 职业核心能力课程（公共课程） | 30 | 396 | 18 | 10 | 2 | | | |
| | 专业技术基础课程 | 51 | 502 | 10 | 16 | 18 | | | |
| | 专业核心技能课程 | 27 | 252 | | | | 24 | | |
| | 职业拓展课程 | 18 | ·240 | | | | | | |
| | 合　计 | 126 | 1390 | 28 | 26 | 20 | 24 | 22 | |
| 实践学时分配 | 随堂实践 | | 614 | | | | | | |
| | 入学、认知实习等 | 5.5 | 4 周（104） | 3 周 | 1（4周） | | （4周） | | |
| | 专业基本技能训练 | 13.5 | 9 周（234） | 1 周 | 2 周 | 3 周 | 3 周 | | |
| | 专业综合技能训练 | 32 | 18 周（468） | | | | | 4 周 | 14 周 |
| | 合　计 | 51 | 1420 | 4 周 | 3 周 | 3 周 | 3 周 | 4 周 | 14 周 |
| 考试周安排（含鉴定、答辩） | | | | 1 周 | 1 周 | 1 周 | 1 周 | 1 周 | 2 周 |
| 总　　　计 | | 177 | 2810 | 20 周 | 20 周 | 20 周 | 20 周 | 16 周 | 16 周 |

**注** 1. 本专业教学总周数为 88 周（理论教学周），第 1 学期按 15 周计，第 2、3、4 按 16 周计，第 5 学期按 11 周计，第 6 学期按 14 周计。

2. 专业教学总学时为 2810 学时，整周实训每周按 26 学时计，共 806 学时（不含技能鉴定和毕业鉴定）。其中理论课教学 1390 学时（含职业拓展 240 学时），占 49.5%；实训教学 1420 学时（含随堂实践 594 学时），占 50.5%。

3. 实践教学每周折合 26 学时。

表 5 - 6　　　　　　　　　　水利工程专业教学进程表

| 课类 | 课程编号 | 课程名称 | 学分 | 学时安排 | | | 教学活动周数及课内周学时 | | | | | |
|---|---|---|---|---|---|---|---|---|---|---|---|---|
| | | | | | | | 第一学年 | | 第二学年 | | 第三学年 | |
| | | | | 总计 | 理论 | 随堂实践 | 15周 | 16周 | 16周 | 16周 | 11周 | 14周 |
| 职业核心能力课程 | A-1 | 思政（含就业、形势教育） | 8 | 120 | 100 | 20 | 2 | 2 | 2 | 2 | | |
| | A-2 | 体育与健康 | 4 | 62 | 42 | 20 | 2 | 2 | | | | |
| | A-3 | 高等数学 | 7 | 122 | 122 | | 6 | 2 | | | | |
| | A-4 | 实用英语 | 7 | 124 | 104 | 20 | 4 | 4 | | | | |
| | A-5 | 计算机基础及应用 | 4 | 60 | 28 | 32 | 4 | | | | | |
| | | 小　计 | 30 | 488 | 396 | 92 | 18 | 10 | 2 | 2 | | |
| 专业基本技能课程 | B-1 | 工程力学 | 5 | 90 | 60 | 30 | 6 | | | | | |
| | B-2 | 水利工程制图 | 4 | 60 | 40 | 20 | 4 | | | | | |
| | B-3 | 水工 CAD | 4 | 64 | 24 | 40 | | 4 | | | | |
| | B-4 | 建筑材料 | 4 | 64 | 44 | 20 | | 4 | | | | |
| | B-5 | 水利工程测量 | 4 | 64 | 32 | 32 | | 4 | | | | |
| | B-6 | 水力分析与计算 | 4 | 64 | 48 | 16 | | 4 | | | | |
| | B-7 | 水工混凝土结构设计 | 4 | 64 | 40 | 24 | | | 4 | | | |
| | B-8 | 地质与土力学基础 | 4 | 64 | 48 | 16 | | | 4 | | | |
| | B-9 | 水文分析与计算 | 4 | 64 | 42 | 22 | | | 4 | | | |
| | B-10 | 水工建筑物基础 | 6 | 96 | 64 | 32 | | | 6 | | | |
| | B-11 | 土石坝设计与施工 | 2 | 36 | 10 | 26 | | | | | 9周 | |
| | B-12 | 水闸设计与施工 | 2 | 36 | 10 | 26 | | | | | 9周 | |
| | B-13 | 水利工程合同管理与招投标 | 2 | 36 | 18 | 18 | | | | | 9周 | |
| | B-14 | 水利工程监理 | 2 | 36 | 22 | 14 | | | | | 9周 | |
| | | 小　计 | 51 | 838 | 502 | 336 | 10 | 16 | 18 | | | |
| 专业核心技能课程 | C-1 | 灌溉与排水技术 | 4 | 64 | 42 | 22 | | | | 4 | | |
| | C-2 | 水利工程概预算 | 4 | 64 | 34 | 30 | | | | 4 | | |
| | C-3 | 水土保持技术 | 4 | 64 | 42 | 22 | | | | 4 | | |
| | C-4 | 乡镇供水工程 1 | 4 | 64 | 32 | 32 | | | | 4 | | |
| | C-5 | 泵站设计与施工 | 4 | 64 | 32 | 32 | | | | 4 | | |
| | C-6 | 水利工程施工技术 | 4 | 64 | 42 | 22 | | | | 4 | | |
| | C-7 | 乡镇供水工程 2 | 3 | 54 | 28 | 26 | | | | | 9周 | |
| | | 小　计 | 27 | 438 | 252 | 186 | | | | 24 | | |

续表

| 课类 | 课程编号 | 课程名称 | 学分 | 总计 | 理论 | 随堂实践 | 15周 | 16周 | 16周 | 16周 | 11周 | 14周 |
|---|---|---|---|---|---|---|---|---|---|---|---|---|
| | | | | 学时安排 | | | 第一学年 | | 第二学年 | | 第三学年 | |
| 专业拓展课程 | D-1 | 应用写作 | 2 | 30 | 30 | √ | | | | | | |
| | D-2 | 品格育成与人生历练 | 2 | 30 | 30 | √ | | | | | | |
| | D-3 | 心理学概论 | 2 | 30 | 30 | | √ | | | | | |
| | D-4 | 形象塑造与自我展示 | 2 | 30 | 30 | | √ | | | | | |
| | D-5 | 水情教育 | 2 | 30 | 30 | | √ | | | | | |
| | D-6 | 文献检索及应用 | 2 | 30 | 30 | | | | √ | | | |
| | D-7 | 职业规划与创业体验 | 2 | 30 | 30 | | | | √ | | | |
| | D-8 | 文学与艺术鉴赏 | 2 | 30 | 30 | | | | | √ | | |
| | D-9 | 管理经济学 | 2 | 30 | 30 | | | | | √ | | |
| | D-10 | 专业规范及手册使用 | 2 | 30 | 30 | | | | | | √ | |
| | D-11 | 高等数学2 | 2 | 30 | 30 | | | | | | | √ |
| | D-12 | 专业英语 | 2 | 30 | 30 | | | | | | | √ |
| | D-13 | 专业导论 | 2 | 30 | 30 | √ | | | | | | |
| | D-14 | 土木工程概论 | 4 | 64 | 64 | | | √ | | | | |
| | D-15 | 环境工程基础 | 2 | 32 | 32 | | | | √ | | | |
| | D-16 | 土壤与农作物 | 2 | 32 | 32 | | | | √ | | | |
| | D-17 | 公路与桥梁工程 | 4 | 64 | 64 | | | √ | | | | |
| | D-18 | 水利工程经济 | 2 | 32 | 32 | | | √ | | | | |
| | D-19 | 水利工程管理技术 | 2 | 32 | 32 | | | √ | | | | |
| | D-20 | 工程资料整理 | 1 | 16 | 16 | | | | | | 2周 | |
| | D-21 | 就业指导 | 1 | 16 | 16 | | | | | | 2周 | |
| | D-22 | 施工安全管理 | 1 | 16 | 16 | | | | | | 2周 | |
| 小　计 | | | 18 | 240 | 240 | | | | | | | |
| 合　计 | | | 126 | 2004 | 1390 | 614 | 28 | 26 | 20 | 26 | 22 | |

注　1. 随堂实践包括实验、随堂技能训练、随堂实习。

2. "体育与健康"分别在第一至第二学期开设，第三至第四学期开设体育专项选修课，选修时间安排在课外时间进行。

3. 第五学期所开设课程（安排11周）均为理实一体化课程，通过集中训练提高学生专项技能。

4. 专业拓展课程共22门，打√为开设学期，其中D-1～D-12专业拓展公共选修课，要求不少于8学分，D-13～D-22专业拓展专业选修课，要求不少于10学分；各校也可根据各自特点选设其他专业拓展课程。

表 5 - 7　　　　　　　　　　　水利工程专业实践教学环节安排表

| 序号 | 课类 | 实践教学内容 | 学分 | 实践教学时间安排/周 | | | | | |
|---|---|---|---|---|---|---|---|---|---|
| | | | | 第一学年 | | 第二学年 | | 第三学年 | |
| | | | | 1 | 2 | 3 | 4 | 5 | 6 |
| E－1 | 专业认知与职业核心能力训练 | 军事训练与入学教育 | 2 | 2 | | | | | |
| E－2 | | 专业认知实习及暑期社会实践 | 2 | | 1（4） | | （4） | | |
| E－3 | | 计算机基础及应用实训 | 1.5 | 1 | | | | | |
| | | 合　计 | 5.5 | 3 | 1（4） | | （4） | | |
| E－4 | 专业基本技能训练 | 水利工程制图实训 | 1.5 | 1 | | | | | |
| E－5 | | 水利工程测量实训 | 1.5 | | 1 | | | | |
| E－6 | | 建筑材料实训 | 1.5 | | 1 | | | | |
| E－7 | | 水工 CAD 实训 | 1.5 | | | 1 | | | |
| E－8 | | 地质与土力学实训 | 1.5 | | | 1 | | | |
| E－9 | | 水工混凝土结构设计 | 1.5 | | | 1 | | | |
| E－10 | | 灌溉与排水技术实训 | 1.5 | | | | 1 | | |
| E－11 | | 水利工程概预算实训 | 1.5 | | | | 1 | | |
| E－12 | | 水土保持技术实训 | 1.5 | | | | 1 | | |
| | | 合　计 | 13.5 | 1 | 2 | 3 | 3 | | |
| E－13 | 专业综合技能训练 | 岗前训练 | 4 | | | | | 4 | |
| E－14 | | 技能鉴定 | 1 | | | | | 1 | |
| E－15 | | 顶岗实习 | 28 | | | | | | 14 |
| E－16 | | 毕业答辩及鉴定 | 2 | | | | | | 2 |
| | | 合　计 | 32 | | | | | 5 | 16 |
| 总计（不含专项技能训练） | | | 51 | 4 | 3（4） | 3 | 3（4） | 5 | 16 |

注　1. 本专业试行准学分制，教学计划的每个教学环节及教学内容均规定了具体学分，毕业生修完相应课程后，取
　　得规定的总学分就可毕业。

　　2. 对于第 6 学期的毕业顶岗综合实践，顶岗实践的学生成绩考核依据实践单位对其考核、评价和毕业答辩的综
　　合确定。

　　3. 本专业教学计划可根据具体情况做适当调整。

**四、课程教学基本要求**

　　课程教学基本要求应说明课程属于水利工程专业的哪个模块中的课程，例如，"水利工程概预算"是水利工程专业的一门专业核心能力课程；并阐述该课程的基本任务，通过本课程的学习达到的目的；通过课程教学，学生需完成相应的工作任务，从知识、技能、素质三方面实现专业培养目标；阐明课程定位，教学目标，项目划分、任务划分，使用的教学方法、手段，考核方法，教师基本要求，教学基本条件，使用的仪器设备，参考资料、学习资源等内容。在课程中要充分体现教学内容与职业标准对接。

　　职业核心能力模块、专业基本技能模块可以根据水行业统一要求制定，其他模块可根据各院校生源情况、教学条件、人才定位等，参考水行业统一要求灵活制定。

（一）职业核心能力课程教学基本要求

1. 思政（含就业、形势教育）

思政主要开设"思想道德与法律基础""毛泽东思想和中国特色社会主义理论体系概论""形势与政策"等课程。通过这些课程，对学生进行马克思主义、毛泽东思想和邓小平理论教育，以及新时期党的路线方针政策教育、法制教育、职业道德和法律法规教育，引导学生树立科学的世界观和为人民服务的人生观，使学生具有良好的思想政治素质和职业道德素质。

（1）思想道德与法律基础。

课程定位：本课程是中宣部和教育部规定的大学生必修课程，旨在提高学生的思想道德素质、职业素质和法律素质，引导学生完善对学校、社会、职业及自身的认识，树立正确的世界观、人生观、价值观、道德观和法制观。

学分、学时：2学分，30学时。

教学目标：掌握思想道德修养的基本内容、原则和方法，熟悉我国宪法和有关法律知识；使学生学会学习，学会做人，学会合作，学会思考；帮助学生树立正确的人生观和价值观，激发学生的爱国主义热情，加强思想品德修养，增强法律意识，提高法律素质。

主要内容：课程包含"学习'思想道德修养与法律基础'课的意义和方法""珍惜大学生活，开拓新的境界""树立科学理想，继承爱国传统""领悟人生真谛，创造人生价值""加强道德修养，锤炼道德品质""培育职业精神，恪守职业道德""了解法律规范，自觉遵守法律""了解法律程序，维护合法权益"八个学习项目，23个学习型工作任务。

（2）毛泽东思想和中国特色社会主义理论体系概论。

课程定位：本课程是中宣部和教育部规定的大学生必修课程，旨在培养学生运用马克思主义立场、观点、方法分析和观察问题，提高学生科学认识分析社会现象和社会问题的能力，树立正确的世界观、人生观和价值观，帮助学生全面发展并成为中国特色社会主义事业的合格建设者和可靠接班人。

学分、学时：4学分，60学时。

教学目标：明确马克思主义中国化命题的重大意义，了解马克思主义中国化的历史进程及其一脉相承的关系；系统掌握中国化马克思主义理论成果、理论精髓和精神实质；理解毛泽东思想、中国特色社会主义理论体系和中国共产党提出的最新理论成果及其路线、方针、政策。提高学生的思想政治理论水平，会运用马克思主义的科学立场、观点和方法分析问题，解决问题，形成一定的政治鉴别和是非判断能力，提升学生的社会责任感。

主要内容：包括马克思主义中国化的历史进程和理论成果及精髓、新民主主义革命理论、社会主义改造理论、社会主义本质和根本任务及改革开放、社会主义初级阶段理论和发展战略、建设中国特色社会主义经济政治文化与和谐社会、祖国完全统一的构想和外交政策、中国特色社会主义事业的依靠力量和领导核心八个学习项目，20个工作任务。

（3）形势与政策。

课程定位：是教育部指定的必修课程和学院职业核心能力课程。课程主要讲述国内外形势与政策紧密联系的若干个专题，对帮助大学生深刻理解和领会党的最新理论成果、认识当前国内国际政治经济形势具有较强的指导作用。

学分、学时：2 学分，30 学时。

教学目标：了解国内外形势与政策紧密联系的事件，帮助青年大学生深刻理解和领会党的最新理论成果、认识当前国内国际政治经济形势。

主要内容：国内外形势与政策紧密联系的事件。

2. 体育与健康

课程定位：是学院职业核心能力必修课程。通过合理的体育教学和科学的体育锻炼过程，使学生增强体质、增进健康，加强合作，成为身心健全的职业技能型人才。

学分、学时：4 学分，62 学时。

教学目标：通过本课程的学习，使学生了解体育与健康的关系，了解体育运动的基本要求和方法；掌握 1～2 项运动技能，养成体育锻炼的习惯，达到健康所必要的身体素质水平，增强身心素质；培养学生勇敢顽强的意志、友好相处的能力、团结协作的精神，为今后的健康学习、健康工作、健康生活打下坚实的基础。

主要内容：包括体育锻炼与体育卫生的基本理论，科学锻炼身体的作用、方法和手段，运动中常见损伤的预防及处理办法；力量协调、耐力柔韧及速度灵敏等素质的职业体能训练；篮球、排球、足球、网球、乒乓球、太极柔力球、武术、健美操、体育舞蹈九个选择性专项技能训练项目；个人挑战与超越、团队协作等素质拓展训练。

3. 高等数学

课程定位：是学院必修课程。包含微积分、线性代数、概率统计等相关知识，并引入了"数字应用能力"相关内容。培养学生灵活、抽象、猜想、活跃的数学思维和严谨求实的科学精神。

学分、学时：7 学分，122 学时。

教学目标：通过本课程的学习，使学生掌握从事岗位工作所必需的数学知识，具有一定的数学运算求解能力、数字应用能力、自我学习能力、创新能力，形成严谨缜密、科学求实的工作态度。

主要内容：本课程涵盖微积分、线性代数、概率统计、数学建模、数字应用能力等内容。一元函数微积分、多元函数微积分、微分方程、数学软件应用等为专业必修内容，空间解析几何、多元函数微积分、级数、拉普拉斯变换、线性代数、概率统计、数字应用能力、数学模型等内容为专业自选学习内容。

4. 实用英语

课程定位：本课程为学院职业核心能力必修课程。培养学生英语听、说、读、写、译的技能，提高其英语表达与交流能力，为"专业英语"课程学习及以后的可持续发展提供一定的基础。课程考核引入"全国高职高专英语应用能力（A 级或 B 级）证书"考试，其成绩计入学生成绩档案。

学分、学时：7 学分，124 学时。

教学目标：使学生掌握一定的英语基础知识，具有一定的听、说、读、写、译能力，能借助词典阅读和翻译有关英语业务资料，进行简单的口头和书面交流。具有良好的人文科学素养和国际意识，尊重别国的风俗习惯，礼貌待人，友好交往，善于协作，乐观向上。

主要内容：课程内容共分为 24 项学习任务，具体为：College Life（大学生活）；

Food Revolution（食物革命）；Appearance（相貌）；Money（金钱）；Brain and Memory（大脑和记忆力）；Life on the Internet（网络生活）；Lifestyle（生活方式）；Environment（环境）；Life's Ups and Downs（人生的起伏）；Getting Along（与人相处）；Sports & Leisure（体育和休闲）；Truth about Lies（谎言的真相）；Animal World（动物世界）；What's Love（什么是爱）；Around the World（环球与世界）；Friendship（友谊）；Power of Music（音乐的力量）；Job Hunting（找工作）；Ambitions and Dreams（雄心和梦想）；Festivals and Celebrations（节日和庆祝活动）；Pursuit of Beauty（对美的追求）；Celebrity（名人）；Films（电影）；Travel Abroad（国外旅游）。

5. 计算机基础及应用

课程定位：本课程是学院普及计算机基本知识与操作技能的基础课程，使学生具有使用计算机收集信息、管理文件、处理字表、分析数据、发布展示信息的能力。要求学生学习后获得全国计算机等级考试（一级）或全国高等学校计算机等级考试（一级、二级、三级）的证书。

学分、学时：4 学分，60 学时（理论 28 学时，实践 32 学时）。

教学目标：了解计算机系统基本知识和基本功能，理解文件、文件夹、Windows 系统多工作用户的概念，理解 TCP/IP 协议，掌握 IP 地址、域名、URL 地址的表示方法，了解计算机安全防护的基本知识；能够快速地进行汉字输入，熟练使用 Windows 操作系统对文件和系统进行管理，应用互联网进行信息检索、收发电子邮件，能进行文字录入、编辑、排版等工作，会制作电子表格、图表、演示文稿；能尊重他人、善于沟通和协作，具有遵纪守时、严谨认真、负责敬业的职业精神。

主要内容：计算机应用基础知识、Windows 操作系统、Internet 应用、Word 字表处理、Excel 电子表格制作、PowerPoint 演示文稿制作。

（二）专业基本技能课程教学基本要求

1. 工程力学

课程定位：该课程在水利工程专业课程体系中是专业基本技能课程。后续课程为水工混凝土结构、土石坝设计与施工、水闸设计与施工等。通过本课程学习，培养学生简化水工建筑物结构与力学分析等岗位工作能力。

课程学时、学分：90 学时，5 学分。

教学目标：

| 知 识 目 标 | 技 能 目 标 | 态 度 目 标 |
| --- | --- | --- |
| 掌握静力学基本理论<br>掌握基本变形杆件承载能力计算<br>掌握组合变形杆件承载能力计算<br>掌握压杆稳定计算<br>了解平面体系几何组成分析<br>了解杆系结构内力计算的基本方法 | 对物体和物体系统会进行受力分析和平衡计算<br>能对构件进行强度、刚度计算<br>对组合变形杆件会进行强度计算<br>具有对压杆稳定性核算的能力<br>对简单工程结构会判定属于静定还是超静定结构<br>对小型水利工程结构会进行内力计算 | 作业干净整洁<br>公式、数字书写规范、做图干净、正确<br>计算正确、精度符合要求<br>计算、校核完整、符合要 |

主要内容：学习工程力学计算方法，掌握静力学基础理论、平面力系、轴向拉伸与压缩、扭转、梁弯曲、组合变形、压杆稳定的计算方法，了解平面体系几何组成分析，静定结构内力分析与位移计算，超静定结构简介，影响线等计算方法。

2. 水利工程制图

课程定位：该课程在水利工程专业课程体系中是专业基本技能课程。后续课程为水工CAD、水工混凝土结构设计、土石坝设计与施工等。通过本课程学习，培养学生绘图技能，能正确运用国家制图标准绘出水利工程图及一般房屋建筑工程图，并能识读机械零件和简单的装配图，利用计算机进行绘图等岗位工作能力。通过学习可以考取"制图员"岗位资格证书。

课程学分、学时：4学分，60学时。

教学目标：

| 知 识 目 标 | 技 能 目 标 | 态 度 目 标 |
| --- | --- | --- |
| 掌握水利工程制图标准及规定<br>掌握形体的基本图示<br>掌握标高投影<br>掌握水利工程图和房屋建筑图的绘制方法和量测实体的方法 | 能正确绘制工程形体视图、剖视图、断面图和标注尺寸<br>能识读常见水工建筑物施工图及简单房屋建筑施工图<br>能绘制水利工程施工图 | 规范绘图<br>尺寸标注<br>清楚准确<br>爱惜图纸<br>能发现并纠正图纸中的错误 |

主要内容：学习水利工程制图的基本理论、基本知识、简单体三视图的画法与识读、轴测图的画法、组合体三视图的画法与识读、标高投影图的求作与识读、水利工程图的表达方法与识读、钢筋图、房建图的表达方法与识读等。

3. 水工CAD

课程定位：该课程在水利工程专业课程体系中是专业基本技能课程。后续课程为水工建筑物基础、水工混凝土结构设计、水闸设计与施工等。通过本课程学习，培养学生CAD绘图技能，具备正确运用国家制图标准绘出水利工程图等岗位工作能力。

课程学分、学时：4学分，64学时。

教学目标：

| 知 识 目 标 | 技 能 目 标 | 态 度 目 标 |
| --- | --- | --- |
| 掌握CAD基本绘画命令<br>掌握基本编辑命令操作<br>掌握AutoCAD绘图环境设置<br>掌握AutoCAD三维实体图的绘制方法和量测实体的方法 | 能正确绘制工程形体视图、剖视图、断面图和标注尺寸<br>能识读常见水工建筑物施工图及简单房屋建筑施工图<br>能绘制水利工程施工图<br>具有规范地绘制各类工程图样的技能 | 规范绘图<br>尺寸标注<br>清楚准确<br>能发现并纠正图纸中的错误 |

主要内容：包括水工CAD的基本绘画命令、基本编辑命令操作、CAD绘图环境设置、CAD三维实体图的绘制方法和量测实体方法等。

4. 建筑材料

课程定位：该课程在水利工程专业课程体系中是专业基本技能课程、证书课程。其前置课程为工程力学、水利工程制图，后续课程为水工建筑物基础、水利工程施工技术。通过本课程学习，培养学生能正确对材料进行取样，能对钢筋、水泥、骨料等材料进行检测，能设计水工混凝土配合比等岗位工作能力。通过学习可以考取"材料员""质检员"等岗位资格证书。

课程学时、学分：64 学时，4 学分。

教学目标：

| 知 识 目 标 | 技 能 目 标 | 态 度 目 标 |
|---|---|---|
| 掌握常用水工建筑材料的分类及技术要求<br>掌握常用水工建筑材料的取样<br>常用水工建筑材料的性能检测<br>试验报告的整理<br>能基本说出与课程相关的常用英语词汇的含义 | 能运用现行检测标准分析问题<br>能独立完成水工建筑材料验收检验的试验操作<br>能对试验数据进行分析处理<br>能对水工建筑材料合格与否做出正确判定<br>会填写和审阅试验报告 | 认真预习实训报告<br>读数认真、准确<br>注意检查、分析试验数据的合理性<br>不涂改试验记录<br>公式、数据书写规范<br>试验报告符合行业要求<br>爱护检测设备，及时清扫试验场地<br>能搞好作业小组间的配合 |

主要内容：学习常用建筑材料性能和水工混凝土材料检测基本知识，掌握钢筋检测、细骨料检测、粗骨料检测、水泥检测、混凝土检测、砌筑块材检测、沥青材料检测、土工合成材料检测方法。

课程内的单列实训项目：砂的颗粒级配试验、砂的堆积密度试验、砂的表观密度试验、水泥砂浆试验、混凝土试验、钢筋试验等。

5. 水利工程测量

课程定位：该课程在水利工程专业课程体系中是专业基本技能课程、证书课程。其前置课程为高等数学、工程力学等，后续课程为水工建筑物基础、水利工程施工技术。通过本课程学习，培养学生正确使用测量仪器和熟练的操作技能，正确识读地形资料，具有施工放样与测量控制等岗位工作能力。通过学习可以考取"测量员"岗位资格证书。

课程学时、学分：64 学时（理论 32 学时，实践 32 学时），4 学分。

教学目标：

| 知 识 目 标 | 技 能 目 标 | 态度目标 |
|---|---|---|
| 掌握工程测量的基本知识和水利工程测量标准<br>掌握水准仪、经纬仪、全站仪、GPS 等测量仪器的操作使用方法<br>具有水准测量、角度和距离测量的基本知识<br>具有小区域控制测量、施工放样测量及数字图测绘的基本知识 | 能正确操作水准仪、经纬仪、全站仪、GPS 等测量仪器<br>能按照生产要求正确使用全站仪进行角度、距离测量<br>能利用水准仪进行高程测量<br>能利用 GPS、全站仪等测量仪器、测量工具进行小区域控制测量、施工放样测量 | 测量作业符合行业规范<br>测量记录规范<br>不涂改测量记录<br>服从作业分配，搞好作业组间的配合<br>爱护测量仪器 |

主要内容：学习地形测量的基本理论、基本知识和作业过程，水准仪、经纬仪、全站仪、GPS 及其他设备的结构、性能及使用方法，图根导线和四、五等水准测量的作业方

法，大比例尺地形图测绘方法，熟知有关限差要求，并能对有关限差制定的理论依据有所了解。

课程内单列的实训项目：水准测量、导线测量、高程控制测量。

6. 水力分析与计算

课程定位：该课程在水利工程专业课程体系中是专业基本技能课程。其前置课程为工程力学、水利工程制图，后续课程为水工建筑物基础、水闸设计与施工、水利工程施工技术等。通过本课程学习，培养学生能正确分析水流现象解决设计、施工和管理中的水力计算问题的岗位工作能力。

课程学时、学分：64学时，4学分。

教学目标：

| 知 识 目 标 | 技 能 目 标 | 态 度 目 标 |
|---|---|---|
| 掌握水静力学的基本知识<br>掌握水流运动基本原理和水头损失分析计算基本方法<br>掌握有压管道水力计算的基本知识<br>掌握渠道水力计算的基本知识<br>掌握渠道、河道水面线的计算原理和方法，了解高速水流现象及对水工建筑物的影响<br>掌握堰流、闸孔出流的基本知识和计算方法<br>掌握泄水建筑物下游消能水力计算的知识和方法<br>掌握渗流的基本知识 | 具有中小型水工建筑物设计、施工管理、水利水电工程运行管理的水力分析与计算能力<br>正确使用设计规范进行水力计算<br>能使用常规的水力计算软件<br>能编写计算说明书 | 作业干净整洁<br>公式、数字书写规范<br>计算正确、精度符合要求<br>计算、校核完整、符合要求<br>计算说明书格式正确、清楚整洁 |

主要内容：学习水力分析计算的基本方法，主要包括建筑物壁面静荷载分析，水工有压管道的水力分析计算计算、渠（河）道水力分析计算，闸堰泄流能力分析计算，泄水建筑物下游消能水力分析计算，了解其他水力学问题。

7. 水工混凝土结构设计

课程定位：该课程在水利工程专业课程体系中是专业基本技能课程。其前置课程为工程力学、水利工程制图，后续课程为水工建筑物基础、水利工程施工技术等。通过本课程学习，培养学生水工混凝土基本结构计算、识读结构图等岗位工作能力。

课程学时、学分：64学时，4学分。

教学目标：

| 知 识 目 标 | 技 能 目 标 | 态 度 目 标 |
|---|---|---|
| 掌握钢筋混凝土结构设计基本知识<br>掌握钢筋混凝土梁板的结构构造知识<br>掌握钢筋混凝土柱的结构构造知识<br>理解肋形结构的结构构造知识<br>理解渡槽的结构构造知识 | 会设计钢筋混凝土梁板和识读钢筋混凝土梁板结构图<br>会设计钢筋混凝土柱和识读钢筋混凝土柱结构图<br>会设计肋形结构和识读肋形结构图<br>会设计渡槽结构和识读渡槽结构图 | 能主动回答老师提出的问题并经常向老师提出问题<br>作业书写规范、干净整洁<br>绘图清楚、标注规范<br>计算正确、精度符合要求<br>计算、校核完整，符合程序<br>能主动和同学研讨问题 |

主要内容：学习建筑结构设计计算基本方法，掌握单筋矩形截面梁板设计，双筋矩形截面梁板设计，矩形截面梁板设计校核，轴心受压柱的设计，偏心受压柱的设计，受拉柱的设计计算方法，了解单向板肋形结构板的设计，单向板肋形结构次梁设计，单向板肋形结构主梁设计，双向板肋形结构设计计算方法。掌握渡槽槽身横向结构设计、渡槽槽身纵向结构设计方法。

8. 地质与土力学基础

课程定位：该课程在水利工程专业课程体系中是专业基本技能课程。其前置课程为工程力学、水利工程制图，后续课程为水工建筑物基础、水利工程施工技术等。通过本课程学习，培养学生会进行工程地质分析，会选择地基处理方案，能进行土工试验及土方工程质量控制等岗位工作能力。

课程学时、学分：64 学时，4 学分。

教学目标：

| 知 识 目 标 | 技 能 目 标 | 态 度 目 标 |
|---|---|---|
| 掌握水利工程地质基本知识，了解地质构造对水工建筑物的影响<br>掌握土的物理力学性质<br>掌握土的击实特性、渗透性、压缩性及其在工程中的应用<br>掌握土的强度理论和地基承载力的确定方法<br>掌握土压力概念和土压力计算方法 | 能识别常见岩石及一般地质构造<br>能使用土工常规试验设备进行土工试验<br>能进行土的渗透变形的判断与防治<br>能进行地基土的变形与强度验算<br>能进行挡土墙的稳定验算<br>对常见工程地质问题能提出处理意见 | 学习认真，能按时完成作业，作业干净整洁<br>能认真预习试验报告<br>试验操作规范，读数认真、准确<br>不涂改试验记录<br>公式、数据书写规范<br>爱护试验设备，及时清扫试验场地<br>经常和同学研讨问题 |

主要内容：学习水利工程中常见的工程地质问题与处理方法；土的基本指标测定及工程分类方法；土方压实、渗透系数测定、地基变形验算、地基强度验算、挡土墙的稳定验算方法；阅读工程地质勘察报告。

9. 水文分析与计算

课程定位：该课程在水利工程专业课程体系中是专业基本技能课程。其前置课程为水利工程制图、水力分析与计算，后续课程为水工建筑物基础、土石坝设计与施工、水闸设计与施工。通过本课程学习，培养学生能进行水文信息采集与处理、流域产汇流计算、设计年径流分析、设计洪水推求等岗位工作能力。

课程学时、学分：64 学时，4 学分。

教学目标：

| 知 识 目 标 | 技 能 目 标 | 态 度 目 标 |
|---|---|---|
| 掌握水文学的基本知识<br>掌握流域径流形成过程<br>掌握水文信息采集与处理的基本方法<br>掌握流域产流与汇流计算的方法<br>掌握水文统计的基本知识<br>掌握设计年径流分析的方法<br>掌握设计洪水的推求方法<br>掌握排涝水文计算 | 具有中小型水工建筑物设计、施工管理、水利水电工程运行管理的水文分析与计算能力<br>正确使用设计规范进行水文分析与计算<br>能使用常规的水文计算软件<br>能编写计算说明书 | 作业干净整洁<br>公式、数字书写规范<br>计算正确、精度符合要求<br>计算、校核完整、符合要求<br>计算说明书格式正确、清楚整洁 |

主要内容：学习水文分析计算的基本方法，主要包括水文信息采集与处理、流域产（汇）流计算、水文统计、设计年径流分析、设计洪水的推求和排涝水文计算等。

10. 水工建筑物基础

课程定位：该课程在水利工程专业课程体系中是专业核心技能课程。其前置课程为水力分析与计算、工程力学、地质与土力学基础，后续课程为水利工程施工技术、水利工程合同管理与招投标。通过本课程学习，培养学生水利工程资料分析能力，能进行水工建筑物设计计算，能正确绘制水利工程设计图。

课程学时、学分：学时96学时（理论学时64，实践学时32），6学分。

教学目标：

| 知　识　目　标 | 技　能　目　标 | 态　度　目　标 |
|---|---|---|
| 明确常用水工建筑物的类型和适用条件<br>掌握常见的水工建筑物设计计算<br>识读并绘制建筑物设计图 | 能分析工程背景资料<br>能识读水工建筑物图<br>能绘制水利工程设计图<br>能进行工程量计算 | 及时总结各类建筑物的作用、应用条件、技术要求<br>作业正确、干净整洁<br>数字、公式书写标准<br>实训作业规范、符合要求 |

主要内容：重力坝、土石坝、水闸、溢洪道、渠系建筑物等的设计计算方法，掌握阅读工程图基本技能。

11. 土石坝设计与施工

课程定位：该课程在水利工程专业课程体系中是专业技能课程。其前置课程为水力分析与计算、工程力学、水工建筑物基础、水利工程施工技术，后续课程为泵站设计与施工、乡镇供水工程。通过本课程学习，培养学生从事土石坝结构设计、溢洪道设计、施工条件分析、编制施工导流计划、土石坝施工、施工进度计划编制和施工总体布置的工作能力。

课程学时、学分：36学时，2学分。

教学目标：

| 知　识　目　标 | 技　能　目　标 | 态　度　目　标 |
|---|---|---|
| 掌握土石坝结构计算<br>掌握溢洪道设计的方法<br>掌握土石坝施工条件分析并编制施工导流计划<br>掌握土石坝施工技术<br>正确编制土石坝施工进度计划<br>正确进行土石坝施工总体布置 | 能进行土石坝和溢洪道的初步设计<br>能正确编制施工导流方案<br>能正确编写施工进度计划并进行总体布置<br>能进行土石坝现场施工 | 及时总结土石坝设计工作的要点、条件、技术要求<br>作业正确、干净整洁<br>数字、公式书写标准<br>实训作业规范、符合要求 |

主要内容：土石坝的初步设计，工程控制测量与复核，围堰设计、土石方开挖、土料压实、工程量计算，碾压式土石坝施工、面板堆石坝施工、防渗墙施工、设计变更与方案优化，料场规划，土石坝施工质量控制，编制项目的主要材料、构配件、设备、商品混凝土的需用量计划，主要施工机械使用计划，劳动力使用计划，项目检验、试验、测量和监视用仪器的使用计划，施工场地布置，网络计划，安全管理，管理软件使用；土石方工程

施工、砌筑工程施工、钢筋工程、吊装工程、模板工程、混凝土工程、灌浆工程、施工导流与截流等。

12. 水闸设计与施工

课程定位：该课程在水利工程专业课程体系中是专业基本技能课程。其前置课程为水力分析与计算、工程力学、水工建筑物基础、水利工程施工技术，后续课程为泵站设计与施工、乡镇供水工程。通过本课程学习，培养学生具备水闸总体布置、孔口设计与计算、闸室稳定分析与计算、整体式闸底板结构计算、水闸消能防冲设计和防渗排水设计以及水闸施工组织设计的工作能力。

课程学时、学分：36学时，2学分。

教学目标：

| 知 识 目 标 | 技 能 目 标 | 态 度 目 标 |
| --- | --- | --- |
| 掌握水闸的结构组成和总体布置<br>掌握孔口设计的方法<br>掌握水闸闸室结构设计计算<br>掌握水闸消能防冲设计<br>掌握水闸防渗排水设计<br>掌握水闸的施工组织方案的编制和现场施工技术 | 能进行水闸的初步设计<br>能正确编制水闸施工组织方案<br>能正确编写施工进度计划并进行总体布置<br>能进行水闸现场施工 | 及时总结水闸设计工作的要点、条件、技术要求<br>作业正确、干净整洁<br>数字、公式书写标准<br>实训作业规范、符合要求 |

主要内容：水闸初步设计，工程控制测量，钢筋工程、导流设计，分部分项施工图设计，工程量计算，材料用量计算，设计变更与方案优化，质量控制，编制项目的主要材料、构配件、设备、商品混凝土的需用量计划，主要施工机械使用计划，劳动力使用计划，项目检验、试验、测量和监视仪器的使用，施工场地布置，进度计划，安全管理，管理软件使用等。

13. 水利工程合同管理与招投标

课程定位：该课程在水利工程专业课程体系中是专业基本技能课程。其前置课程为水工建筑物基础、水利工程监理等课程，后续课程为水利工程概预算、泵站设计与施工、水利工程施工技术。通过本课程学习，培养学生能从事水利工程合同管理、项目招投标等岗位工作能力。

课程学时、学分：36学时，2学分。

教学目标：

| 知 识 目 标 | 技 能 目 标 | 态 度 目 标 |
| --- | --- | --- |
| 掌握水利工程招投标的基本知识<br>掌握水利工程招标投标程序<br>熟悉建设工程合同管理相关的法律制度<br>掌握建设工程施工索赔 | 能编写招标文件和投标文件<br>能进行建设工程合同管理工作<br>能应对建设工程施工索赔工作 | 听课认真，积极回答老师的提问<br>作业正确、干净整洁、书写标准<br>主动和同学研讨问题<br>正确编制招投标文件 |

主要内容：建筑市场、水利工程建设项目招投标、建设工程合同及合同管理法律制度、建设工程合同管理、建设工程施工索赔等。

14. 水利工程监理

课程定位：该课程在水利工程专业课程体系中是专业基本技能课程。其前置课程为水工建筑物基础、水利工程合同管理与招投标等课程，后续课程为水利工程概预算、泵站设计与施工、水利工程施工技术。通过本课程学习，培养学生从事水利工程监理、项目管理等岗位工作能力。

课程学时、学分：36 学时，2 学分。

教学目标：

| 知　识　目　标 | 技　能　目　标 | 态　度　目　标 |
| --- | --- | --- |
| 熟悉监理单位及监理人员资格的认证<br>掌握编制监理规划的方法<br>掌握各个阶段工程监理的内容及方法<br>掌握工程监理技术<br>掌握工程索赔认定等 | 能正确编写监理大纲、监理规划和监理实施方案<br>能正常从事水利工程现场监理工作<br>能应对工程索赔等工作 | 听课认真，积极回答老师的提问<br>作业正确、干净整洁、书写标准<br>及时总结各类监理方法和工艺<br>主动和同学研讨问题<br>正确编制监理文件 |

主要内容：监理的概念及我国推行监理的必要性和可行性，监理单位及监理人员资格的认证；建设监理规划的制定；工程建设前期、施工招标阶段、施工阶段监理的方法及内容；施工阶段质量、进度和成本的控制，工程索赔认定。

（三）专业核心技能课程教学基本要求

1. 灌溉与排水技术

课程定位：该课程在水利工程专业课程体系中是专业核心技能课程。其前置课程为水利工程制图、工程力学、地质与土力学基础、水工建筑物基础等课程。通过本课程学习，培养学生制定灌溉制度、灌区规划、渠系建筑物设计等岗位工作能力。

课程学时、学分：64 学时，4 学分。

教学目标：

| 知　识　目　标 | 技　能　目　标 | 态　度　目　标 |
| --- | --- | --- |
| 掌握灌溉制度的制定<br>掌握灌水率与灌溉用水量计算的方法<br>掌握灌溉与排水工程的规划技术<br>掌握灌排沟渠断面设计方法<br>掌握井灌区规划<br>掌握渠系建筑物设计方法 | 能编制灌区规划方案<br>能制定灌溉制度<br>能计算灌水率和灌溉用水量<br>能进行灌排工程规划<br>能设计渠系建筑物 | 听课认真，积极回答老师的提问<br>作业正确、干净整洁、书写标准<br>主动和同学研讨问题<br>正确编制灌区规划方案 |

主要内容：灌溉制度制定、灌水率与灌溉用水量计算、灌溉与排水工程的规划、灌排沟渠断面设计、井灌区规划、渠系建筑物设计等。

2. 水利工程概预算

课程定位：该课程在水利工程专业课程体系中是专业核心技能课程。其前置课程为工程力学、地质与土力学基础、水工建筑物基础、水利工程合同管理与招投标等课程。通过本课程学习，培养学生能正确编制水利工程概预算的岗位工作能力。

课程学时、学分：64 学时，4 学分。

教学目标：

| 知　识　目　标 | 技　能　目　标 | 态　度　目　标 |
| --- | --- | --- |
| 掌握水利工程定额基本知识<br>掌握水利工程概预算各类表格的编制方法 | 能正确编写水利工程概预算报表<br>通过强化训练，力争获取工程造价员职业岗位证书 | 听课认真，积极回答老师的提问<br>作业正确、干净整洁、书写标准 |

主要内容：水利工程定额基本知识，对总概算表、建筑工程概算表、设备及安装工程概算表、临时工程概算表、独立费用概预算表、预备费概算表、建筑工程单价表、安装工程单价表、施工机械台班费汇总表、建筑工程单价汇总表、安装工程单价汇总表、临时工程单价汇总表、主要材料预算价格汇总表、其他材料预算价格汇总表的编制等。

3. 水土保持技术

课程定位：该课程在水利工程专业课程体系中是专业核心技能课程。其前置课程为工程力学、地质与土力学基础、水工建筑物基础等课程。通过本课程学习，培养学生具备编制水土保持方案的岗位工作能力。

课程学时、学分：64 学时，4 学分。

教学目标：

| 知　识　目　标 | 技　能　目　标 | 态　度　目　标 |
| --- | --- | --- |
| 熟悉水土保持工程级别划分与设计标准<br>掌握水土保持分析与评价<br>掌握水土流失防治责任范围与防治分区的方法<br>熟悉水土保持的工程和非工程措施<br>了解水土保持监测技术<br>掌握水土保持方案的编制 | 能进行水土保持分析与评价<br>能从事水土保持监测工作<br>能编制水土保持方案 | 听课认真，积极回答老师的提问<br>作业正确、干净整洁、书写标准<br>主动和同学研讨问题<br>正确编制水保方案 |

主要内容：水土保持工程级别划分与设计标准、水土保持分析与评价、水土流失防治责任范围与防治分区、水土流失防治目标及水土保持措施、水土保持监测、水土保持方案的编制等。

4. 乡镇供水工程 1

课程定位：该课程在水利工程专业课程体系中是专业核心技能课程。其前置课程为工程力学、水力分析与计算、地质与土力学基础、水工建筑物基础等课程。通过本课程学习，培养学生能进行乡镇供水工程设计与管理的岗位工作能力。

课程学时、学分：64 学时，4 学分。

教学目标：

| 知　识　目　标 | 技　能　目　标 | 态　度　目　标 |
| --- | --- | --- |
| 掌握乡镇供水量计算<br>掌握取水构筑物类型<br>掌握净化工艺设计<br>掌握自来水厂厂址的选择及调节建筑物设计<br>掌握给水管网的水力计算 | 能合理选择取水构筑物类型<br>能正确计算乡镇供用水量<br>能对净水工艺进行设计<br>能合理选择自来水水厂的厂址<br>能进行调节建筑物的设计<br>能对给水管网进行水力计算 | 作业正确、干净整洁、书写标准<br>及时总结各类净水方法和工艺<br>主动和同学研讨问题<br>正确进行管网水力计算 |

主要内容：乡镇供水量计算、取水构筑物类型选择、净化工艺设计、厂址选择、调节建筑物设计和给水管网水力计算等。

5. 泵站设计与施工

课程定位：该课程在水利工程专业课程体系中是专业核心技能课程。其前置课程为水力分析与计算、工程力学、地质与土力学基础、水工建筑物基础、水利工程施工技术。通过本课程学习，培养学生具备泵站设计和泵站施工的职业工作能力。

课程学时、学分：64 学时，4 学分。

教学目标：

| 知 识 目 标 | 技 能 目 标 | 态 度 目 标 |
| --- | --- | --- |
| 掌握泵站的设计方法<br>掌握泵站施工技术 | 能进行小型水泵站的设计<br>能进行水泵站现场施工 | 及时总结泵站设计工作的要点、条件、技术要求<br>作业正确、干净整洁<br>数字、公式书写标准<br>实训作业规范、符合要求 |

主要内容：小型水泵站设计，工程控制测量，钢筋工程，泵机组安装，编制项目的主要材料、构配件、设备、商品混凝土的需用量计划，主要施工机械使用计划，劳动力使用计划，项目检验、试验、测量和监视仪器的使用，施工场地布置，进度计划，管理软件使用等。

6. 水利工程施工技术

课程定位：该课程在水利工程专业课程体系中是专业核心技能课程。其前置课程为水利工程制图、工程力学、地质与土力学基础、水工建筑物基础等课程，后续课程为土石坝设计与施工、水闸设计与施工。通过本课程学习，培养学生正确选择施工导截流方案能力，会工种施工工艺和正确选择施工机械、能进行施工质量控制等岗位工作能力。

课程学时、学分：64 学时，4 学分。

教学目标：

| 知 识 目 标 | 技 能 目 标 | 态 度 目 标 |
| --- | --- | --- |
| 掌握常用的施工方法和工艺<br>掌握现行施工规范和技术要求<br>掌握施工工艺的实操与现场施工管理必备知识<br>掌握施工技术交底的知识<br>掌握中级工考级和施工员取证必备知识 | 能合理选择施工方案和施工工艺<br>能运用水利工程施工技术分析解决施工中的问题<br>能对施工质量和施工安全进行监控<br>会编制工程施工技术报告<br>通过强化训练，能通过坝工、钢筋工、混凝土工、模板工中级工技能鉴定或获取施工员职业岗位证书 | 听课认真，积极回答老师的提问<br>作业正确、干净整洁、书写标准<br>及时总结各类施工方法和工艺<br>主动和同学研讨问题<br>正确编制施工报告 |

主要内容：水利工程施工的基本方法，施工导流与截流、基坑施工、土方工程、砌筑工程、爆破工程、模板工程、钢筋工程、混凝土工程、吊装工程、灌浆工程等。

7. 乡镇供水工程 2

课程定位：该课程在水利工程专业课程体系中是专业核心技能课程。其前置课程为工程力学、水力分析与计算、地质与土力学基础、水工建筑物基础、乡镇供水工程 1 等课程。通过本课程学习，培养学生乡镇供水工程设计与管理的岗位工作能力。

课程学时、学分：54 学时，3 学分。

教学目标：

| 知　识　目　标 | 技　能　目　标 | 态　度　目　标 |
|---|---|---|
| 掌握供水量计算<br>掌握取水构筑物类型选择<br>掌握净化工艺设计<br>掌握自来水厂厂址的选择及调节建筑物设计<br>掌握给水管网的水力计算<br>掌握乡镇供水工程管理知识 | 能合理选择自来水水厂的厂址<br>能对净水工艺进行设计<br>能进行小型乡镇供水厂设计<br>能进行给水管网水力计算<br>乡镇供水工程管理能力 | 及时总结乡镇供水工程设计工作的要点、条件、技术要求<br>数字、公式书写标准<br>实训作业规范、符合要求<br>主动和同学研讨问题 |

主要内容：结合某供水工程案例，进行供水量计算、取水构筑物选型、净化工艺设计、厂址选择、调节建筑物设计、给水管网水力计算等。

（四）实践教学基本要求

1. 军事训练与入学教育

课程定位：本课程是教育部规定的大学生必修课程。以《高等院校学生军事训练教学大纲》为依据，全面贯彻第三次全国教育工作会议关于加强学生素质教育的精神，坚持以法治校，对新生进行科学教育和作风训练，提高新生的政治思想素质，增强新生的国防观念，加强组织纪律性，进一步推动学校的精神文明建设，为培养新生的良好学风打下基础。

学时、学分：2 周学时，2 学分。

主要内容：学习教育部关于普通高等学校学生管理规定、学生行为准则、学籍管理和校园管理规定等文件。学习学院制定的学生日常管理的若干规定、考试纪律、宿舍管理、违纪处分条例、奖励条例及综合测评办法等文件。介绍校情、系情、校园文化以及学院制订的学分制教学计划、学籍管理规定等文件。按照教育部、总参谋部、总政治部关于《高等学校学生军事训练教学大纲》规定的内容进行军事训练。

2. 专业认知实习及暑期社会实践

课程定位：该课程在水利工程专业课程体系中是单列的实训课程。通过专业认知实习及暑期社会实践培养学生树立良好的专业思想，获得对水利工程的感性认识，收集有关资料为专业课的学习奠定基础，初步了解水利工程的发展前景和有关专业知识，调查收集工程在运行管理中存在的问题及施工中的经验，结合设计图纸进行现场读图训练，提交实习日志及实习报告。

学时、学分：8 周学时，2 学分。

主要内容：该课程包括两部分，第一部分专业认知实习，在校内水利工程实训基地和校外实习基地进行实训。第二部分暑期社会实践，分第一、二两个学年完成，每个学年暑假各安排 4 周参加校外实践活动。

3. 计算机基础及应用实训

课程定位：本课程是学院普及计算机基础及应用的职业核心能力实训课程，使学生掌据使用计算机收集信息、管理文件、处理字表、分析数据、发布展示信息等知识。

学时、学分：1 周学时，1.5 学分。

主要内容：结合水利工程，进行 Windows 操作系统应用练习、Excel 系统操作练习、文字录入操作练习、工程文字处理、工程软件的使用练习等。

4. 水利工程制图实训

课程定位：该课程在水利工程专业课程体系中是单列的实训课程，在课程中进行技能认证。其前置课程为高等数学、水利工程制图，后续课程为水利分析与计算、建筑材料、水工建筑物基础。通过本课程培养能正确识读和绘制水利工程图样的岗位工作能力。

学时、学分：1 周学时，1.5 学分。

主要内容：绘制水闸等水工建筑物的平面布置图和总剖视图。

5. 水利工程测量实训

课程定位：该课程在水利工程专业课程体系中是单列的实训课程。其前置课程为水利工程制图、水利工程测量，后续课程为土石坝设计与施工、水闸设计与施工等课程。通过本课程实训，培养学生使用水准仪、经纬仪或全站仪、GPS 等测量仪器设备进行地物和地貌测绘的岗位工作能力。

学时、学分：1 周学时，1.5 学分。

主要内容：该实习包括三部分，第一部分，水准、导线和常规测图实习，其内容包括图根点的选取、施测、内业计算，大比例尺地形图测绘；第二部分其内容包括图根控制测量等；第三部分为使用全站仪进行图根控制测量、野外数据采集、传输、数字图编辑、成果输出等。

6. 建筑材料实训

课程定位：该课程在水利工程专业课程体系中是单列的实训课程。其前置课程为工程制图、工程力学，后续课程为水工建筑物基础、水工混凝土结构设计等。通过本课程实训，培养学生使用常规的实验仪器进行粗骨料、水泥、钢筋等材料检测，能设计水工混凝土配合比，会使用常规的实验仪器配制一定强度等级的混凝土，具有进行混凝土抗压、抗弯强度试验等岗位工作能力。

学时、学分：1 周学时，1.5 学分。

主要内容：该实习包括两部分，第一部分，混凝土配合比设计；第二部分内容包括一定强度等级混凝土的配制、混凝土抗压、抗弯强度测定等。

7. 水工 CAD 实训

课程定位：该课程在水利工程专业课程体系中单列的实训课程。后续课程为水力分析与计算、水工混凝土结构设计。通过本课程实训，培养学生 CAD 绘图技能，能正确运用国家制图标准绘制出水闸等水利工程图。

学时、学分：1 周学时，1.5 学分。

主要内容：熟练操作水工 CAD 的基本绘画命令、基本编辑命令、绘图环境设置以及三维实体图的绘制方法和量测实体的方法，绘制水闸总平面布置图和纵剖图、土石坝横断面图等。

8. 地质与土力学实训

课程定位：该课程在水利工程专业课程体系中是单列的实训课程。其前置课程为地质与土力学基础，后续课程为水工建筑物基础、水利工程施工技术等。通过本课程实训，培养学生使用常规的土工试验仪器进行土的物理力学性质指标测定，初步了解土石坝建筑材料的基本特性。

学时、学分：1周学时，1.5学分。

主要内容：该实习包括两部分，第一部分，土的物理性质指标测定；第二部分，土的力学性质指标测定等。

9. 水工混凝土结构设计

课程定位：该课程在水利工程专业课程体系中是专业基本技能训练课程。其前置课程为工程制图、工程力学、水工混凝土结构设计等，通过本课程实际训练，培养学生会分析计算水工混凝土基本结构、能识读结构图等岗位工作能力。

学时、学分：1周学时，1.5学分。

主要内容：轴心受压柱的设计计算、偏心受压柱的设计计算；渡槽槽身横向结构设计、渡槽槽身纵向结构设计或肋形结构设计计算等。

10. 灌溉与排水技术实训

课程定位：该课程是在水利工程专业课程体系中单列的实训课程。其前置课程为水利工程制图、工程力学、地质与土力学基础、水工建筑物基础等课程。通过本课程实训，培养学生制定灌溉制度、灌区规划、渠系建筑物设计等岗位工作能力。

学时、学分：1周学时，1.5学分。

主要内容：通过灌区灌排工程规划案例，进行灌溉制度制定、灌水率与灌溉用水量计算、灌溉与排水工程的规划、灌排沟渠断面设计、井灌区规划、渠系建筑物设计等。

11. 水利工程概预算实训

课程定位：该课程是在水利工程专业课程体系中单列的实训课程。其前置课程为工程力学、地质与土力学基础、水工建筑物基础、水利工程合同管理与招投标等课程。通过本课程实训，培养学生能正确编制水利工程概预算的岗位工作能力。

学时、学分：1周学时，1.5学分。

主要内容：通过水闸等工程预算案例，加深对水利工程定额基本知识的理解，对总概算表、建筑工程概算表、设备及安装工程概算表、临时工程概算表、独立费用概预算表、预备费概算表、建筑工程单价表、安装工程单价表、施工机械台班费汇总表、建筑工程单价汇总表、安装工程单价汇总表、临时工程单价汇总表、主要材料预算价格汇总表、其他材料预算价格汇总表的编制等进行训练。

12. 水土保持技术实训

课程定位：该课程是在水利工程专业课程体系中单列的实训课程。其前置课程为工程力学、地质与土力学基础、水工建筑物基础等课程。通过本课程实训，培养学生具备编制水土保持方案的岗位工作能力。

学时、学分：1周学时，1.5学分。

主要内容：通过水土保持工程案例，进行水土保持工程措施及农业措施选择、水土保持方案设计程序学习和实训等。

13. 岗前训练

课程定位：该课程在水利工程专业课程体系中属专业综合技能实训。结合 4、5 学期所学的土石坝设计与施工、泵站设计与施工、水闸设计与施工和职业拓展课程等相关知识和技能，参加学院与企业合作的生产项目进行综合模拟训练等。

学时、学分：4 周学时，4 学分。

主要内容：通过工作项目，开展校内工作项目模拟实训，针对就业方向强化岗位技能，提升综合职业能力和就业竞争力，通过专业技能认证系统进行职业技能测试，获取相关的职业资格证书。另外，根据专业需要聘请企业的专家进行生产项目专题讲座。

14. 技能鉴定

课程定位：该课程在水利工程专业课程体系中属一项专业技能训练和鉴定。根据学生完成的某一项技能鉴定工作（如水利特有工种以及施工员、预算员、质检员、安全员、材料员、测量员等），通过专业技能认证系统考核获取一项或多项职业资格证书。

学时：1 周学时。

主要内容：集中训练和培训，通过考核让学生获取某一职业资格证书（如水利特有工种以及施工员、预算员、质检员、安全员、材料员、测量员、监理员等）。

15. 顶岗实习

课程定位：该课程在水利工程专业课程体系中属最后一项专业综合实训。结合所学的土石坝设计与施工、水闸设计与施工、灌溉与排水技术、水土保持技术和职业拓展课程等相关知识和技能，到企业进行毕业顶岗实习或参加学院与企业合作的生产项目。

学时、学分：14 周学时，28 学分。

实训目标：通过毕业顶岗实习，使学生以设计辅助人员、施工员、造价员、监理员、质检员、水利工程管理人员等角色，获取具有水利工程首次就业岗位技能，体验现代企业管理模式、企业生产过程、编写顶岗实习日志和顶岗实习报告。

主要内容：主要从事水利工程设计、施工和管理、监理等工作。

16. 毕业答辩及鉴定

课程定位：该课程在水利工程专业课程体系中属最后一项专业综合技能训练。根据学生完成的毕业综合实训总结报告或毕业设计（论文），组织答辩并给出鉴定成绩。

学时：2 周学时。

主要内容：根据综合实训总结报告、毕业设计（或论文），组织答辩，结合实践单位的鉴定意见、设计成果（或论文）进行综合评定。办理毕业鉴定和毕业离校手续等工作。

**五、教学环节设计**

通过教学文本对各教学环节进行系统化设计。教学文本中主要的教学文件包括整体教学活动实施计划、课程单元教学设计、课程考核实施方案、第一次课、学习指南、工作任务书、实验实训教学标准等。

（1）整体教学活动实施计划。整体教学活动实施计划是课程总体教学安排的基础性文件，是落实专业教学目标的最重要的内容。该计划要说明课程项目划分、每个学习型项目包含的学习型工作任务及学时等，规定教学目标。进行教学组织设计，规定学生角色、教学情境、教学材料、教学内容过程设计等。

（2）课程单元教学设计。课程单元教学设计是根据整体教学活动实施计划中细化单元得到的，是教学活动的最小组织单位，也是教学最重要的环节。

设计中要说明单元继承的项目、学习型工作任务。规定本单元达到知识、技能、态度目标，规定能力训练计划和教学案例，本单元的教学重点、难点，采用的教学方法、手段，教学组织形式，需要的教学条件，布置学生的课外工作任务等内容。

在每个单元教学设计中要附上教案，形成授课脚本。细化本单元教学所有涉及的内容，如仪器设备、教学地点、教学步骤、考核评价等。

（3）课程考核实施方案。学生考核采用知识、技能、态度三方面综合评价。各门课程根据情况灵活开展期中考试、期末考试、项目完成的质量等对学生知识进行考核，把各项成绩综合评定为知识考试成绩。

根据学生平时表现、学习小组中发挥的作用、课堂互动效果、学习态度、提交作业时间质量、提交成果的时间和质量等综合形成态度成绩，充分利用水利工程教学资源库，把资源库使用次数、下载量、学时时长等加入态度考核成绩中。

根据学生证书获取、技能鉴定、实验实训表现、完成项目的质量等进行技能考核。

按照知识、技能、态度分别占 0.4、0.4、0.2 的权重对学生进行综合评价。

也可以以项目考核为依据进行评价，每个项目从知识、技能、素质三方面对项目完成情况进行项目考核，按照项目重要程度的不同分配权重，项目成绩加权平均对学生综合评价。

方案中要根据总体考核方法设计，细化本课程的考核方式，方案还要集成一定数量的试题、样卷等。

（4）第一次课。第一次课是教学的第一个环节设计，要说明本课程的学时数、课程定位、工作任务和课程目标、课程组织、学习要点、教学参考材料、如何考核与评价等。

（5）学习指南。学习指南是学生课前预习、课外学习的重要参考资料，以项目工作任务进行组织，内容包括学习型工作任务、基本内容、重点、难点、考核要点（知识、技能、素质）、自我测试、学习参考资料等。

（6）学生工作任务书。工作任务书是学生学习或实训工作任务后的工作记录，要记录学生信息、课程、项目、工作任务及要求、完成时间等，还要包括安全事项、工作步骤、提交成果、考核要点（知识、技能、素质）、考核方式、学生工作评价、教师工作评价等。

（7）实验实训教学标准。实验实训教学标准是规范实验实训的教学文件，按照教学文本的要求，要体现培养的技能、条件要求、规范标准、岗位角色、时间、成果要求、工作过程、工艺要求、质量标准、学生角色等内容。学生通过教学标准在实验教师（企业兼职教师）的指导下完成实验实训任务。

（8）顶岗实习手册。在顶岗实习手册中要制定《顶岗实习管理规定》《实习协议书》等，填写顶岗实习单位主要信息，说明顶岗实习工作岗位主要工作任务、工作成果、指导教师等信息，记录顶岗实习日志或周志，顶岗实习结束后编写顶岗实习总结和考核记录等。

### 六、教学方法设计

水利工程专业人才培养模式的"工学结合"，决定了其教学方法与传统教学方法的不同，突出强调高职教育特点，注重学生的练和做。按照"校企合作、工学结合"的总体建设思路，以高端技能人才培养为目标，在课程的教学过程中，构建与人才培养模式相适应的"教、学、练、做"一体化的课程教学模式，使教师的教和学生的学、练、做融为一体，贯穿于整个课程的教学过程中。

"教、学、练、做"具体实施：将讲课内容与实践内容合为一体；采用"边教边学、边学边练、边练边做"的方式开展教学，保证了"教、学、练、做"一体化教学方法的实施。通过反复的教、学、练，最终让学生自主完成水利工程项目成果。水利工程专业项目课程教学、实习实训教学，分别采用项目导向、任务驱动等教学方法。此外，在课程教学过程中，还可采用传统的教学方法，如讲授法、案例教学法、情景教学法、讨论法等。

（1）项目导向：根据专业培养目标（知识、能力、素质），以水利工程典型的工作任务为载体，按设计与施工的基本工作过程，解构、重构课程内容，组织教学项目。以一个工程案例为导向，将案例任务分解成若干实施项目与实施任务。通过项目教学，达到培养学生职业能力的目的。教学项目的选取应具有实用性、可操作、可检验、可迁移性，能激发学生的学习动力。按工作任务组织教学项目的课程采用项目导向法教学。

（2）任务驱动：在项目教学过程中，注重培养学生独立完成工作任务的能力，以问题的解决为目的讲授知识，把单纯的知识传授转化为用知识去解决实际问题，注重知识的应用性。对实践性强的学习任务，在讲授相关知识的基础上，通过教师的引导，学生自主完成生产性任务。按工作过程组织的实训项目采用任务驱动法教学。

（3）案例教学：在教师指导下，由学生对选定的具有代表性的典型案例，进行有针对性的分析、审理和讨论，做出自己的判断和评价。这种教学方法可拓宽学生的思维空间，增加学习兴趣，提高学生的能力。案例教学法在课程中的应用，能充分发挥启发性、实践性，开发学生思维能力，提高学生的判断能力、决策能力和综合素质。

（4）情景教学：情景教学法是将课程的教学过程放置在一个模拟的、特定的情景场合之中。通过教师的组织、学生的演练，在仿真场景中达到教学目标，可锻炼学生的临场应变、实景操作的能力，活跃教学气氛，提高教学感染力。这种教学方法在课程的教学中可经常应用，因现场教学模式受到客观条件的一些制约，因此，提高学生实践教学能力的最好办法就是采用此种情景教学法。学生们通过亲自参与环境的创设，开阔视野，自觉增强科学意识，提高动手能力。此外，课程教学中，这种教学方式的运用既能满足学生提高实践能力培养的需求，也体现其方便、有效、经济的特点，能充分满足教学需求。

（5）讨论法：在课程的课堂教学中学生通过讨论，进行合作学习，让学生在小组或团队中展开学习，让所有人都能参与到明确的集体任务中，强调集体性任务，强调教师放权给学生。合作学习的关键在于小组成员之间相互依赖、相互沟通、相互合作，共同负责，从而达到共同目标。通过开展课堂讨论，培养思维能力、语言文字表达能力，让学生多参与、亲自动手、亲自操作，激发学习兴趣，促进学生主动学习。

（6）体验学习教学法："体验学习"意味着学生亲自参与知识的建构，亲历过程，并在过程中体验知识和体验情感。它的基本思想是：学生对知识的理解过程并不是一个"教师传授—学生聆听"的传递活动，学生获取知识的真实情况是学生在亲自"研究""思索""想象"中领悟知识，学生在"探究知识"中形成个性化的理解。

实习实训教学要与生产实际相结合，采用"校企合作、工学结合"的方式，将学校的实习教学与企业的生产项目有机结合，与合作企业共同实施"实习—生产"一体化的生产性实训教学模式，充分体现"合作办学、合作育人、合作就业、合作发展"。结合生产项目，由专任教师负责现场指导，企业兼职教师负责质量检查，学生自主完成生产任务，达到校企双赢、学生受益的效果。具体实施中，要求实习项目一定是实际生产任务；生产任务一定由学生为主体完成；学校、企业指导教师一定要全程参与生产过程；学校、企业、学生一定要签订三方协议。

### 七、合理选用教材

教材是体现教学内容和教学方法的知识载体，其质量直接影响着人才培养质量。教材选用是教学管理工作的重要组成部分。在教材选用上，坚持"适用、选新、选优"的原则，优先选用近3年国家精品教材、国家及省级规划教材、获奖教材和公认水平较高的特色教材、校本教材。教材选取原则如下：

（1）质量至上原则。教材选用直接关系到教学质量，应当把高质量教材作为教材选用的主要目标。选用教材应从教学需要出发，强调教材的学术性、先进性和适用性。

1）教材内容应符合全面推进素质教育要求，符合社会人才培养的需要。

2）教材内容应符合专业人才培养要求，符合教学大纲基本要求，适宜教学，有利于学生实践能力的培养。

3）教材内容应与时俱进，保持先进性。发展迅速和应用性强的课程教材要及时更新。高质量的新版教材应成为教材选用的主体。原则上应选用近五年内出版的教材，积极选用近三年内出版的新教材。

4）教材选用要实施精品战略，把重点教材、精品教材作为教材选用的主要对象。专业必修课所用教材均应优先选用列为国家级精品教材、规划教材以及21世纪课程教材。

（2）集体选用原则。教材应由课程主讲教师根据专业培养目标和课程教学要求推荐适用教材，交教研室讨论决定，由院（系、部）组织审定，报教务处备案。

（3）评估更新原则。

1）学校实行教材工作评估制度。教材评估体系由"教材工作评估指标体系""主干课程教材质量评估标准"两部分组成。

2）教材评估工作每两年进行一次，程序上，先组织学生对所用教材进行集体评议，充分了解学生对所用教材的全面评定；再组织教研活动，由任课老师对所用教材进行总体评估，然后由全体老师集体讨论，结合学生的评估，以决定是否更换教材。

### 八、教学条件

（一）专业教学团队

具备一支由专业带头人、专业骨干教师和企业工程技术人员组成的、师德高尚、结构合理、素质优良、相对稳定、专兼结合"双师素质"和"双师结构"的专业教学团队。

（1）专业带头人：1～2人，应具有扎实的专业理论知识、先进的教育理念、丰富的实践经验、较强的组织协调和专业发展方向把握能力、专业教学改革和课程开发能力、专业教学团队建设和管理能力、在行业内有一定影响的副高以上职称。

（2）专任教师：8～10人，其中副高以上职称不低于2～3人，中级以上职称不低于5～8人。专任教师应具有扎实的专业基础、宽广的视野、较强的教研教改与课程开发能力、较强的理论与实践教学能力，熟悉本专业的基础理论、基本技能、课程体系、培养目标以及本专业相关行业（或岗位群）的最新动态和发展趋势，能够协助专业带头人制定专业标准，参与课程体系改革，主持或参与专业核心技能课程建设。双师素质的专任教师应达到80%以上。

（3）兼职教师：8～15人，应具有中级以上职称或二级以上职业资格证书、丰富的现场工作经验，在专业技术方面有较高造诣或在技能方面有突出特长，具有教学的基本素质和职业技能课程的教学能力，具有从事与本专业相关的实践工作5年以上。兼职教师承担的专业课学时比例达到30%以上。

（4）实习指导教师：不少于2人，应具有一定的专业理论知识、较丰富的实践经验、较强的实践操作能力、现场组织管理能力、专业实践教学指导能力、实验实训设施管理能力等。

（5）辅导员或心理咨询教师：不少于1人，应具有扎实的思想政治理论、较强的组织协调与管理能力、职业规划与就业创业指导能力、心理健康教育与咨询能力、素质教育和学生活动开展能力等。

（二）实验实训条件

具有相对稳定、条件良好的实训基地、实习单位和实施产教结合的实训场所，能完成课程设置所规定的所有教学实习、生产实习和毕业综合训练项目，能满足结合专业教学开展教学研究、技术推广、应用和社会服务需要，形成集"教学、培训、技能鉴定、生产、科研服务"于一体的完善的实训条件和运行机制；具有一支技术过硬的实习实训指导教师队伍，实践教学经费有保障，行业、企业参与实验实训条件建设。

1. 校内实训基地

校内实验实训条件要能满足人才培养要求，应具有真实职业氛围和职业环境，可仿照企业生产实际情况建设。校内实训基地一般包括水利工程测量实训室、建材实训室、土工实训室、水力学实验室、水工教学室、水利工程项目管理工作室及水利工程测绘实训场、水利工程施工技术实训场、水利工程管理仿真实训中心、水利工程项目管理工作室、水利工程教学实训室、水利工程仿真实训中心等。

水利工程测绘实训场包括水利工程测量实训室和水利工程施工放样实训场，可进行常规测量教学实训，小型水闸、土坝等放样实训，水利工程沉降、水平位移等工程观测实训。

水利工程施工技术实训场主要进行坝工、钢筋工与模板工综合实训，土石方工程施工实训、水工防渗工程实训，水工混凝土施工实训、水利工程施工组织实训等。

水利工程管理仿真实训中心包括土石坝、渠道、节制闸及翼墙、泵站及取水设备、渡槽、涵洞等建筑物，有干、支、农等渠系建筑，含护坡、量水设施、测压管等建筑物。

水利工程项目管理工作室可进行工程预算及造价分析能力实训、工程管理能力实训。

2. 校外实训基地

建立相对稳定的校外实习基地，满足技能实训、生产实习与顶岗实习等实践教学要求。实习基地在数量上要与专业规模相适应，并且管理规范，设备条件先进，在当地行业中具有代表性。通过校企结合，建立3~5个稳定的专业实习基地，基地有必需的住宿和教学条件，有相对稳定的兼职教师，负责指导学生专业实习。具体应包括水利施工企业、监理公司、灌区管理处、基层水利管理单位、水库管理处、水闸管理所、河道局、水务局等。

同时，通过校企合作，需建立10~15个以上的顶岗实习基地。顶岗实习基地能提供的岗位数不少于当年实习学生数，提供的岗位要符合专业人才技能培养需求，有良好的安全措施，为学生提供实际工作机会。顶岗实习指导教师要具有良好的职业道德、充分的安全意识和丰富的实际工作经验。

（三）图书信息资料

图书和期刊总数（包括与本专业有关的图书资料）应达到教育部有关规定，各种技术标准、规范、手册及参考书齐全，能满足教学需要；应具有与本专业有关的电子读物（图书和电子期刊等），以利于查阅资料和信息交流；具有适合本专业的高职高专规划教材、特色教材以及专业教学录像片、光盘、多媒体课件等教辅资料。

（四）教学环境

具有符合教学要求的专用教室，面积不低于60m×3m（40人单班，三届学生）或120m×3m（80人大班，三届学生）；具有网络、多媒体资源等现代化教学设施；具有不少于1个理实一体化专业教室；具有适合水利工程专业教学和人才培养的育人环境和行业文化。

# 第四节　水利工程专业设置标准

## 一、专业教学团队配置

（一）专业教学团队的规模与结构

具备一支由1~2位专业带头人、5~6位专业骨干教师和6~10位企业工程技术人员组成的、师德高尚、结构合理、素质优良、相对稳定、专兼结合的"双师素质"和"双师结构"的专业教学团队。

（二）专业带头人的基本要求

专业带头人1~2人，应具有扎实的专业理论知识、先进的教育理念、丰富的实践经验、较强的组织协调和专业发展方向把握能力、专业教学改革和课程开发能力、专业教学团队建设和管理能力、在行业内有一定影响和副高以上职称要求。

（三）专业专任教师的基本要求

专任教师不少于8人，其中副高以上职称不低于2人，中级以上职称不低于5人；专任教师应具有扎实的专业基础、宽广的视野、较强的教研教改与课程开发能力、较强的理论与实践教学能力，熟悉本专业的基础理论、基本技能、课程体系、培养目标以及本专业相关行业（或岗位群）的最新动态和发展趋势，能够协助专业带头人制定专业标准，参与课程体系改革，主持或参与专业核心技能课程建设。双师素质的专任教师应达到 80% 以上。

（四）对企业兼职教师的基本要求

兼职教师 6～10 人，应具有中级以上职称或二级以上国家注册职业资格证书、丰富的现场工作经验，在专业技术方面有较高造诣或在技能方面有突出特长，具有教学的基本素质和职业技能课程的教学能力，具有从事与本专业相关的实践工作 5 年以上。兼职教师承担的专业课学时比例达到 30% 以上。

（五）其他

（1）实习指导教师不少于 2 人，应具有一定的专业理论知识，较丰富的实践经验，较强的实践操作能力、现场组织管理能力、专业实践教学指导能力、实验实训设施管理能力等。

（2）辅导员兼心理咨询教师不少于 1 人，应具有扎实的思想政治理论、较强的组织协调与管理能力、职业规划与就业创业指导能力、心理健康教育与咨询能力、素质教育和学生活动开展能力等。

**二、实验实训条件配置**

具有相对稳定、条件良好的实训基地、实习单位和实施产教结合的场所，融专业教学、技能培训、技能鉴定、教学研究和科研、技术服务为一体的具有真实或仿真生产环境的校内实验实训基地和校外实习基地条件，能够满足专业教学计划的安排；能完成课程设置所规定的所有教学实习、生产实习和毕业综合训练项目；实践教学经费有保障；行业、企业参与实践教学条件建设。生均实验实训面积和设备值符合国家规定。

（一）校内实验实训基地

具有水利工程制图实训室、测量实训室（及测绘实训场）、建材实训室、土工实训室、水力学实验室、水工教学室、水利工程项目管理工作室、水利工程管理仿真实训中心、水利工程施工技术实训场、喷灌实训场、常规灌排方法实训场等融专业教学、职业技能培训、技能鉴定、技术服务为一体的校内实验实训基地。

水利工程施工技术实训场主要进行坝工、钢筋工与模板工综合实训，土石方工程施工实训，水工防渗工程实训，水工混凝土施工实训，水利工程施工组织实训等。水利工程施工技术实训场面积不少于 $300m^2$。

水利工程测绘实训场包括水利工程测量实训室和水利工程施工放样实训场，可进行常规测量教学实训，小型水闸、土坝等放样实训，水利工程沉降、水平位移等工程观测实训。实训场面积不少于 $3000m^2$，以满足学生校内实习使用。

水利工程项目管理工作室可进行工程预算及造价分析能力实训、工程管理能力实训。各实训中心（室）的使用面积不少于 $80m^2$。

水利工程管理仿真实训中心包括土石坝、渠道、节制闸及翼墙、泵站和取水设备、渡槽、涵洞等建筑物，有干、支、农渠道及渠系建筑，含护坡、量水设施、测压管等建筑物。

实验实训仪器设备组数的配置要合理，设备管理要规范，确保学生按教学要求有充分的操作训练时间。实验实训项目的开出率应达到教学要求。专业主要实训设备详见表5-8。

表 5-8　　　　　　　　　　水利工程专业实习实训设备参考标准

| 实训室名称 | 实训项目名称 | 主要仪器设备名称 | 数量 | 备注 |
|---|---|---|---|---|
| 1 | 制图实训室 | 工程识图与绘图实训，Auto CAD 职业技能鉴定 | 计算机 | 40 台 | 可与其他项目共用 |
| 2 | | | 多媒体及网络配套设备 | 1 套 | 可与其他项目共用 |
| 3 | | | Auto CAD 绘图软件（网络版） | 1 套 | |
| 4 | | | 相关国家规范及资料 | 5 套 | |
| 5 | | | 手工绘图桌椅及绘图工具 | 40 套 | |
| 6 | | | 图像处理软件（网络版） | 1 套 | |
| 7 | | | 图形处理软件（网络版） | 1 套 | |
| 8 | | | 图纸输出设备 | 1 套 | |
| 9 | | | 打印机 | 1 台 | |
| 10 | 测量实训室（场） | 平面测量、控制测量实训，测量员等职业技能的鉴定 | 自动安平水准仪 | 10 台 | 可与其他项目共用 |
| 11 | | | 光学经纬仪 | 10 台 | 可与其他项目共用 |
| 12 | | | 激光准直仪 | 5 台 | 可与其他项目共用 |
| 13 | | | 全站仪 | 20 台 | 可与其他项目共用 |
| 14 | | | 电子经纬仪 | 5 台 | 可与其他项目共用 |
| 15 | | | 激光扫平垂直仪 | 5 台 | 可与其他项目共用 |
| 16 | | | 激光三维定向仪 | 5 台 | 可与其他项目共用 |
| 17 | | | GPS | 1 台 | 可与其他项目共用 |
| 18 | 水力学实验室 | 静水压强实验、能量方程实验、动量方程实验、文德里流量及孔板流量实验、毕托管测流速实验、雷诺实验、沿程水头损失实验、局部水头损失实验、孔口管嘴实验、测堰流流量系数及观测水跃等 | 静水压强实验仪 | 8 台 | |
| 19 | | | 平面静水总压力实验仪 | 8 台 | |
| 20 | | | 能量方程实验仪 | 8 台 | |
| 21 | | | 动量方程实验仪 | 8 台 | |
| 22 | | | 文德里流量及孔板流量实验仪 | 8 台 | |
| 23 | | | 毕托管测流速仪 | 8 台 | |
| 24 | | | 雷诺实验仪 | 4 台 | |
| 25 | | | 沿程水头损失系数实验仪 | 4 台 | |
| 26 | | | 局部水头损失系数实验仪 | 4 台 | |
| 27 | | | 孔口管嘴实验 | 4 台 | |
| 28 | | | 明渠玻璃水槽 | 4 台 | |
| 29 | | | 流线演示实验仪 | 4 台 | |

| 实训室名称 | | 实训项目名称 | 主要仪器设备名称 | 数量 | 备 注 |
|---|---|---|---|---|---|
| 30 | 建材实训室 | 水泥试验实训 | 水泥净浆搅拌机 | 10 台 | 可与其他项目共用 |
| 31 | | | 标准稠度测定仪 | 10 台 | 可与其他项目共用 |
| 32 | | | 胶砂搅拌机 | 5 台 | 可与其他项目共用 |
| 33 | | | 胶砂振实仪 | 5 台 | 可与其他项目共用 |
| 34 | | | 水泥试模 | 20 组 | 可与其他项目共用 |
| 35 | | | 万能试验机（300kN） | 2 台 | 可与其他项目共用 |
| 36 | | | 水泥抗折试验机（6kN） | 2 台 | 可与其他项目共用 |
| 37 | | | 标准养护室（15m²） | 1 间 | 可与其他项目共用 |
| 38 | | 混凝土细集料试验实训 | 砂标准筛 | 10 套 | 可与其他项目共用 |
| 39 | | | 长颈容量瓶 | 20 只 | 可与其他项目共用 |
| 40 | | | 天平 | 10 台 | 可与其他项目共用 |
| 41 | | | 振筛机 | 5 台 | 可与其他项目共用 |
| 42 | | 混凝土拌和试验实训 | 铁板（1.2m×2.0m） | 10 张 | 可与其他项目共用 |
| 43 | | | 铁铲 | 10 把 | 可与其他项目共用 |
| 44 | | | 坍落度筒 | 10 套 | 可与其他项目共用 |
| 45 | | | 容量筒（10L） | 10 只 | 可与其他项目共用 |
| 46 | | | 混凝土试模 | 10 组 | 可与其他项目共用 |
| 47 | | | 标准养护室（15m²） | 1 间 | 可与其他项目共用 |
| 48 | | | 混凝土压力试验机（2000kN） | 2 台 | 可与其他项目共用 |
| 49 | | 砂浆试验实训 | 砂浆标准稠度测定仪 | 10 台 | 可与其他项目共用 |
| 50 | | | 砂浆分层度测定仪 | 10 台 | 可与其他项目共用 |
| 51 | | | 砂浆试模 | 10 组 | 可与其他项目共用 |
| 52 | | | 砂浆压力试验机 | 2 台 | 可与其他项目共用 |
| 53 | | | 标准养护室（15m²） | 1 间 | 可与其他项目共用 |
| 54 | | 钢筋试验实训 | 打点机 | 2 台 | 可与其他项目共用 |
| 55 | | | 万能试验机 | 2 台 | 可与其他项目共用 |
| 56 | | 低碳钢、铸铁拉压试验 | 万能试验机 | 2 台 | 可与其他项目共用 |
| 57 | | | 钢筋打点机 | 2 台 | 可与其他项目共用 |
| 58 | 土工实训室 | 土液塑限、重度、含水率试验 | 液塑限联合测定仪 | 10 台 | 可与其他项目共用 |
| 59 | | | 天平 | 10 台 | 可与其他项目共用 |
| 60 | | | 电烘箱 | 1 台 | 可与其他项目共用 |
| 61 | | | 手提式击实仪 | 10 台 | 可与其他项目共用 |
| 62 | | 土固结试验 | 三联式固结仪 | 5 台 | 可与其他项目共用 |
| 63 | | | 手提式击实仪 | 10 台 | 可与其他项目共用 |
| 64 | | 土直剪试验 | 等应变直剪仪 | 10 台 | 可与其他项目共用 |
| 65 | | | 手提式击实仪 | 10 台 | 可与其他项目共用 |

续表

| 实训室名称 | | 实训项目名称 | 主要仪器设备名称 | 数量 | 备 注 |
|---|---|---|---|---|---|
| 66 | 水工检测实训室 | 水利工程检测综合训练 | 标准击实仪 | 10台 | 可与其他项目共用 |
| 67 | | | 灌砂筒 | 10台 | 可与其他项目共用 |
| 68 | | | 针入度仪 | 10台 | 可与其他项目共用 |
| 69 | | | 延度试验仪 | 5台 | 可与其他项目共用 |
| 70 | | | 软化点环球仪 | 5台 | 可与其他项目共用 |
| 71 | | | 混凝土电动贯入度仪 | 5台 | 可与其他项目共用 |
| 72 | | | 混凝土超声波检测仪 | 2台 | 可与其他项目共用 |
| 73 | | | 混凝土回弹仪 | 2台 | 可与其他项目共用 |
| 74 | | | 数据处理系统 | 1套 | 可与其他项目共用 |
| 75 | | | 小应变动测仪 | 2台 | 可与其他项目共用 |
| 76 | | | 金属超声波探伤仪 | 2台 | 可与其他项目共用 |
| 77 | | | 混凝土保护层测定仪 | 2台 | 可与其他项目共用 |
| 78 | 水利工程造价实训室 | 水利工程计价综合训练 | 计算机（含工程计价软件、项目管理集成软件等） | 20台 | |
| 79 | 水利工程施工实训室（场） | 脚手架实训 | 切割机 | 2台 | 可与其他项目共用 |
| 80 | | | 脚手架钢管、扣件 | 一批 | 可与其他项目共用 |
| 81 | | 模板实训 | 切割机 | 2台 | 可与其他项目共用 |
| 82 | | | 检测工具 | 2套 | 可与其他项目共用 |
| 83 | | | 钢、木模板 | 一批 | 可与其他项目共用 |
| 84 | | 土石方工程综合训练 | 挖掘机 | 1台 | 可与合作企业共用 |
| 85 | | | 推土机 | 1台 | 可与合作企业共用 |
| 86 | | | 蛙式打夯机 | 2台 | 可与合作企业共用 |
| 87 | | | 碾压机 | 1台 | 可与合作企业共用 |
| 88 | | | 铲运机 | 1台 | 可与合作企业共用 |
| 89 | | | 离心泵 | 1台 | |
| 90 | | 混凝土施工实训 | 混凝土搅拌机 | 1台 | 可与其他项目共用 |
| 91 | | | 振捣器 | 1台 | 可与其他项目共用 |
| 92 | | | 计量工具 | 2套 | 可与其他项目共用 |
| 93 | | | 双轮手推车 | 10辆 | 可与其他项目共用 |
| 94 | | | 检测工具 | 5套 | |
| 95 | | | 水泥、砂、石 | 一批 | |
| 96 | | 钢筋加工实训 | 钢筋切断机 | 1台 | 可与其他项目共用 |
| 97 | | | 钢筋电渣压力焊机 | 1台 | 可与其他项目共用 |
| 98 | | | 钢筋气压焊机 | 1台 | 可与其他项目共用 |

| 实训室名称 | 实训项目名称 | 主要仪器设备名称 | 数量 | 备　注 |
|---|---|---|---|---|
| 99 | 钢筋加工实训 | 电弧焊机 | 1台 | 可与其他项目共用 |
| 100 | | 钢筋弯曲机 | 1台 | 可与其他项目共用 |
| 101 | | 钢筋对焊机 | 1台 | 可与其他项目共用 |
| 102 | | 钢筋调直机 | 1台 | 可与其他项目共用 |
| 103 | | 钢筋套筒挤压连接机 | 1台 | 可与其他项目共用 |
| 104 | | 直螺纹套筒套丝机 | 1台 | 可与其他项目共用 |
| 105 | | 锥螺纹套筒套丝机 | 1台 | 可与其他项目共用 |
| 106 | | 各型号钢筋 | 一批 | |
| 107 | 钢筋混凝土结构施工综合训练 | 钢筋切断机 | 1台 | 可与其他项目共用 |
| 108 | | 钢筋对焊机 | 1台 | 可与其他项目共用 |
| 109 | | 钢筋弯曲机 | 1台 | 可与其他项目共用 |
| 110 | | 剥肋滚轧直螺纹机 | 1台 | 可与其他项目共用 |
| 111 | | 套筒挤压连接机 | 1台 | 可与其他项目共用 |
| 112 | | 钢筋竖焊机（两用） | 1台 | 可与其他项目共用 |
| 113 | | 钢筋调直机 | 1台 | 可与其他项目共用 |
| 114 | | 木质板材切割机 | 1台 | 可与其他项目共用 |
| 115 | | 木工综合机床 | 1台 | 可与其他项目共用 |
| 116 | | 台钻 | 1台 | 可与其他项目共用 |
| 117 | | 砂轮切割机 | 1台 | 可与其他项目共用 |
| 118 | | 电锤 | 1只 | 可与其他项目共用 |
| 119 | | 综合检测工具 | 1套 | 可与其他项目共用 |

（注：实训室名称列为"水利工程施工实训室（场）"）

说明：表中所列设备标准为1个教学班（40人）训练需用量。

**（二）校外实习基地**

建立相对稳定的校外实习基地，满足技能实训、生产实习与顶岗实习等实践教学要求。实习基地数量要与专业学生规模相适应，并且管理规范，设备条件先进，在当地行业中具有代表性。通过校企结合，建立3～5个稳定的专业实习基地，基地有必需的住宿和教学条件，有相对稳定的兼职教师，负责指导学生专业实习。具体应包括水利施工企业、监理公司、灌区管理单位、基层水利管理单位、水库管理处、水闸管理所、河道局、水务局等。

同时，通过校企合作，需建立10个以上顶岗实习基地。顶岗实习基地能提供的岗位数不少于当年实习学生数，提供的岗位要符合专业人才技能培养需求。

**三、图书信息资料**

（1）图书和期刊。图书和期刊总数（包括与本专业有关的图书资料）应达到教育部有关规定，各种技术标准、规范、手册及参考书齐全，能满足教学需要。

（2）电子阅览。具有与本专业有关的电子读物（图书和电子期刊等），以利于查阅资料和信息交流等。

（3）教材。具有适合本专业高职高专规划教材、特色教材以及专业教学录像片、光盘、多媒体课件等教辅资料。选用优秀新版教材；与行业企业合作开发实训教材；教辅资料充足，手段先进。

本专业选用中国水利教育协会和水利行指委组织编写的教材、普通高等教育"十三五"规划教材、校企合作特色教材等。

### 四、教学环境

（1）具有符合教学要求的专用教室，面积不低于 60m×3m。

（2）具有网络、多媒体资源等现代化教学设施。

（3）具有不少于1个理实一体化专业教室（指兼具理论教学与动手能力培养功能的教室）。

（4）具有适合水利工程专业教学和人才培养的育人环境。

### 五、教学组织与管理

（1）指导委员会。成立由行业、企业专家和院校领导、骨干教师组成的专业建设指导委员会，并在其指导和监督下开展专业教学与改革工作。

（2）教研室。设置相应的专业教研室（组），负责专业课程和实践环节的教学研究与实施。专业教研室负责人一般应具有高级职称，有较强的教学研究能力、专业实践能力和组织管理能力。

（3）教学文件。有教育行政部门或相关行业部门认可的指导性教学文件，有完整的实施性教学方案、课程教学安排和实训实习教学安排等相关教学文件；有完善的专业教学管理制度，校内实训、校外实习、顶岗实习管理制度；教学运行平稳有序。

（4）教学方法手段。教学方法手段灵活多样，能有效应用现代信息技术进行模拟教学；能有效设计"教、学、做"为一体的情境教学方法；考核方式灵活、恰当。

（5）监控与评价。监控和评价制度完善，具有多元化人才培养质量监控与评价体系，形成由组织保障、质量标准、质量监控、质量评价、结果反馈等构成的完整系统，形成校内、校外质量评价互通机制，确保专业人才培养质量的持续提高。

### 六、说明

（1）本标准适用于40名学生组成的一个标准班，按三届学生120人配置。

（2）考虑到院校地区差别和设备种类繁多，因此在制定设施标准时，采用以下变通办法：所需实习实训设备不确定型号，只给出总量和类别，具体型号由各地区院校自定，但在配置时强调设备应有一定先进性。

# 附 录　综 合 测 试 题

**一、填空题**

1. 水利史是记述人类社会_____，_____的历史过程，研究其_____以及_____的科学。

2. 我们学习中国水利史，就是要总结中国水利发展的_____，探索水利发展的_____，为学习水利这门学科奠定_____。

3. 中国水利史学创始人是_____，他著有_____、_____等水利史著作。

4. 相传大禹治水公而忘私，结婚后4天就开始治水工作，在外工作13年，8年中"_____"。

5. 历史上，黄河"_____、_____、_____"，三年两决口，百年一改道。黄河大的改道有_____次。_____年（公元前602年），黄河发生了有记载的第一次大改道。

6. 潘季驯一生四次治河，前后总计近10年之久，在明代治河诸臣中是任职最长的一个。他最重要的贡献是系统地提出了"_____，_____"的理论。

7. 潘季驯总结历代劳动人民的实践经验，创造性地把堤防工程分为_____、_____、_____、_____四种。因地制宜地在大河两岸周密布置，配合运用，并十分重视大堤的修筑质量。

8. 为加强堤防的维修养护工作，潘季驯制定了"四防""二守"和栽柳、植苇、下埽等严格的护堤制度。"四防"是指_____、_____、_____、_____；"二守"是指_____、_____。

9. 我国在先秦（战国）时期修建的渠系工程主要有_____、_____、_____、_____、_____等。

10. 都江堰工程主要由_____、_____、_____和渠道网等组成，构成一个完整的防洪、航运、灌溉的水利工程体系。

11. 木兰陂由_____、_____和_____三部分组成，布局合理，设计完善，施工精密。

12. 坎儿井是一种结构巧妙的特殊灌溉系统，它由_____、_____、_____、_____四部分组成。

13. 灵渠工程主体包括_____、_____、_____、_____和_____五部分。

14. 元代建都大都（今北京），至元二十年（1283年）在山东的济宁至安山间开

_____，二十六年（1289 年）开安山至临清间的 _____。至元三十年（1293年），修成大都通州的 _____。

15. 京杭大运河，是中国也是世界上最长的古代运河。北起 _____，南至 _____，流经 _____、_____、_____、_____ 和 _____ 四省一市，沟通 _____、_____、_____、_____ 和 _____ 五大水系，全长 _____ km。京杭大运河和万里长城、坎儿井并称为中国古代三大工程，闻名于全世界。

16. 长江发源于世界屋脊青藏高原唐古拉山脉主峰海拔 6221m 的各拉丹冬雪山西南侧的 _____，流经 _____、_____、_____、_____、_____、_____、_____、_____、_____、_____、_____ 11 个省（自治区、直辖市），在崇明岛以东注入东海，全长 _____ 余 km，流域面积 _____ km$^2$。长江是中国第 _____ 大河，世界第三大河。

17. 根据河流的水文、地理特征，长江从 _____ 至 _____ 称为上游，长 4500余 km；_____ 至 _____ 称为中游，长 955km；_____ 至 _____ 称为下游，长 938km。

18. 长江流域年水资源量近 _____ m$^3$，居全国七大江河之冠。年人均水资源 _____ m$^3$，每亩耕地占有水资源 _____ m$^3$，均高于全国平均水平。

19. 长江流域水能资源理论蕴藏量为 _____ kW，可开发量 _____ kW，年发电量约 _____ kW·h，占全国的 _____。水能资源主要分布于上游的 _____、_____、_____、_____、_____、_____，以及中游的 _____、_____、_____。

20. 长江总通航里程 _____ km，占全国的 _____ 以上。长江干支流航道与京杭运河共同组成中国最大的内河水运网，其中：干流通航里程 _____ km，上起 _____，下至 _____（云南维西至宜宾 825km 河段尚可分段通航）；支流航道 _____ 余条，主要支航 _____ 余条，以下游的 _____ 水系最为发达。干支流水运中心为 _____、_____、_____、_____、_____ 和 _____ 6 大港口。与世界各国比，长江水系通航里程居世界之首。

21. 据历史记载，从公元前 206 年至公元 1911 年的 2117 年间，长江共发生洪灾 _____ 次，平均 10 年一次，19 世纪中叶，连续发生了 _____ 年和 _____ 年两次特大洪水。20 世纪长江又发生了 _____ 年、_____ 年、_____ 年和 _____ 年等多次洪水，历次大洪水都造成了重大的灾害损失。

22. 长江干支流堤防共有 _____ km，其中干流堤防约 _____ km。其中，荆江大堤从 1497 年（明弘治十年）至 1849 年（清道光二十九年）的 352 年里，溃口 _____ 次，其中 1788 年（清乾隆五十三年）溃口 _____ 多处。1931 年长江发生流域性水灾，荆江大堤及中下游其他堤防广泛溃口，中下游平原受灾田地 _____ 万亩，灾民 _____ 万人，死亡 _____ 万人，曾成为举世震惊的大灾难。

23. 在全面分析长江洪水灾害的基本规律后，1958 年在《长江流域综合利用规划要点报告》中确定：_____ 是长江流域规划的首要任务，近期防洪的基本方针是

"_____，_____"。

24. 黄河是中国的第_____大河，发源于青藏高原巴颜喀拉山北麓海拔 4500m 的_____，流经_____、_____、_____、_____、_____、_____、_____、_____、_____ 9 省（区），在山东垦利县注入渤海。黄河干流河道全长_____ km，流域面积_____ km²（含内陆河流域 4.3 万 km²）。

25. 黄河从_____至_____为上游，河道长 3472km，水面落差 3496m，流域面积 38.6 万 km²（不含内陆河流域）；_____至_____为中游，河道长 1206km，水面落差 890m，流域面积 34.4 万 km²；_____至_____为下游，河道长 786km，落差 95m，流域面积 2.2 万 km²。

26. 黄河多年平均年输沙量_____ t，多年平均含沙量_____ kg/m³，均为世界大江大河之最。黄河 56% 的水量来自_____以上，90% 的沙量来自_____区间。

27. 黄河下游河道为著名的"_____"，是海河流域与淮河流域的分水岭，现行河床一般高出背河地面_____ m，比新乡市高出_____ m，比开封市高出_____ m。河道上宽下窄，最宽达_____ km，最窄处仅_____ m，排洪能力上大下小；河势游荡多变，主流摆动频繁。

28. 黄河流经世界上水土流失面积最广、侵蚀强度最大的_____，水土流失面积_____ km²，占黄土高原总面积的 71%。年侵蚀模数大于 8000t/km² 的极强度水蚀面积_____ km²，占全国同类面积的 64%；年侵蚀模数大于 15000t/km² 的剧烈水蚀面积_____ km²，占全国同类面积的 89%。

29. 据记载，从先秦时期到民国年间的 2540 多年中，黄河共决溢_____多次，改道_____次，平均三年两决口，百年一改道，决溢范围北至_____，南达_____，达_____ km²。每次决口，水沙俱下，淤塞河渠，良田沙化，生态环境长期难以恢复。

30. 黄河流域可开发水能资源总装机容量_____万 kW，年发电量约_____亿 kW·h，在中国七大江河中居第_____位。

31. 黄河防洪减淤基本思路是："_____、_____"，控制洪水；"_____、_____、_____、_____、_____"，处理和利用泥沙。

32. 治理开发黄河的控制性骨干水利工程是_____、_____、_____和_____等。

33. 小浪底水利枢纽位于河南省洛阳市以北 40km 的黄河中游最后一段峡谷的出口处，可控制黄河流域总面积的_____，是一座处于承上启下、能有效控制黄河洪水和泥沙的巨型水库。其开发目标是：_____、_____、_____为主，兼顾_____、_____和_____，除害兴利，综合利用。

34. 淮河是中国古老的江河，是全国七大江河之一，是中国中部的重要河流，流域总面积_____ km²。整个淮河流域包括_____及_____水系。淮河流域位于北纬 31°～36°、东经 112°～121°，跨_____、_____、_____、

4 省。

35. 淮河从_____至_____为上游；从_____至_____为中游；从_____至_____为下游。

36. 我国大规模治淮是 1949 年以后开始的。1950 年国务院作出的《关于治理淮河的决定》，明确了"_____"的方针，并针对淮河上中下游关系特别密切的特点，提出了_____、_____的治淮原则。

37. 2011 年中共中央一号文件是指_____。

38. 水利部文件水规计〔2011〕604 号是指_____。

39. 加强水文化建设，对大力推进_____发展，着力建设_____、积极推动_____建设、全面提升_____和_____具有重要的现实意义和深远的历史意义。

40. 研究水文化，加强水文化建设的根本目的是_____，即以先进的水文化_____、_____、_____，在潜移默化中改变人的思想、提高人的素质，培养全面发展的人。

41. _____是水文化的精髓、核心和灵魂。

42. 李宗新在著作《漫谈中华水文化》中把水精神的基本内容概括为：善利万物的_____精神、上善若水的_____精神、智者乐水的_____精神、以柔克刚的_____精神、浮天载地的_____精神、碗水端平的_____精神、臣心如水的_____精神；高山流水的_____精神。

43. 水是_____、_____、_____。

44. _____、_____，事关人类生存、经济发展、社会进步，历来是治国安邦的大事。

45. 水利是国民经济和社会发展的_____和_____。

46. _____、_____是我国的基本国情水情。_____仍然是中华民族的心腹大患，_____仍然是可持续发展的主要瓶颈，_____仍然是影响农业稳定发展和国家粮食安全的最大硬伤，_____仍然是国家基础设施的明显短板。

47. 水利是现代农业建设不可或缺的_____，是经济社会发展不可替代的_____，是生态环境改善不可分割的_____，具有很强的_____、_____、_____。

48. 加快水利改革发展，不仅事关_____，而且事关_____；不仅关系到_____、_____、_____，而且关系到_____、_____、_____。

49. 水利改革发展要坚持_____、_____、_____、_____、_____的基本原则。

50. 当前水利三大突出问题是_____、_____、_____。

51. 中国的水利发展经历了_____、_____、_____、_____四个发展阶段，目前正向水利发展的高级阶段即_____阶段转变。

52. 现代水利支撑体系包括_____、_____、_____、_____、_____。

53. 现代水网是水利现代化的_____，是实现水利现代化的_____；构建现代水网，是加快水利改革发展的_____，是统筹解决三大水问题的_____，是新时期治水方略的_____，是山东率先实现水利现代化的_____。

54. 水资源的特点有_____、_____、_____、_____、_____。

55. 地球上水的总量约为13.86亿 km³，淡水资源仅占其总水量的_____，而在这极少的淡水资源中，又有_____以上被冻结在南极和北极的冰盖中，加上难以利用的高山冰川和永冻积雪，有_____的淡水资源难以利用。人类真正能够利用的淡水资源是江河湖泊和地下水中的一部分，约占地球总水量的_____。

56. 我国多年平均年水资源总量为28124亿 m³，其中河川径流约占94%，低于巴西、苏联、加拿大、美国和印度尼西亚，约占全球径流总量的5.8%，居世界第_____位。平均径流深为284mm，为世界平均值的90%，居世界第_____位。可见，我国的水资源总量还是比较丰富的。然而，我国人口众多，平均每人每年占有的河川径流量_____ m³，不足世界平均值的_____，分别是美国人均占有量的1/6，苏联的1/8，巴西的1/19和加拿大的1/58。

57. 山东水资源总量为_____ m³，占全国水资源总量的_____；人均水资源占有量_____ m³，占全国人均量的_____，占全球人均量的_____；亩均水资源占有量_____ m³，占全国亩均水资源量的_____。位列全国倒数第_____，属于极度缺水地区。

58. 目前，山东省多年平均可供水总量为_____ m³，总需水量达_____ m³，平水年水资源缺口约为_____ m³。

59. 山东以约占全国_____的水资源，灌溉了占全国_____的耕地，生产了占全国_____的粮食，养育了占全国_____的人口，支撑了占全国_____的经济总量。

60. 山东省总体上属_____缺水、_____缺水和_____缺水并存的省份，这是造成山东水资源供需矛盾十分突出的主要原因。

61. 按照国际公认的标准，人均水资源低于3000m³ 为轻度缺水；人均水资源低于2000m³ 为中度缺水；人均水资源低于1000m³ 为重度缺水；人均水资源低于500m³ 为极度缺水。中国目前有_____个省（区、市）人均水资源量（不包括过境水）低于重度缺水线，有6个省（区）即_____、_____、_____、_____、_____、_____人均水资源量低于500m³。

62. 据史料记载，从公元前206年（西汉初）到1949年的2155年间，中国共发生较大的水灾_____次，较大的旱灾_____次，几乎年年有灾。

63. 我国水资源管理遵循的基本原则有_____、_____、_____、_____。

64. 实行最严格水资源管理制度的主要目标：确立_____，到2030年全国用水总量控制在_____ m³ 以内；确立_____，到2030年用水效率达到或接近世界先进水平，万元工业增加值用水量（以2000年不变价计）降低到_____ m³ 以下，农田灌溉水有效利用系数提高到_____以上；确立_____，到2030年主要污染物入河湖总量控制在水功能区纳污能力范围之内，水功能区水质达标率提高到_____以上。

65. 解决中国日益复杂的水资源问题，必须深入贯彻落实科学发展观，坚持_____、_____的基本国策，实行_____，大力推进水资源管理从供水管理向_____转变，从过度开发、无序开发向_____、_____转变，从粗放利用向_____转变，从事后治理向_____转变，对水资源进行合理开发、高效利用、综合治理、优化配置、全面节约、有效保护和科学管理，以水资源的可持续利用保障经济社会的可持续发展。

66. 我国十二大水电基地是_____、_____、_____、_____、_____、_____、_____、_____、_____、_____、_____、_____。

67. 我国水利行业精神是"_____、_____、_____"；抗洪精神是"_____、_____，_____、_____、_____"。

68. 我国加快水利改革发展的基本原则是坚持_____、_____、_____、_____。

69. 到 2020 年，我国水利改革发展的目标任务是基本建成_____、_____、_____。

70. 山东省自然地理具有_____、_____，全省河流可划分为_____、_____，地形复杂、河系分散。因此，全省水利建设面临着诸多挑战。

71. 山东省自然地理的三大特色是_____、_____、_____。

72. 山东省水系分属_____、_____、_____三大流域，河流除黄河外，还有沂河、沭河等_____条骨干河道，较大的湖泊有_____和_____。全省河流总体上可以分为_____大水系。

73. 山东省九大水系分别是_____、_____、_____、_____、_____、_____、_____、_____、_____。

74. 当今，根据山东省的省情、水情和文化特点，山东省应该大力建设_____、_____、_____山东水文化，构建人水和谐的社会主义新山东。

**二、名词解释**

1. 水资源
2. 水利
3. 水利工程
4. 可持续发展水利
5. 现代水利
6. 现代水网
7. 水利现代化
8. 水利信息化
9. 水生态文明
10. 最严格水资源管理
11. 水文化
12. 水精神

**三、单项选择题**（每题的备选项中，只有 **1** 个最符合题意）

1. 据说大禹治水时，有一次他带领徒众走到山东的一条河边，突然狂风大作，乌云翻滚，电闪雷鸣，大雨倾盆，山洪暴发了，一下子卷走了不少人。大禹的徒众受了惊骇，因此后来有人就把这条河称为（　　）。

A. 徒骇河　　　　B. 马颊河　　　　C. 德惠新河　　　D. 漳卫河

2. 相传中国古代的凿井技术是（　　）发明的。凿井技术的发明，大大扩展了古代先民们的生存空间，他们可以进入相对远离河湖的广大平原地区生存、发展。

A. 皋陶　　　　　B. 伯益　　　　　C. 后稷　　　　　D. 神农氏

3. （　　）地区通过水利开发及经济发展，号称"八百里秦川"。司马迁盛赞该地区"膏壤沃野千里""之地于天下三分之一，而人众不过什三；然量其富，什居其六。"

A. 河套平原　　　B. 江南　　　　　C. 关中　　　　　D. 江北

4. （　　）通过水利开发及经济发展，越来越变得富庶，成为黄河流域得天独厚的地方，有"黄河百害，唯富一套"一说。

A. 关中地区　　　B. 河套平原　　　C. 海口地区　　　D. 黄土高原

5. （　　）工程建成后，成都平原万顷土地受其滋润，使得成都平原"沃野千里，号为陆海。旱则引水浸润，雨则杜塞水门。""水旱从人，不知饥馑，时无荒年，天下谓之天府也。"

A. 芍陂　　　　　B. 引漳十二渠　　C. 郑国渠　　　　D. 都江堰

6. 司马迁对（　　）评价说："渠就，用注填淤之水，溉泽卤之地四万余顷，收皆亩一钟。于是关中为沃野，无凶年，秦以富强，卒并诸侯。"

A. 郑国渠　　　　B. 引漳十二渠　　C. 灵渠　　　　　D. 期思雩娄灌区

7. 战国时期（　　）主持兴建的（　　）灌溉工程，不但使邺地（今河北临漳县西南四十里邺镇）生产面貌为之改观，而且大破迷信河神之类的唯心主义思想。它是我们祖先在改造客观世界的同时改造人们主观世界的生动诗篇。

A. 孙叔敖　芍陂　　　　　　　B. 孙叔敖　期思雩娄灌区

C. 西门豹　引漳十二渠　　　　D. 白公　白公渠

8. （　　）被东汉史学家班固以 1000 余字的篇幅完整地载入《汉书·沟恤志》，成为现存最早的一篇全面阐述治河思想的重要文献。

A. 王景治河　　　B. 大禹治水　　　C. 堵塞瓠子决口　D. 贾让三策

9. 汉永平十二年（公元 69 年），汉明帝决定治理黄河，便召见（　　），问他治理黄河有何方略。他禀奏道："河为汴害之源，汴为河害之表，河、汴分流，则运遭无患，河、汴兼治，则得益无穷。"明帝听后甚是高兴，遂赐他《山海经》《史记·河渠书》和《禹贡图》，命他主持治河事宜。

A. 王景　　　　　B. 贾让　　　　　C. 司马迁　　　　D. 王吴

10. 西汉治河专家（　　）由于治理黄河有功，后来就被任命为"河堤谒者"。

A. 王吴　　　　　B. 贾让　　　　　C. 倪宽　　　　　D. 王景

11. 西汉时期伟大的思想家、历史学家、文学家（　　）著的（　　）记述了上起大禹治水，下迄西汉元封二年（公元前 109 年）的重要水利事件，是我国第一部水利通史。

他开创了历代官修整史撰写河渠水利专篇的典范，同时赋予"水利"一词以治河防洪、灌溉、航运等明确的专业概念。现代意义的"水利"一词当溯源于此。

  A. 班固 《汉书·沟恤志》    B. 贾让 《治河三策》

  C. 司马迁 《史记·河渠书》   D. 倪宽 《倪宽》九篇

  12."自是之后，用事者争言水利。朔方、西河、河西、酒泉皆引河及川谷以溉田；而关中辅渠、灵轵引堵水；汝南、九江引淮；东海引巨定；泰山下引汶水：皆穿渠为溉田，各万余顷。佗小渠披山通道者，不可胜言。然其著者在宣房。"这段话出自著作（  ）。

  A. 班固的《汉书·沟恤志》   B. 司马迁的《史记·河渠书》

  C. 潘季驯的《河防一览》    D. 靳辅的《治河方略》

  13."余登庐山，观禹疏九江，遂至于会稽太湟，上姑苏，望五湖；东窥洛讷、大邳、迎河，行淮、泗、济、漯洛渠；西瞻蜀之岷山及离堆；北自龙门至于朔方。曰：甚哉，水之为利害也！余从负薪塞宣房，悲瓠子之诗而作……"这段话出自著作（  ）。

  A. 班固的《汉书·沟恤志》   B. 潘季驯的《河防一览》

  C. 倪宽《倪宽赋》二篇    D. 司马迁的《史记·河渠书》

  14.司马迁的《史记·河渠书》载：天子既临河决，悼功之不成，乃作歌曰："瓠子决兮将奈何？皓皓旰旰兮闾殚为河！殚为河兮地不得宁，功无已时兮吾山平。吾山平兮巨野溢，鱼沸郁兮柏冬日。延道弛兮离常流，蛟龙骋兮方远游。归旧川兮神哉沛，不封禅兮安知外！为我谓河伯兮何不仁，泛滥不止兮愁吾人？啮桑浮兮淮、泗满，久不反兮水维缓。"一曰："河汤汤兮激潺湲，北渡污兮浚流难。搴长茭兮沈美玉，河伯许兮薪不属。薪不属兮卫人罪，烧萧条兮噫乎何以御水！颓林竹兮楗石菑，宣房塞兮万福来。"这段歌曲是歌颂（  ）。

  A. 郑国兴建郑国渠     B. 贾让治河

  C. 汉武帝指挥堵塞黄河瓠子决口  D. 王景治河

  15.明朝末年杰出的治河专家（  ）从嘉靖四十四年（1565年）到明神宗万历二十年（1592年）的27年间，曾四次出任总理河道都御史，主持治理黄、淮、运河。万历二十年告老退休时，这位72岁的老翁还对明神宗说："去国之臣，心犹在河"。

  A. 徐光启   B. 宋应星   C. 潘季驯   D. 高超

  16.潘季驯不仅是治河实干家，还是我国古代为数不多的重要的治河理论家。他经过不懈的努力，将自己多年以来的治水实践进行了全面回顾和认真总结，汇编成了我国重要的治河专著之一（  ）。

  A.《天工开物》  B.《河防一览》  C.《农政全书》  D.《治河方略》

  17.（  ）在治河方略上继承了潘季驯"筑堤束水，以水攻沙。"的思想，反对多支分流，主张束水于一槽。他说："水势分而河流缓，流缓而沙停，沙停则底垫，以致河道日坏而运道因之日梗。"

  A. 靳辅    B. 高超    C. 徐光启    D. 左宗棠

  18.（  ）在治河的指导思想和理论上有独到见解。他提出："善治水者，先须曲体其性情，而或疏、或蓄、或束、或泄、或分、或合，而俱得其自然之宜"。

A. 靳辅　　　　　B. 陈潢　　　　　C. 潘季驯　　　　D. 王景

19. 靳辅著有（　　）一书，并附载陈潢的《河防摘要》《河防述言》等篇。

A.《两河经略》　B.《河防一览》　C.《农政全书》　D.《治河方略》

20. 楚庄王九年（公元前605年），（　　）主持兴建了我国最早的大型引水灌溉工程（　　）。这一灌区的兴建，大大改善了当地的农业生产条件，提高粮食产量，满足了楚庄王开拓疆土对军粮的需求。因此，《淮南子·人间训》称："决期思之水，而灌雩娄之野。"

A. 西门豹　引漳十二渠　　　　　B. 李冰　都江堰

C. 郑国　郑国渠　　　　　　　　D. 孙叔敖　期思雩娄灌区

21. 楚庄王十七年（公元前597年）左右，（　　）主持兴建了我国最早的蓄水灌溉工程（　　）。该工程建成后，使安丰一带每年都生产出大量的粮食，并很快成为楚国的经济要地。楚国更加强大起来，打败了当时实力雄厚的晋国军队，楚庄王也一跃成为"春秋五霸"之一。

A. 孙叔敖　期思雩娄灌区　　　　B. 孙叔敖　芍陂

C. 郑国　郑国渠　　　　　　　　D. 西门豹　引漳十二渠

22. "二王庙"石壁上镌刻的治水"三字经"，即"深淘滩，低作堰，六字旨，千秋鉴。挖河沙，堆堤岸；砌鱼嘴，安羊圈；立湃阙，凿漏罐；笼编密，石装健；分四六，平潦旱；水画符，铁椿见；岁勤修，预防患；遵旧制，勿擅变。"该"三字经"总结的是由（　　）主持兴建的（　　）工程的治水经验。

A. 西门豹　引漳十二渠　　　　　B. 李冰　都江堰

C. 郑国　郑国渠　　　　　　　　D. 白公　白公渠

23. 联合国世界遗产委员会于2000年将（　　）列入世界文化遗产名录，并对它作出这样的评价："全世界至今为止，年代最久、唯一留存、以无坝引水为特征的宏大水利工程。2200多年来，至今仍发挥巨大效益。……功在当代，利在千秋，不愧为文明世界的伟大杰作，造福人民的伟大水利工程。"

A. 期思雩娄灌区　B. 郑国渠　　　C. 芍陂　　　　D. 都江堰

24. 战国时期韩国桓惠王使用"疲秦之计"，派出使臣带着治水专家（　　）帮助秦国在泾河上兴建一条引水灌溉渠道。韩国的计谋被识破后，这位治水专家说："始臣为间，然渠成亦秦之利也。臣为韩延数岁之命，而为秦建万世之功。"渠道建成后，后人把该渠道命名为（　　）。

A. 西门豹　引漳十二渠　　　　　B. 孙叔敖　芍陂

C. 白公　白公渠　　　　　　　　D. 郑国　郑国渠

25. 战国时期在引泾灌区百姓中流传着这样一首歌谣："田于何所，池阳谷口。郑国在前，白渠起后。举锸为云，决渠为雨。泾水一石，其泥数斗。且溉且粪，长我禾黍。衣食京师，亿万之口。"该歌谣歌颂的渠道是（　　）。

A. 郑国渠　　　　B. 白渠　　　　C. 引漳十二渠　D. 智伯渠

26. 司马迁的《史记·河渠书》载："渠就，用注填淤之水，溉泽卤之地四万余顷，收皆亩一钟。于是，关中为沃野，无凶年。秦以富强，卒并诸侯……"该渠道是指（　　）。

A. 智伯渠　　　　B. 芍陂　　　　　C. 郑国渠　　　　D. 引漳十二渠

27. 郑国渠修成后百余年，（　　）征发民工，在郑国渠上修筑了六条渠道，史称（　　），使两岸高卯之地得到灌溉，原来的郑国渠发挥了更大的效益。为了做到避免纠纷、合理用水、上下游兼顾，他又"定水令，以广溉田"，制定和颁布了（　　），让人民按水令用水，上下相安，很快使关中地区出现农业丰收、经济繁荣的局面。

A. 召信臣　六门堰　《均水约束》　　B. 王安石　东钱湖　《农田水利约束》

C. 沈括　万春圩　《圩田五说》　　　D. 倪宽　六辅渠　《水令》

28. 西汉太始二年（公元前 95 年）由赵中大夫（　　）主持修建了另一条引泾灌溉工程，叫（　　），渠首在郑国渠之南，渠道向东至栎阳南入渭水，长 200 里，灌田约4500 顷。

A. 西门豹　引漳十二渠　　　　　　B. 白公　白公渠

C. 孙叔敖　芍陂　　　　　　　　　D. 召信臣　六门堰

29. 西汉名宦、水利专家（　　）不仅大力兴修水利工程，还特别注重对灌溉用水的管理。他为灌区制定了（　　）的灌溉用水制度，"刻石立于田畔，以防纷争。"以告诫人们节约用水、合理用水。由于建设与管理并重，南阳水利得以长盛不衰，呈现出一片兴旺景象。

A. 召信臣　均水约束　　　　　　　B. 倪宽　水令

C. 王安石　农田水利约束　　　　　D. 沈括　圩田五说

30. 水利史上被百姓并称为"前有召父，后有杜母"的"召父""杜母"分别是指（　　）。

A. 召信臣、杜预　B. 召信臣、杜诗　C. 召信臣、杜甫　D. 召信臣、杜十娘

31. 继召信臣之后，东汉建武七年（公元 31 年）任南阳太守的（　　）同样重视发展农业，还发明了水利机械（　　），用以鼓风炼铁，冶铸农具。二人被百姓并称为"前有召父，后有杜母"。

A. 杜诗　水车　B. 杜诗　水排　C. 杜预　水车　D. 杜预　水碓

32. 西晋的（　　）主持制成了（　　），利用水力推动该机舂米，大大节省了劳力，提高了稻米脱壳效率，得到晋武帝赞赏，全国推广开来。他也受到了当地人民的赞扬，老百姓称他为"杜父"，并歌颂说："后世无叛由杜翁，孰识智名与勇功。"

A. 杜诗　水车　B. 杜诗　水排　C. 杜预　水车　D. 杜预　水碓

33. 北魏地理学家（　　）每到一地都留心勘察水道形势，溯本穷源，游览名胜古迹，在实地考察中广泛搜集各种资料，为《水经》（一说东汉桑钦撰，二说晋郭璞撰）一书作注，从而完成了举世无双的地理名著（　　）。

A. 杨守敬　《水经注疏》　　　　　B. 郦道元　《水经注》

C. 杨守敬　《水经注图》　　　　　D. 熊会贞　《水经注疏》

34. 唐太宗对水利立法高度重视，下令制定了著名的唐（　　）。该法规是由中央政府作为法律正式颁布的我国历史上第一部系统的水利法典，是唐初水利发展的一项重要创造。

A. 《水部式》　　B. 《水令》　　C. 《水法》　　D. 《水规》

35. 北宋杰出的政治家、思想家、文学家、改革家，唐宋古文八大家之一的王安石注重兴修水利，"起堤堰，决陂塘，为水陆之利"。突出的一项是整治了鄞县境内的（    ）。

    A. 西湖          B. 太湖          C. 东钱湖         D. 鄱阳湖

36. （    ）主持制定颁布的（    ），是其变法中的重要内容之一，是我国第一部比较完整的农田水利法。该法规又称《农田利害条约》，正式颁布于宋神宗熙宁二年十一月十三日。据《宋会要辑稿》等文献记载，全文共分8条，1200余字。水利法规的颁布和实施，大大调动了全国人民兴修水利的积极性。在全国兴修了水利工程1万多处，灌溉田亩30多万顷。形成了"四方争言农田水利，古堰陂塘，悉务兴复"的喜人景象。

    A. 召信臣  《均水约束》        B. 倪宽  《水令》

    C. 王安石  《农田水利约束》    D. 沈括  《圩田五说》

37. （    ）是中国古代大型水利工程，位于福建省莆田市城南5km处陂头村木兰山下。建于北宋熙宁八年（1075年），元丰六年（1083年）竣工。是中国古代一座引、蓄、灌、排、挡综合利用大型水利工程之一，建于汹涌的木兰溪水和兴化湾海潮汇流处。

    A. 芍陂         B. 钳卢陂         C. 莆田陂         D. 木兰陂

38. 北宋杰出的科学家、政治家（    ）主持修建了江南第一大圩（    ），其圩周长达84里，堤坝高一丈二尺，宽六丈呈梯形，堤外还筑有缓坡，堤下植杨柳、芦苇以防浪。堤上设有数座堰闸，可以控制蓄泄。

    A. 欧阳修  万春圩              B. 沈括  万春圩

    C. 欧阳修  塘浦圩田          D. 沈括  塘浦圩田

39. 沈括晚年以平生见闻，在镇江梦溪园撰写了《梦溪笔谈》。《梦溪笔谈》涉及数学、天文历法、地理、物理、化学、水利等各学科的知识。据统计，《梦溪笔谈》（元刊26卷本，1975年12月文物出版社版）中有关水利的条目共计（    ）条。沈括的《梦溪笔谈》中的水利条目，可以说是北宋水利的一张"小像"，具有珍贵的史料价值。

    A. 5          B. 8          C. 10         D. 15

40. 北宋元祐五年（1090年），北宋杰出的文学家、政治家，"唐宋八大家"之一的（    ）主持疏浚杭州西湖，利用浚挖的淤泥构筑一道大堤，将里西湖同外西湖分割开来。杭州人民为纪念他治理西湖的功绩，把大堤命名为（    ），成为"西湖三堤"之一。与白堤、杨公堤并称为西湖三堤。

    A. 白居易  白堤             B. 杨孟瑛  杨公堤

    C. 欧阳修  京东堤         D. 苏轼  苏堤

41. 水既是苏轼人格象征物，也是他诗文的抒写和吟咏对象。他一生与水有缘，并且对水有特殊的偏好，一生写下了许许多多如水一般自然流畅、多姿多彩的文章。文为心声，行文天然。心地如水一般滔滔涓涓，为文自然就浑然天成。在《仁宗皇帝御书颂》中苏轼说："（    ）"认为"君子"的进退出入，应该像水那样具有一种灵活机动的态度。

    A. 君子如水，随物赋形

    B. 君子之交淡如水

    C. 水不激不跃，人不激不奋

    D. 人有智犹地有水，地无水为焦土，人无智为行尸

42. 高超，北宋时期治理黄河的民工，因长期参与河道抢险、整修工程，积累了丰富的实践经验。他提出的（　　），成功地封堵了黄河商胡决口，并一直被历代所沿用。此法深受北宋著名科学家沈括的赞赏，并被收录到《梦溪笔谈》中。

A. 立堵法　　　　　　　　　　　B. 平堵法

C. "川"字形的挖土法　　　　　　D. 三节压（下）埽法

43. 明代杰出的科学家、农学家（　　）认为"水利，农之本也，无水则无田矣。"

A. 徐光启　　　　B. 宋应星　　　　C. 潘季驯　　　　D. 沈括

44. 徐光启一生用力最勤、收集最广、影响最深远的还要数农业与水利方面的研究，代表作是《农政全书》。《农政全书》分为 12 目，共 60 卷，50 余万字。水利作为一目，有（　　）卷，位居全书第二。

A. 8　　　　　　B. 9　　　　　　C. 10　　　　　　D. 12

45. 徐光启的《农政全书》载："堰陂障流，绕于车下，激轮使转，挽水入筒，……倾予枧内，流入亩中，昼夜不息，百亩无忧。"这段话描述的灌排机械是（　　）。

A. 水车　　　　　B. 筒车　　　　　C. 踏车　　　　　D. 拨车

46. 中国新疆吐鲁番地区的（　　）最多，多为清代以来陆续修建。其总数达 1100 多条，全长约 5000 公里。它与万里长城、京杭大运河并称为中国古代三大工程。

A. 渠道　　　　　B. 筒车　　　　　C. 坎儿井　　　　D. 陂塘

47. 春秋时期，吴王夫差为了北上争霸，于鲁哀公九年（公元前 486 年），筑邗城（今扬州），向北利用一连串天然湖泊开运河至今淮安，沟通长江和淮河间水运，史称（　　）。

A. 鸿沟　　　　　B. 灵渠　　　　　C. 漕渠　　　　　D. 邗沟

48. 春秋末期，吴王夫差为和晋侯会盟于黄池（今河南封丘），于公元前 482 年挖通（　　）（今仿山河与柳林河），连接济水和泗水，沟通了江、淮、河、济四大水系，从而使定陶"扼河济之要，据淮、徐、宋、卫、燕、赵之脊"，是中原地区著名的经济都会、军事战略要地和水运交通中心，赢得了"天下之中"的美誉。

A. 菏水　　　　　B. 沂水　　　　　C. 鸿沟　　　　　D. 邗沟

49. 战国魏惠王十年（公元前 361 年），自黄河开（　　），向南通淮水北岸各支流，向东通泗水；又可经济水向东通航，形成一个水运网。该运河在西汉时期又称狼汤渠，也是历史上的楚河汉界。

A. 菏水　　　　　B. 灵渠　　　　　C. 邗沟　　　　　D. 鸿沟

50. 公元前 214 年秦代开（　　）沟通湘水和漓水，从而把长江水系和珠江水系沟通。它古称秦凿渠、零渠、陡河、兴安运河，是世界上最古老的运河之一，有着"世界古代水利建筑明珠"的美誉。

A. 鸿沟　　　　　B. 灵渠　　　　　C. 漕渠　　　　　D. 邗沟

51. 西汉元光六年（公元前 129 年），自长安北引渭水开（　　）沿终南山麓至潼关入黄河，和渭水平行，路线直接并避开渭水航运风险，成为都城长安对外联系的主要通道。

A. 平虏渠　　　　B. 泉州渠　　　　C. 漕渠　　　　　D. 鲁口渠

52. 明永乐年间的引汶济运、南旺分水工程（南旺引水渠），是采用山东汶上老人

（    ）的建议而兴建的京杭运河的水源工程。

    A. 白英         B. 白公         C. 智伯         D. 刘公

53. 2014 年 6 月 22 日，在多哈举行的第 38 届世界遗产大会，把中国的（    ）作为文化遗产正式列入世界遗产名录。

    A. 芍陂         B. 大运河         C. 郑国渠         D. 都江堰

54. 长江的长度在世界上仅次于（    ）。

    A. 尼罗河、刚果河                B. 黄河、亚马孙河

    C. 尼罗河、亚马孙河             D. 刚果河、亚马孙河

55. 人们把长江誉为"黄金水道"主要原因是（    ）。

    A. 长江具有丰富的黄金资源         B. 长江具有丰富的矿产资源

    C. 长江具有丰富的水能资源         D. 长江具有优越的天然航道

56. 长江流域洪涝灾害最严重、最集中、最频繁的地区是（    ）。

    A. 长江上游地区                B. 长江中下游地区

    C. 黄河三角洲地区               D. 整个长江流域

57. 我国目前最大的水电站是（    ）。

    A. 葛洲坝         B. 丹江口         C. 隔河岩         D. 三峡

58. 长江水能最集中的河段是（    ）。

    A. 三峡         B. 中游河段         C. 宜宾至重庆    D. 源头至宜宾

59. 《长江之歌》中有"你从雪山走来，春潮是你的风采；你向东海奔去，惊涛是你的气概"的歌词。你能从这几句歌词中体会到长江的哪些基本特点？（    ）

    ①发源地地势高；②春季水量上涨；③向东流入东海 ；④支流众多

    A. ①②③         B. ①②④         C. ①③④         D. ②③④

60. 关于长江的叙述，错误的是（    ）。

    A. 长江是我国流域面积和水量最大的河流

    B. 长江是我国的"黄金水道"，运输量居各河之首

    C. 长江是我国水能蕴藏量最大的河流

    D. 长江是我国结冰期最长的河流

61. 下列省区长江没有流经的是（    ）。

    A. 四川省         B. 江西省         C. 河南省         D. 重庆市

62. "滚滚长江向东流，流的都是煤石油"这句话说明了长江有丰富的（    ）。

    A. 太阳能资源      B. 水能资源      C. 煤、石油资源    D. 森林资源

63. 兼跨长江中、下游的省区是（    ）。

    A. 四川         B. 江苏         C. 湖北         D. 江西

64. 长江干流流经的地形区按先后顺序排列正确的是（    ）。

    ①长江中下游平原；②青藏高原；③四川盆地；④横断山区

    A. ②③④①       B. ②④③①       C. ②④①③       D. ④②③①

65. 近年来，长江洪灾频繁发生，其主要自然原因是（    ）。

    ①中游地区围湖造田；②中、下游地势低平；③流域内降水丰富；④上、中游砍伐森

林破坏了植被；⑤支流众多，雨季涨水集中

　　A. ①②③　　　　　　B. ②③④　　　　　C. ②③⑤　　　　　D. ①③⑤

　　66. 目前，综合治理长江的首要任务是（　　　）。

　　A. 疏浚航道　　　　B. 发展灌溉　　　　C. 防洪　　　　　D. 沿岸绿化

　　67. 长江洪水对中下游平原地区危害最大，中下游洪水的主要来源不包括（　　　）。

　　A. 汉江洪水　　　　　　　　　　B. 宜昌以上长江干支流的洪水

　　C. 洪泽湖洪水　　　　　　　　　D. 洞庭湖、鄱阳湖洪水

　　68. （　　　）是汉江干流最大的水利枢纽工程，是南水北调中线工程的水源区工程。

　　A. 丹江口水利枢纽　　　　　　　B. 葛洲坝水利枢纽

　　C. 长江三峡水利枢纽　　　　　　D. 江都水利枢纽

　　69. （　　　）是新中国在长江干流上修建的第一座大坝，是长江三峡水利枢纽的组成部分。

　　A. 丹江口水利枢纽　　　　　　　B. 葛洲坝水利枢纽

　　C. 长江三峡水利枢纽　　　　　　D. 荆江分洪工程

　　70. 长江流域的（　　　）坝型为混凝土双曲拱坝，最大坝高 240m，为亚洲第一、世界第三的双曲拱坝，被誉为"高峡明珠"。

　　A. 葛洲坝　　　　B. 三峡大坝　　　　C. 丹江口大坝　　　D. 二滩大坝

　　71. （　　　）是当今世界最大的水利枢纽工程，它的许多指标都突破了中国和世界水利工程的纪录。

　　A. 丹江口水利枢纽　　　　　　　B. 葛洲坝水利枢纽

　　C. 长江三峡水利枢纽　　　　　　D. 小浪底水利枢纽

　　72. 长江流域防洪的基本方针是（　　　）。

　　A. 蓄泄兼筹，以泄为主　　　　　B. 上拦下排，两岸分滞

　　C. 蓄泄兼筹　　　　　　　　　　D. 疏流导滞

　　73. 1952 年 10 月，毛泽东视察黄河发出（　　　）伟大号召。

　　A. "水利是农业的命脉"　　　　　B. "一定要把淮河修好"

　　C. "要把黄河的事情办好"　　　　D. "一定要根治海河"

　　74. 下列有关黄河的叙述正确的是（　　　）。

　　A. 黄土高原与华北平原之间隔着太行山脉，所以与华北平原的形成无关

　　B. 黄河下游支流众多

　　C. 黄河是我国第二大河，全长 5500km

　　D. 黄河之害在于下游决口改道，究其根源是大量泥沙入河并在下游河道沉积

　　75. 黄河有"地上河"的河段是（　　　）。

　　A. 黄河上游　　　B. 黄河　　　　　C. 黄河下游　　　　D. 黄河中游

　　76. 长江中上游和黄河中上游河流的共同特征为（　　　）。

　　A. 流量大　　　　B. 有结冰期　　　　C. 水能资源丰富　　D. 含沙量大

　　77. 治理黄河的根本措施应是（　　　）。

　　A. 在上游和下游控制凌汛

B. 搞好黄土高原的水土保持

C. 在干流兴建一系列大中型水利枢纽

D. 在下游加固河堤，开展引黄淤灌

78. 塔中油田、小浪底水处枢纽、黄骅港、三峡大坝所在的省级行政区依次是（　　）。

A. 新疆、河南、河北、湖北　　　　　B. 新疆、山西、山东、湖北

C. 青海、河南、天津、重庆　　　　　D. 甘肃、陕西、山东、四川

79. 小浪底水利枢纽位于（　　）。

A. 我国地势的第一、二级阶梯交界附近

B. 我国地势的第二、三级阶梯交界附近

C. 青藏高原与黄土高原交界附近

D. 内蒙古高原边缘

80. 黄河中游地区常见的自然灾害有（　　）。

A. 凌汛　　　　　B. 地上河决口　　　　C. 水土流失　　　　D. 洪灾

81. （　　）是黄河流域综合利用梯级开发规划中最上游的一级水电站，控制流域面积 1.3 万 $km^2$，占黄河流域面积的 1.7%。水库总库容 247 亿 $m^3$，是黄河梯级开发中的"龙头"水库。

A. 龙羊峡水电站　　　　　　　　　B. 刘家峡水电站

C. 盐锅峡水电站　　　　　　　　　D. 八盘峡水电站

82. （　　）水利枢纽被称为"世界水工史上的奇迹"，中外建设者在施工中引进先进施工工艺和技术，使得工程进度不断超前，在面积不足 $1km^2$、地质情况十分复杂的山体内开挖 16 条大跨径隧洞。中外施工技术人员大胆采用环向无黏结后张预应力混凝土衬砌技术，解决了恶劣地质和黄河特殊水沙条件造成的施工难题，建成了世界上最高的进水塔、最大的消力塘和最密集的洞群系统。

A. 三门峡　　　　　B. 小浪底　　　　　C. 三盛公　　　　　D. 万家寨

83. （　　）工程在建设过程中实行了业主负责制、招标投标制、建设监理制，全方位与国际管理模式接轨。

A. 葛洲坝　　　　　B. 丹江口　　　　　C. 荆江分洪　　　　　D. 小浪底

84. 黄河流域防洪的基本方针是（　　）。

A. 蓄泄兼筹，以泄为主　　　　　　B. 上拦下排，两岸分滞

C. 蓄泄兼筹　　　　　　　　　　　D. 疏流导滞

85. 三江源头地区是哪些河流的上游最主要的水源涵养区（　　）。

A. 长江、黄河、雅鲁藏布江　　　　B. 长江、黄河、澜沧江

C. 长江、雅鲁藏布江、澜沧江　　　　D. 长江、黄河、怒江

86. 1951 年 5 月，毛泽东针对淮河流域的灾情发出（　　）伟大号召。

A. "水利是农业的命脉"　　　　　　B. "一定要把淮河修好"

C. "要把黄河的事情办好"　　　　　D. "一定要根治海河"

87. 关于秦岭—淮河一线的说法，不正确的是（　　）。

A. 秦岭—淮河是我国水田与旱地的大致界限

B. 秦岭—淮河是我国湿润地区与干旱地区的分界线

C. 秦岭—淮河是我国南方地区与北方地区的分界线

D. 秦岭—淮河是我国暖温带与亚热带的分界线

88. 历史上淮河变成"害河"的原因是（     ）。

A. 黄河夺淮入海       B. 淮河河床升高

C. 淮河泥沙多        D. 淮河成为"地上海"

89. （     ）工程规划设计荣获安徽省科技进步一等奖，其续建配套工程为安徽"八五"十大建设成就之一，灌区被中外专家、学者誉为"中国水利建设史上一颗璀璨的明珠"。

A. 引江济淮工程       B. 苏北灌溉总渠

C. 淮河中游的滞洪、蓄洪工程    D. 淠史杭灌区

90. 淮河流域防洪的基本方针是（     ）。

A. 蓄泄兼筹，以泄为主      B. 上拦下排，两岸分滞

C. 蓄泄兼筹          D. 疏流导滞

91. 水是生命之源、（     ）之要、生态之基。

A. 生活     B. 生产     C. 生计     D. 发展

92. 人多水少，（     ）是我国的基本国情水情。

A. 洪涝干旱灾害频繁      B. 水资源时空分布不均

C. 水污染形势严峻       D. 水资源供需矛盾突出

93. 洪涝灾害频繁是中华民族的心腹大患，（     ）是可持续发展的主要瓶颈。

A. 水生态问题突出       B. 农田水利建设滞后

C. 水资源供需矛盾突出      D. 防灾减灾能力薄弱

94. 农田水利建设滞后是影响农业稳定发展和国家粮食安全的最大硬伤，（     ）是国家基础设施的明显短板。

A. 水资源节约保护工作薄弱    B. 水利设施薄弱

C. 防灾减灾能力薄弱      D. 水利水电工程建设滞后

95. 新形势下水利地位和作用更加重要，水利是经济社会发展不可替代的（     ）。

A. 首要条件    B. 基础支撑    C. 保障系统    D. 资源产业

96. 我国水利改革发展要努力走出一条（     ）的道路。

A. 中国特色水利现代化      B. 人水和谐水利现代化

C. 可持续发展水利现代化      D. 科学发展水利现代化

97. 要把水利作为国家基础设施建设的优先领域，把农田水利作为农村基础设施建设的重点任务，把（     ）作为加快转变经济发展方式的战略举措。

A. 节水型社会建设       B. 水利工程建设

C. 水利信息化建设       D. 严格水资源管理

98. 到（     ）年，我国要基本建成防洪抗旱减灾体系。

A. 2015      B. 2020      C. 2025      D. 2030

99. 每年的"世界水日""中国水周"是（　　　）。

A. 3 月 22 日　3 月 22—28 日　　　　B. 3 月 20 日　3 月 20—26 日

C. 4 月 20 日　4 月 20—26 日　　　　D. 4 月 22 日　4 月 22—28 日

100. 开发、利用、节约、保护水资源和防治水害，应当全面规划、统筹兼顾、标本兼治、综合利用、讲求效益，发挥水资源的（　　　）功能，协调好生活、生产经营和生态环境用水。

A. 特殊　　　　　B. 多种　　　　　C. 有效　　　　　D. 综合

101. 水的主要用途包括生活用水、生产用水、（　　　）。

A. 灌溉用水　　　B. 采矿用水　　　C. 生态用水　　　D. 航运用水

102. 由附表 1 分析可以看出，我国人均水资源拥有量约占世界平均水平的（　　　）。

A. 1/4　　　　　B. 1/3　　　　　C. 2/3　　　　　D. 1/2

附表 1　　　　　　　　部分国家人均水资源拥有量及每万元 GDP 耗水量表

| 项　　目 | 中国 | 美国 | 澳大利亚 | 法国 | 世界平均 |
|---|---|---|---|---|---|
| 人均水资源拥有量/m³ | 2200 | 8952 | 18245 | 3357 | 8900 |
| 每万元 GDP 耗水量/m³ | 5045 | 514 | 387 | 288 | 1344 |

103. 由附表 1 分析可以看出（　　　）。

A. 我国人均水资源拥有量和水资源总量低于法国

B. 我国每万元 GDP 耗水量约是美国的 10 倍

C. 我国人均水资源拥有量约占澳大利亚的 1/10

D. 澳大利亚人均水资源拥有量高是因为水资源特别丰富

104. 由附表 1 分析我国每万元 GDP 耗水量高的主要原因是（　　　）。

A. 工业发达，耗水量大　　　　　B. 人口众多，生活用水量大

C. 技术水平低和节水意识淡薄　　　D. 水污染严重

105. 由附表 1 分析建设节水型社会的主要措施是（　　　）。

A. 加大水利建设投入　　　　　B. 控制城市规模

C. 优先发展工业　　　　　　　D. 提高水资源利用率

**四、多项选择题（每题的备选项中，有 2 个或 2 个以上符合题意，至少有 1 个错项）**

1. （　　　）流域是中华文化的发祥地，是中华民族文明的摇篮。

A. 长江　　　　　B. 黄河　　　　　C. 淮河　　　　　D. 海河

2. 相传距今约四千多年前，黄河流域发生了特大水灾，"汤汤洪水方割，荡荡怀山襄陵，浩浩滔天。"大禹用（　　　）的方法治理了黄河水患。

A. 堵　　　　　　B. 挡　　　　　　C. 疏　　　　　　D. 导

3. 潘季驯第三次出任河道总理时，力排众议，大刀阔斧地实施（　　　）的治河方略。

A. 筑堤束水　　　B. 以水攻沙　　　C. 蓄清刷黄　　　D. 分流杀势

4. 明朝末年杰出的治河专家潘季驯编写的治河专著（　　　），极大地丰富了中华民族的历史文化宝库，并为明清两代的治河专家所遵循，直到今天还有借鉴的作用。

A.《治河方略》　B.《河防一览》　C.《两河经略》　D.《总理河漕奏疏》

5. 西汉名宦、水利专家召信臣，在任南阳郡太守期间，主持兴建的南阳水利工程主要有（ ）。

A. 永丰渠　　　　　B. 六门堰　　　　　C. 钳卢陂　　　　　D. 马渡堰

6. 唐太宗执政后一直推行以农为本的政策，对农田水利工程建设十分重视。为了有效地治水，唐太宗加强了治水专管机构的建设，在中央机关设立两个管理水利的部门，即（ ）。

A. 水部郎中、员外郎　　　　　　B. 外郎

C. 都水监　　　　　　　　　　　D. 侍郎

7. 为纪念修建木兰陂的先贤，木兰溪的南岸修建了（ ）的"协应庙"。1983年，国家拨款修复围墙，重修庙宇、思功亭，并辟为"木兰陂纪念馆"。馆内供有四位建陂者塑像，保存自明代以来名人撰写的历次修陂碑石，成为宝贵的水利建设史料。

A. 花木兰　　　　B. 钱四娘　　　　C. 林从世

D. 李宏　　　　　E. 冯智日

8. 苏轼曾两次出任杭州地方长官。一次是在熙宁四年（1071年）任杭州通判；另一次是在元佑四年（1089年）任杭州太守。他在任内，多次主持杭州的水利建设，主要是（ ）等。

A. 复修六井　　　　　　　　B. 整治运河

C. 疏浚茅山河和盐桥河　　　D. 整治西湖

9. 宋应星是科技巨匠，又是水工机械大师。他所著的《天工开物》一书是中华古代技术总汇，它如同一颗明珠，在中国和世界科技史上永远闪烁着光辉。《天工开物》一书内容十分丰富，涉及当时农业、水利、手工业、交通运输和国防等几个主要部门，插图122幅，图文并茂地记述了我国明末居于世界先进水平技术成就和生产工艺，其中对（ ）机械作了详尽的介绍。

A. 排灌　　　　B. 水力　　　　C. 水运　　　　D. 运输

10. 清圣祖在位期间，重视农业生产，实施了一些积极的财政政策，奖励垦荒，治理黄河，减轻水患，保证了大运河的畅通，使水利得到重大发展。他曾说："听政以来，三藩及（ ）为三大事，夙夜廑念，曾书而悬之宫中柱上。"

A. 养殖　　　　B. 河务　　　　C. 漕运　　　　D. 发电

11. 联合国世界遗产委员会先后把中国的水利工程（ ）列入世界文化遗产名录。

A. 芍陂　　　　B. 郑国渠　　　　C. 都江堰　　　　D. 大运河

12. 水利具有很强的（ ）。

A. 公益性　　　　B. 基础性　　　　C. 战略性　　　　D. 专业性

13. 加快水利改革发展不仅关系到防洪安全、供水安全、粮食安全，而且关系到（ ）。

A. 能源安全　　　B. 经济安全　　　C. 生态安全　　　D. 国家安全

14. 水利改革发展要坚持民生优先，坚持统筹兼顾，（ ）的基本原则。

A. 坚持人水和谐　　B. 坚持政府主导　　C. 坚持改革创新　　D. 坚持市场配置

15. 推进水利信息化建设，全面实施"金水工程"，加快建设（ ）。

A. 国家防汛抗旱指挥系统　　　　　B. 水资源管理信息系统

C. 国家水利数据中心系统　　　　　D. 水利网络和信息安全体系

16. 实施最严格的水资源管理制度确立的红线包括（　　　）。

A. 水资源开发利用控制红线　　　　B. 用水效率控制红线

C. 水功能区限制纳污红线　　　　　D. 河湖排污总量红线

**五、判断题（正确打"√"，错误打"×"）**

1. 水占地球表面的 3/4，因此地球有"水的行星"之称。（　　）

2. 毛泽东针对淮河、黄河、海河流域的特点及灾情，先后发出"一定要把淮河修好""要把黄河的事情办好""一定要根治海河"的伟大号召。（　　）

3. 水利作为国民经济和社会发展的重要基础设施，在构建社会主义和谐社会中肩负着十分重要的职责。（　　）

4. 要进一步落实科学发展观，完善发展出路，转变发展模式，加快发展步伐，全面推进可持续发展水利。（　　）

5. 水资源是基础性的自然资源、战略性的经济资源，是生态和环境的控制性要素。（　　）

6. 制止向大自然无节制索取的做法，自觉约束人类活动，努力实现人与水和谐相处。（　　）

7. 我国大多数河流主要靠雨水补给，而我国西北的河流主要靠冰川补给。（　　）

8. 加强流域水资源的统一管理和统一调度是解决黄河断流问题的主要措施之一。（　　）

9. 国家提倡农村开发水能资源，建设小型水电站，促进农村电气化。（　　）

10. 要按照国家建立资源节约型、环境友好型社会的要求，纠正先破坏、后修复，先污染、后治理的错误认识。（　　）

11. 在水源不足地区，应当限制城市规模和耗水量大的农业、工业和服务业的发展。（　　）

12. 水利工程建设程序一般分为以下八个阶段：项目建议书、可行性研究报告、初步设计、施工准备、建设实施、生产准备、竣工验收、后评价。（　　）

13. 新建、扩建、改建建设项目应当制定节水措施方案，配套建设节水设施。（　　）

14. 水利项目经济评价的目的，就是根据经济效益的大小对各种技术上可行的方案进行评价和选优。（　　）

15. 沿海地区开采地下水，应防止地面沉降和海水入侵。（　　）

16. 任何单位和个人都有保护防洪工程和依法参加防汛抗洪的义务。（　　）

17. 改善我国水环境质量，应重视对污染物排放的控制，减少环境污染负荷。（　　）

18. 防治水土流失是解决非点源污染的有效措施之一。（　　）

19. 我国西北内陆地区干旱少雨，灌溉是保证农业生产的重要措施。（　　）

20. 干旱缺水是土地荒漠化的自然基础。（　　）

21. 开发、利用、节约、保护水资源和防治水害，应当按照流域、区域统一制定规划。规划分为国家战略规划和专业规划。（　　）

22. 在干旱和半干旱地区开发、利用水资源，应当充分考虑生产用水需要。（　　）

23. 在我国的社会总用水量中，工业生产是用水大户。（　　）

24. 气候变化对水资源影响很小，可以忽略。（　　）

25. 淮河流域最大的湖泊是洪泽湖、南四湖、骆马湖、巢湖。（　　）

26. 治理洪水灾害，关键在于加强控制措施，蓄纳洪水。（　　）

## 六、简答题

1. 姚汉源将我国古代水利发展划分为哪 6 个时期？

2. 新中国成立后的水利发展，大体上分为哪 7 个时期？

3. 长江流域水利的发展开发了哪些重要经济地区？

4. 水利事业发展与社会生产力发展的关系是怎样的？

5. 水利事业发展与社会政治经济变革的关系是怎样的？

6. 简述大禹治水的传说。

7. 秦汉时期的五种治黄思想是什么？

8. 贾让治河上、中、下策的要点各是什么？

9. 王景治河工程的主要内容是什么？

10. 潘季驯的治河思想主要有哪些？

11. 都江堰工程的鱼嘴、宝瓶口和飞沙堰的重要作用分别是什么？

12. 韩国的桓惠王派出郑国帮助秦国修建引泾渠道的用意是什么？

13. 徐光启的农田水利理论有哪些？《农政全书》中水利 9 卷的主要内容有哪些？

14. 坎儿井的结构是怎样的？其构造原理是什么？

15. 京杭大运河开通的重要意义是什么？

16. 水文化可分为哪三大形态的文化？

17. 水文化建设的六大原则是什么？

18. 水文化建设的 11 项重点任务是什么？

19. 我国的基本国情水情是什么？

20. 当前三大突出水问题是什么？

21. 破解水问题的总体思路是什么？

22. 现代水利的六大内涵是什么？

23. 现代水利的八大特征是什么？

24. 现代水利的四大支撑体系是什么？

25. 山东省基本的省情、水情是什么？

26. 山东省水资源有哪四大特点？

27. 山东现代水网有哪四级框架组成？

28. 山东省现代水网体系（省级骨干水网）的总体布局是什么？

29. 山东现代水网建设目标是什么？

30. 山东省省级骨干水网的总体布局是什么？

31. 现代水网的六大特征是什么？

32. 我国南水北调工程总体规划的"四横三纵"是什么？简述南水北调东线工程。

33. 当代水利行业精神是什么？

34. 简述自然生态与人类文明的关系。生态文明的六大基本特征是什么？

**七、根据背景材料回答问题**

材料一：夏禹，名曰文命。禹之父曰鲧，鲧之父曰帝颛顼，颛顼之父曰昌意，昌意之父曰黄帝。禹者，黄帝之玄孙而帝颛顼之孙也。禹之曾大父昌意及父鲧皆不得在帝位，为人臣。

当帝尧之时，鸿水滔天，浩浩怀山襄陵，下民其忧。尧求能治水者，群臣四岳皆曰鲧可。尧曰："鲧为人负命毁族，不可。"四岳曰："等之未有贤於鲧者，愿帝试之。"於是尧听四岳，用鲧治水。九年而水不息，功用不成。於是帝尧乃求人，更得舜。舜登用，摄行天子之政，巡狩。行视鲧之治水无状，乃殛鲧於羽山以死。天下皆以舜之诛为是。於是舜举鲧子禹，而使续鲧之业。

尧崩，帝舜问四岳曰："有能成美尧之事者使居官？"皆曰："伯禹为司空，可成美尧之功。"舜曰："嗟，然！"命禹："女平水土，维是勉之。"禹拜稽首，让於契、后稷、皋陶。舜曰："女其往视尔事矣。"

禹为人敏给克勤；其德不违，其仁可亲，其言可信；声为律，身为度，称以出；亹亹穆穆，为纲为纪。

禹乃遂与益、后稷奉帝命，命诸侯百姓兴人徒以傅土，行山表木，定高山大川。禹伤先人父鲧功之不成受诛，乃劳身焦思，居外十三年，过家门不敢入。薄衣食，致孝于鬼神。卑宫室，致费於沟淢。陆行乘车，水行乘船，泥行乘橇，山行乘檋。左准绳，右规矩，载四时，以开九州，通九道，陂九泽，度九山。令益予众庶稻，可种卑湿。命后稷予众庶难得之食。食少，调有馀相给，以均诸侯。禹乃行相地宜所有以贡，及山川之便利。

禹行自冀州始。冀州：既载壶口，治梁及岐。既脩太原，至于岳阳。覃怀致功，至於衡漳。其土白壤。赋上上错，田中中，常、卫既从，大陆既为。鸟夷皮服。夹右碣石，入于海。

济、河维沇州：九河既道，雷夏既泽，雍、沮会同，桑土既蚕，於是民得下丘居土。其土黑坟，草繇木条。田中下，赋贞，作十有三年乃同。其贡漆丝，其篚织文。浮於济、漯，通於河。

海岱维青州：堣夷既略，潍、淄其道。其土白坟，海滨广潟，厥田斥卤。田上下，赋中上。厥贡盐絺，海物维错，岱畎丝、枲、铅、松、怪石，莱夷为牧，其篚酓丝。浮於汶，通於济。

海岱及淮维徐州：淮、沂其治，蒙、羽其艺。大野既都，东原厎平。其土赤埴坟，草木渐包。其田上中，赋中中。贡维土五色，羽畎夏狄，峄阳孤桐，泗滨浮磬，淮夷蠙珠臮鱼，其篚玄纤缟。浮于淮、泗，通于河。淮海维扬州：彭蠡既都，阳鸟所居。三江既入，震泽致定。竹箭既布。其草惟夭，其木惟乔，其土涂泥。田下下，赋下上上杂。贡金三品，瑶、琨、竹箭，齿、革、羽、旄，岛夷卉服，其篚织贝，其包橘、柚锡贡。均江海，通淮、泗。

荆及衡阳维荆州：江、汉朝宗于海。九江甚中，沱、涔已道，云土、梦为治。其土涂泥。田下中，赋上下。贡羽、旄、齿、革，金三品，杶、榦、栝、柏，砺、砥、砮、丹，维箘簬、楛，三国致贡其名，包匦菁茅，其篚玄纁玑组，九江入赐大龟。浮于江、沱、浲、汉，逾于雒，至于南河。

荆河惟豫州：伊、雒、瀍、涧既入于河，荥播既都，道荷泽，被明都。其土壤，下土坟垆。田中上，赋杂上中。贡漆、丝、絺、纻，其篚纤絮，锡贡磬错。浮於雒，达於河。

华阳黑水惟梁州：汶、嶓既藝，沱、浲既道，蔡、蒙旅平，和夷厎绩。其土青骊。田下上，赋下中三错。贡璆、铁、银、镂、砮、磬，熊、罴、狐、貍、织皮。西倾因桓是来，浮于潜，逾于沔，入于渭，乱于河。

黑水西河惟雍州：弱水既西，泾属渭汭。漆、沮既从，沣水所同。荆、岐已旅，终南、敦物至于鸟鼠。原隰厎绩，至于都野。三危既度，三苗大序。其土黄壤。田上上，赋中下。贡璆、琳、琅玕。浮于积石，至于龙门西河，会于渭汭。织皮昆仑、析支、渠搜，西戎即序。

道九山：汧及岐至于荆山，逾于河；壶口、雷首至于太岳；砥柱、析城至于王屋；太行、常山至于碣石，入于海；西倾、朱圉、鸟鼠至于太华；熊耳、外方、桐柏至于负尾；道嶓冢，至于荆山；内方至于大别；汶山之阳至衡山，过九江，至于敷浅原。

道九川：弱水至於合黎，馀波入于流沙。道黑水，至于三危，入于南海。道河积石，至于龙门，南至华阴，东至砥柱，又东至于盟津，东过雒汭，至于大邳，北过降水，至于大陆，北播为九河，同为逆河，入于海。嶓冢道漾，东流为汉，又东为苍浪之水，过三澨，入于大别，南入于江，东汇泽为彭蠡，东为北江，入于海。汶山道江，东别为沱，又东至于醴，过九江，至于东陵，东迆北会于汇，东为中江，入于梅。道沇水，东为济，入于河，泆为荥，东出陶丘北，又东至于荷，又东北会于汶，又东北入于海。道淮自桐柏，东会于泗、沂，东入于海。道渭自鸟鼠同穴，东会于沣，又东北至于泾，东过漆、沮，入于河。道雒自熊耳，东北会于涧、瀍，又东会于伊，东北入于河。

於是九州攸同，四奥既居，九山栞旅，九川涤原，九泽既陂，四海会同。六府甚脩，众土交正，致慎财赋，咸则三壤成赋。中国赐土姓："祗台德先，不距朕行。"

令天子之国以外五百里甸服：百里赋纳緫，二百里纳铚，三百里纳秸服，四百里粟，五百里米。甸服外五百里侯服：百里采，二百里任国，三百里诸侯。侯服外五百里绥服：三百里揆文教，二百里奋武卫。绥服外五百里要服：三百里夷，二百里蔡。要服外五百里荒服：三百里蛮，二百里流。

东渐于海，西被于流沙，朔、南暨：声教讫于四海。於是帝锡禹玄圭，以告成功于天下。天下於是太平治。

皋陶作士以理民。帝舜朝，禹、伯夷、皋陶相与语帝前。皋陶述其谋曰："信其道德，谋明辅和。"禹曰："然，如何？"皋陶曰："於！慎其身脩，思长，敦序九族，众明高翼，近可远在已。"禹拜美言，曰："然。"皋陶曰："於！在知人，在安民。"禹曰："吁！皆若是，惟帝其难之。知人则智，能官人；能安民则惠，黎民怀之。能知能惠，何忧乎驩兜，何迁乎有苗，何畏乎巧言善色佞人？"皋陶曰："然，於！亦行有九德，亦言其有德。"乃言曰："始事事，宽而栗，柔而立，愿而共，治而敬，扰而毅，直而温，简而廉，刚而实，彊而义，章其有常，吉哉。日宣三德，蚤夜翊明有家。日严振敬六德，亮采有国。翕受普施，九德咸事，俊乂在官，百吏肃谨。毋教邪淫奇谋。非其人居其官，是谓乱天事。天讨有罪，五刑五用哉。吾言厎可行乎？"禹曰："女言致可绩行。"皋陶曰："余未有知，思赞道哉。"

帝舜谓禹曰："女亦昌言。"禹拜曰；"於，予何言！予思日孳孳。"皋陶难禹曰："何谓孳孳？"禹曰："鸿水滔天，浩浩怀山襄陵，下民皆服於水。予陆行乘车，水行乘舟，泥行乘橇，山行乘檋，行山栞木。与益予众庶稻鲜食。以决九川致四海，浚畎浍致之川。与稷予众庶难得之食。食少，调有馀补不足，徙居。众民乃定，万国为治。"皋陶曰："然，此而美也。"

禹曰："於，帝！慎乃在位，安尔止。辅德，天下大应。清意以昭待上帝命，天其重命用休。"帝曰："吁，臣哉，臣哉！臣作朕股肱耳目。予欲左右有民，女辅之。余欲观古人之象。日月星辰，作文绣服色，女明之。予欲闻六律五声八音，来始滑，以出入五言，女听。予即辟，女匡拂予。女无面谀。退而谤予。敬四辅臣。诸众谗嬖臣，君德诚施皆清矣。"禹曰："然。帝即不时，布同善恶则毋功。"

帝曰："毋若丹朱傲，维慢游是好，毋水行舟，朋淫于家，用绝其世。予不能顺是。"禹曰："予娶涂山，癸甲，生启予不子，以故能成水土功。辅成五服，至于五千里，州十二师，外薄四海，咸建五长，各道有功。苗顽不即功，帝其念哉。"帝曰："道吾德，乃女功序之也。"

皋陶於是敬禹之德，令民皆则禹。不如言，刑从之。舜德大明。

於是夔行乐，祖考至，群后相让，鸟兽翔舞，箫韶九成，凤皇来仪，百兽率舞，百官信谐。帝用此作歌曰："陟天之命，维时维几。"乃歌曰："股肱喜哉，元首起哉，百工熙哉！"皋陶拜手稽首扬言曰："念哉，率为兴事，慎乃宪，敬哉！"乃更为歌曰："元首明哉，股肱良哉，庶事康哉！"又歌曰："元首丛脞哉，股肱惰哉，万事堕哉！"帝拜曰："然，往钦哉！"於是天下皆宗禹之明度数声乐，为山川神主。

帝舜荐禹於天，为嗣。十七年而帝舜崩。三年丧毕，禹辞辟舜之子商均於阳城。天下诸侯皆去商均而朝禹。禹於是遂即天子位，南面朝天下，国号曰夏后，姓姒氏。

帝禹立而举皋陶荐之，且授政焉，而皋陶卒。封皋陶之后於英、六，或在许。而后举益，任之政。

十年，帝禹东巡狩，至于会稽而崩。以天下授益。三年之丧毕，益让帝禹之子启，而辟居箕山之阳。禹子启贤，天下属意焉。及禹崩，虽授益，益之佐禹日浅，天下未洽。故诸侯皆去益而朝启，曰"吾君帝禹之子也"。於是启遂即天子之位，是为夏后帝启。

夏后帝启，禹之子，其母涂山氏之女也。

太史公曰：禹为姒姓，其后分封，用国为姓，故有夏后氏、有扈氏、有男氏、斟寻氏、彤城氏、襃氏、费氏、杞氏、缯氏、辛氏、冥氏、斟戈氏。孔子正夏时，学者多传夏小正云。自虞、夏时，贡赋备矣。或言禹会诸侯江南，计功而崩，因葬焉，命曰会稽。会稽者，会计也。

问题：

(1) 解释下列这段文字。

禹乃遂与益、后稷奉帝命，命诸侯百姓兴人徒以傅土，行山表木，定高山大川。禹伤先人父鲧功之不成受诛，乃劳身焦思，居外十三年，过家门不敢入。薄衣食，致孝于鬼神。卑宫室，致费於沟淢。陆行乘车，水行乘船，泥行乘橇，山行乘檋。左准绳，右规矩，载四时，以开九州，通九道，陂九泽，度九山。令益予众庶稻，可种卑湿。命后稷予众庶难得之食。食少，调有馀相给，以均诸侯。禹乃行相地宜所有以贡，及山川之便利。

（2）大禹把中国的行政区域统一划分为哪九州？

（3）大禹开通了哪九条山脉的道路？

（4）大禹疏导了哪九条大河？

（5）从该文中体现了什么样的大禹治水精神？谈谈大禹治水精神对你的启发？

材料二：夏书曰：禹抑洪水十三年，过家不入门，陆行载车，水行载舟，泥行蹈毳、山行即桥。以别九州，随山浚川，任土作贡。通九州，陂九泽，度九山。然河淄衍溢，害中国也尤甚。唯是为务。故道河自积石历龙门。南到华阴，东下砥柱，及孟津、洛汭，至于大邳。于是禹以为河所从来者高，水湍悍，难以行平地，数为败，乃厮二渠以引其河。北载之高地，过降水，至于大陆，播为九河，同为逆河，入于勃海。九川既疏，九泽既洒，诸夏艾安，功施于三代。

自是之后，荥阳下引河东南为鸿沟，以通宋、郑、陈、蔡、曹、卫，与济、汝、淮、泗会。于楚，西方则通渠汉水、云梦之野，东方则通（鸿）沟江淮之间、于吴，则通渠三江、五湖。于齐，则通菑济之间。于是，蜀守冰凿离碓，辟沫水之害；穿二江成都之中。此渠皆可行舟，有余则用溉浸，百姓飨其利。至于所过，往往引其水盖用溉田畴之渠，以万亿计，然莫足数也。

西门豹引漳水溉邺，以富魏之河内。

而韩闻秦之好兴事，欲罢之，毋令东伐，乃使水工郑国间说秦，令凿泾水自中山西邸瓠口为渠，并北山东注洛三百余里，欲以溉田。中作而觉，秦欲杀郑国。郑国曰："始臣为间，然渠成亦秦之利也。"秦以为然，卒使就渠。渠就，用注填阏之水，溉泽卤之地四万余顷，收皆亩一钟。於是关中为沃野，无凶年，秦以富强，卒并诸侯，因命曰郑国渠。

汉兴三十九年，孝文时河决酸枣，东溃金堤，于是东都大兴卒塞之。

其后四十有余年，今天子元光中，而河决於瓠子，东南注巨野，通于淮、泗。于是天子使汲黯、郑当时兴人徒塞之，辄复坏。是时武安侯田蚡为丞相，其奉邑食鄃。鄃居河北，河决而南则鄃无水菑，邑收多。蚡言于上曰："江河之决皆天事，未易以人力为强塞，塞之未必应天。"而望气用数者亦以为然。于是天子久之不事复塞也。

是时郑当时为大农，言曰："异时关东漕粟从渭中上，度六月而罢，而漕水道九百余里，时有难处。引渭穿渠起长安，并南山下。至三百余里，易漕，度可令三月罢；而渠下民田万余顷，又可得以溉田：此损漕省卒，而益肥关中之地，得谷。"天子以为然，令齐人水工作法伯表，悉发卒数万人穿漕渠，三岁而通。通，以漕，大便利。其手漕稍多，而渠下之民得以溉田矣。

其后河东守番系言："漕从山东西，岁百余万石，更砥柱之限，败亡甚多，而亦烦费。穿渠引汾溉皮氏、汾阴下，引河溉汾阴、蒲板下，度可得五千顷。五千顷故尽河壖弃地，民茭牧其中耳，今溉田之，度可得谷二百万石以上。谷从渭上，与关中无异而砥柱之东可无复漕，天子以为然，发卒数万人作渠田。数岁，河移徙，渠不利，则田者不能偿种。久之，灌东渠田废，予越人，令少府以为稍入。

其后人有上书欲通褒斜道及漕事，下御史大夫张汤。汤问其事，因言："抵蜀从故道，故道多阪，回远。今穿褒斜道，少阪，近四百里，而褒水通沔，斜水道渭，皆可以行船漕。漕从南阳上沔入褒之绝水至斜，间百余里，以车转，从斜下下渭。如此，治中之谷可致，山东从沔无限，便于砥柱之漕。且褒斜材木竹箭之饶，拟于巴蜀。"天子以为然，拜汤子印为汉中守，发数万人作褒斜道五百余里。道果便近，而水湍石，不可漕。

其后庄熊罴言："临晋民愿穿洛以溉重泉以东万余顷故卤地。诚得水，可令亩十石。于是为发卒万余人穿渠，自征引洛水至商颜山下。岸善崩，乃凿井，深者四十余丈。往往为井，并下相通行水。水颓以绝商颜，东至山岭余里间。井渠之生自此始。穿渠得龙骨，故名曰龙首渠。作之十余岁，渠颇通，犹未得其饶。"

自河决瓠子后二十余岁，岁因以数不登，而梁楚之地尤甚。天子既封禅巡祭山川，其明年，旱，乾封少雨。天子乃使汲仁、郭昌发卒数万人塞瓠子决。于是天子已用事万里沙，则还自临决河，沈白马玉璧于河，令群臣从官自将军已下皆负薪填决河。是时东郡烧草，以故薪柴少，而下淇园之竹以为楗。

天子既临河决，悼功之不成，乃作歌曰："瓠子决兮将奈何？皓皓旰旰兮闾殚为河！殚为河兮地不得宁，功无已时兮吾山平。吾山平兮巨野溢，鱼沸郁兮柏冬日。延道弛兮离常流，蛟龙骋兮方远游。归旧川兮神哉沛，不封禅兮安知外！为我哀河伯兮何不仁泛滥不止兮愁吾人！啮桑浮兮淮、泗满，久不反兮水维缓。"一曰：河汤汤兮激潺缓，北渡污兮浚流难。搴长茭兮沉美玉，河伯许兮薪下属。薪不属兮卫人罪，烧萧条兮噫乎何以御水！颓林竹兮楗石菑宣房塞兮万福来。"于是卒塞瓠子，筑宫其上，名曰宣房宫。而道河北行二渠，复禹旧迹，而梁、楚之地复宁，无水灾。"

自是之后，用事者争言水利。朔方、西河、河西、酒泉皆引河及川谷以溉田；而关中辅渠、灵轵引堵水；汝南、九江引淮；东海引巨定；泰山下引汶水：皆穿渠为溉田，各万余顷。佗小渠披山通道者，不可胜言。然其著都在宣房。

太史公曰：余南登庐山，观禹疏九江，遂至于会稽太湟，上姑苏，望五湖；东窥洛汭、大邳，迎河，行淮、泗、济、漯洛渠；西瞻蜀之岷山及离碓；北自龙门至于朔方。曰：甚哉，水之为利害也！余从负薪塞宣房，悲《瓠子》之诗而作灌渠书。

问题：

(1) 该文出自哪部著作？作者是谁？

(2) 列举该文中记述的重要治水事件（包括治水人物、兴建的水利工程及其效益等）。

(3) "甚哉，水之为利害也！"这句话说明了水资源具有什么样的特点（属性）。

(4) 该文赋予"水利"一词哪三个方面的专业内容？

材料三：联合国世界遗产委员会于 2000 年将中国的一项著名水利工程列入了世界文化遗产名录，并对它作出这样的评价："全世界至今为止，年代最久、唯一留存、以无坝引水为特征的宏大水利工程。2200 多年来，至今仍发挥巨大效益。……功在当代，利在千秋，不愧为文明世界的伟大杰作，造福人民的伟大水利工程。"

问题：

(1) 被列入世界文化遗产名录的这项著名水利工程是什么？它是由谁主持建造的？

(2) 这项水利工程主要由哪三大建筑物组成？它们的重要作用分别是什么？

(3) 主持建造者提出的工程维修"六字诀"是什么？"六字诀"的含义是什么？

（4）这项水利工程的兴建对于秦朝统一大业及成都平原经济发展的重要意义是什么？

材料四：兴水利、除水害，事关人类生存、经济发展、社会进步，历来是治国安邦的大事。促进经济长期平稳较快发展和社会和谐稳定，夺取全面建设小康社会新胜利，必须下决心加快水利发展，切实增强水利支撑保障能力，实现水资源可持续利用。近年来我国频繁发生的严重水旱灾害，造成重大生命财产损失，暴露出农田水利等基础设施十分薄弱，必须大力加强水利建设。为此，中共中央、国务院作出了《关于加快水利改革发展的决定》（2011 年中央一号文件）。

问题：

（1）我国水利面临的新形势是怎样的？

（2）新形势下水利的地位和作用是怎样的？

（3）水利改革发展的目标任务有哪些？

（4）水利改革发展的基本原则有哪些？

（5）当前我国水利建设的薄弱环节有哪些？

材料五：水是生命之源、生产之要、生态之基，人多水少、水资源时空分布不均是我国的基本国情和水情。当前我国水资源面临的形势十分严峻，水资源短缺、水污染严重、水生态环境恶化等问题日益突出，已成为制约经济社会可持续发展的主要瓶颈。为贯彻落实好中央水利工作会议和《中共中央　国务院关于加快水利改革发展的决定》的要求，2012 年国家以国发〔2012〕3 号文颁布了《国务院关于实行最严格水资源管理制度的意见》。

问题：

（1）什么叫狭义水资源？什么叫广义水资源？

（2）水资源的用途有哪些？

（3）我国水资源的现状是怎样的？

（4）我国的基本国情和水情是什么？当前我国水利的三大突出问题是什么？

（5）我国水资源的特点有哪些？

（6）实行最严格水资源管理制度的基本原则有哪些？

（7）实行最严格水资源管理制度的主要目标有哪些？

（8）实行最严格水资源管理制度的"三条红线"是什么？

（9）实行最严格水资源管理制度的保障措施有哪些？

材料六：中国幅员辽阔，地貌类型多样，气候复杂，河湖众多，植物种属和土壤类型极为丰富，加上适中的地理位置和复杂的地质、地貌结构以及几千年来人类对自然环境的影响，非常有利于农、林、牧、副、渔业的发展。但是，中国的自然条件也有其不利的一面，频繁的旱涝灾害、北方大部分地区的干旱少雨、严重的水土流失等，都是威胁农业生产、制约国民经济发展的重要因素。

问题：

（1）中国的地理位置、地貌、气候、植被分别对水利有哪些影响？

（2）水利工程的兴建对自然环境的影响有哪些？

（3）水利工程的兴建对社会环境的影响有哪些？

（4）水利工程对环境影响的对策有哪些？

材料七：开展水文化研究，加强水文化建设的根本目的是以"文"化"人"。而人是要有一种精神的，人与水的密切关系使水深深地影响着人们的精神世界，形成一种"水精神"，构成水文化的核心价值体系，也是水文化的灵魂，主导着水文化的发展和繁荣。

问题：

（1）水精神的主要特性有哪些？

（2）水精神的基本内容有哪些？

（3）水精神对你有哪些启发？

材料八：党的十八大从民族振兴和永续发展的战略全局出发，把生态文明建设纳入了"五位一体"总布局，将生态文明提高到前所未有的高度，标志着中国特色社会主义事业进入了生态文明的新时代。水生态文明是整个生态文明建设的资源基础，建设生态文明，水利必须先行。建设水生态文明是贯彻落实十八大的具体表现，是国之所需，民之所愿，来之所向。

问题：

（1）水生态文明建设的指导思想是什么？

（2）水生态文明建设的基本原则有哪些？

（3）水生态文明建设的目标有哪些？

（4）水生态文明建设的路径哪些？

# 参 考 文 献

［1］ 李宗新，闫彦．中华水文化文集［M］．北京：中国水利水电出版社，2012.

［2］ 李宗新，靳怀堾，尉天骄．中华水文化概论［M］．郑州：黄河水利出版社，2008.

［3］ 靳怀堾．中华文化与水［M］．武汉：长江出版社，2005.

［4］ 张德，吴剑平．校园文化与人才培养［M］．北京：清华大学出版社，2003.

［5］ 赵中建．学校文化［M］．上海：华东师范大学出版社，2004.

［6］ 王战军．建设研究型大学应重点思考的若干问题［J］．中国高等教育，2004，（01）：25－27.

［7］ 王义加，傅梅烂．流淌的传承—高校水文化教育体系构建略论［J］．经济研究导刊，2011，（15）：292－293.

［8］ 张建平．论水利院校学生水文化素质的培育［J］．新课程研究（中旬刊），2010，（02）：159－161.

［9］ 刘星原．浅议水文化分类结构大纲［J］．湖北水利水电，2005，（01）：77.

［10］ 刘宁．文化视野中的水资源利用与保护［J］．决策探索（下半月），2010，（03）：79－80.

［11］ 张炎，岳五九，金绍兵．加强水文化研究 创新思想政治工作途径［J］．安徽水利水电职业技术学院学报，2006，（03）：1－4.

［12］ 沈陆娟，边文莉，蔡建平．特色水教育在高职教育中的作用与教学机制研究［J］．中国科教创新导刊，2012，（20）：1－2＋4.

［13］ 孟亚明，于开宁．浅谈水文化内涵、研究方法和意义［J］．江南大学学报（人文社会科学版），2008，（04）：63－66.

［14］ 夏跃平．新建本科院校的定位与校园文化建设——以嘉兴学院为例［J］．中国高教研究，2007，（04）：61－62.

［15］ 刘志刚，齐丹．建设新时期校园文化的思考［J］．长春理工大学学报（社会科学版），2005，（03）：79－81＋84.

［16］ 金绍兵，张焱．水利院校要重视水文化教育与研究［J］．安徽水利水电职业技术学院学报，2007，（02）：90－93.

［17］ 汪小布．水文化教育在辅导员队伍建设中的思考与尝试［J］．杨凌职业技术学院学报，2008，（01）：74－76.

［18］ 常敬宇．水文化漫谈［J］．汉字文化，2011，（03）：91－92.

［19］ 曹国圣．城市水文化内涵建设的三个维度［J］．社科纵横，2007，（11）：65－66＋71.

［20］ 杜国民，于晓梅．我国高等职业学校文化建设的问题与对策［J］．当代文化与教育研究，2007（9）：68－70.

［21］ 王培君，尉天骄．传统水观念与节水型社会建设［J］．河海大学学报（哲学社会科学版），2011，（02）：41－44＋91－92.

［22］ 古兰．生态美学视域下的水文化建设［D］．四川师范大学，2010.

［23］ 吕娜，谢群，马吉明．从人与自然发展关系看问题［N］．中国水利报，2006－02－23（005）.

［24］ 陈雷．加快水利科技创新步伐 为水利发展提供科技支撑和保障［EB/OL］.

［25］ 白玉慧，周长勇．中国古代名家论水［M］．临沂：新华出版社，2008.

［26］ 隋家明，于纪玉，刘继永，等. 山东水情知识读本 ［M］. 郑州：黄河水利出版社，2012.

［27］ 周长勇，曹广占，杨永振. 构建以水文化为特征的高职校园文化体系 ［J］. 水利天地，2012，（02）：14 - 17.

［28］ 周长勇，曹广占，杨永振. 水与生命 ［J］. 水利天地，2012，（08）：28 - 31.

［29］ 周长勇，魏瑞霞. 加强生态水利建设　促进人水和谐发展 ［J］. 水利天地，2013，（05）：21 - 24.

［30］ 杜守建，周长勇. 水利工程技术管理 ［M］. 郑州：黄河水利出版社，2013.

［31］ 杜守建，汪文萍，侯新. 水利工程管理 ［M］. 2 版. 郑州：黄河水利出版社，2016.